工程制图项目化教程

（含任务单）

主　编　黄琳莲　黄有华　季　玲
副主编　曾卫红　吴海燕　胡国林

北京理工大学出版社
BEIJING INSTITUTE OF TECHNOLOGY PRESS

内 容 简 介

本教材主要内容包括制图的基本知识、空间几何元素的投影、立体的构型、机件的基本表示法、机件的特殊表示法、零件图的识读与绘制、装配图的识读与绘制、部件测绘等内容，是在项目式教学实践的基础上编写的。

本教材可供高等院校、高职院校、中职学校机械类或近机械类专业使用，也可供相关技术人员参考。

图书在版编目（CIP）数据

工程制图项目化教程：含任务单／黄琳莲，黄有华，

季玲主编. --北京：北京理工大学出版社，2022.7

　　ISBN 978-7-5763-1568-4

　　Ⅰ.①工…　Ⅱ.①黄… ②黄… ③季…　Ⅲ.①工程制

图-教材　Ⅳ.①TB23

中国版本图书馆 CIP 数据核字（2022）第 139391 号

出版发行 / 北京理工大学出版社有限责任公司

社　　址 / 北京市海淀区中关村南大街 5 号

邮　　编 / 100081

电　　话 / （010）68914775（总编室）

　　　　　　（010）82562903（教材售后服务热线）

　　　　　　（010）68944723（其他图书服务热线）

网　　址 / http://www.bitpress.com.cn

经　　销 / 全国各地新华书店

印　　刷 / 三河市天利华印刷装订有限公司

开　　本 / 787 毫米×1092 毫米　1/16

印　　张 / 21.5　　　　　　　　　　　　　　责任编辑 / 多海鹏

字　　数 / 505 千字　　　　　　　　　　　　文案编辑 / 多海鹏

版　　次 / 2022 年 7 月第 1 版　2022 年 7 月第 1 次印刷　　责任校对 / 周瑞红

定　　价 / 96.00 元　　　　　　　　　　　　责任印制 / 李志强

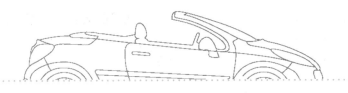

前 言

PREFACE

"工程制图"是机械类和近机械类专业开设的一门专业技术基础课，是一门理论严谨、实践性强、与工程实践联系密切的课程。该课程的主要教学任务是：学习制图的国家标准和基本知识；积累读图与绘图的知识，为后续课程教学做铺垫，为专业课程学习打基础；培养职业素养，训练职业能力，提高胜任企业工程技术岗位的能力。

本教材以教育部《高职高专教育工程制图课程基本要求》为指导，结合机械行业《机械类专业改革教学方案》的具体要求，在充分总结各院校"工程制图"课程教学改革研究与实践成果经验的基础上编写而成。教材内容采用教学过程中可激发学生兴趣的任务驱动模式，改变从概念、原理出发的传统方式，以项目为导向，在项目中设置任务导入、任务分析、知识链接、任务实施及拓展知识环节。项目内容的编写从平面图形绘制到立体的构型，逐步到零件图再到装配图，循序渐进，由浅入深。教学目标更加直观、更易操作，引发学生对理论知识的深入学习，增强分析和解决问题的能力。

全书分八个项目十九个任务，另加附录，主要内容有制图的基本知识、空间几何元素的投影、立体的构型、机件的基本表示法、机件的特殊表示法、零件图的识读与绘制、装配图的识读与绘制、部件测绘。

全书以培养学生读图和绘图能力为重点，力求精练、实用和够用为度。在结构上相对传统教材体系做出适当改革，将应知的知识、应会的能力分解在各个项目和任务中，通过任务导入—任务分析—知识链接—任务实施—拓展知识的方式进行教学，符合学生的认知规律，能快速提高学生的空间想象与空间思维能力。

本书在内容编排上，既继承了传统《机械制图》教材由易到难的内容编排体系，又根据实际需要，以必需、够用为原则，删减了部分画法几何的内容。教材基本以"绘制、识读图样"作为任务名称，突出了学习目的。各项目以图样类型为出发点进行项目整合，既能汲取传统教材中的章节精华，又能顺应教学改革的需要。

本书全部采用了技术制图最新国家标准及与制图有关的其他标准，可作为高等院校、高职院校与中专机械类和近机械类各专业工程制图教材，也可供有关工程技术人员参考。

本教材由黄琳莲、黄有华、季玲担任主编，曾卫红、吴海燕、胡国林担任副主编，具体分工为：项目一和项目七由季玲编写；项目二任务一和项目三任务四由吴海燕编写；项目二任务二由胡国林编写；项目三任务一、任务二和任务三由曾卫红编写；项目四任务一由黄有华编写；项目四任务二、项目五、项目六、项目八和附录由黄琳莲编写。全书由黄琳莲和季玲修改、统稿、审稿和定稿。在教材的编写过程中得到了江铃汽车股份公司富山工厂技术人员万勇前工程师的帮助和学校科研团队的指导。教材中引入企业实际工程图样，及时了解企业图纸标准，形成学校与企业岗位的真正对接。为对接《国家职业技能标准》和各项"1+X"证书职业技能标准内容，将技能考核内容融入教材中，努力实现课证融通。同时，在教材的编写过程中参考了部分同学科的教材及相关文献。

由于编者水平有限，本教材难免有疏漏和不足之处，敬请专家和广大读者批评指正。

编　者

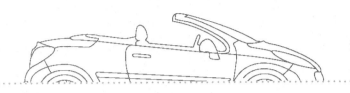

目 录
CONTENTS

目
录

项目一
制图的基本知识

本项目主要介绍制图国家标准的基本规定、徒手画图的方法，为正确、规范地绘制工程图样做必要的准备。

✓ 知识目标

1. 掌握国家标准中有关图纸幅面代号、格式、比例、图线、字体的规定及画法。
2. 认识尺寸并了解尺寸标注的基本规定。
3. 掌握线段及圆的等分画法、斜度和锥度的画法及标注。
4. 熟练掌握圆弧连接的几何作图方法。

✓ 能力目标

1. 学会分析平面图形的线段和尺寸，并掌握其画图的方法与步骤。
2. 能够正确使用常用绘图工具，并掌握常见几何图形的作图方法。

✓ 素养提升

通过对国家标准的学习，使学生们对机械图样绘制的科学性和严肃性有一个初步的认识，引导学生树立规矩意识，培养学生遵纪守法的良好习惯。规矩本身就包含着公平、正义和秩序，正因为有国家标准的规范，才能使机械图样成为工程师的通用语言。没有规矩，不成方圆，具备规矩意识是当代大学生的基本素质，也是应有的社会责任，育人修身、维护社会秩序对实现社会和谐稳定有着积极的作用。

✿ 任务　绘制平面图形

■ 任务导入

用 A4 图纸，按 1：1 比例绘制如图 1-1-1 所示平面图形，并标注尺寸。

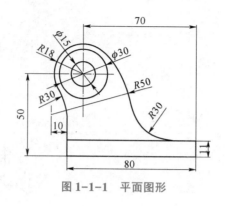

图 1-1-1　平面图形

■ 任务分析

机件的轮廓形状是多种多样的，但在图样中表达其结构形状的图形都是由直线、圆弧和其他曲线构成的平面图形。绘制平面图形时，首先要分析线段的类型和尺寸关系，以确定正确的作图方法和步骤；其次必须遵守制图国家标准的基本规定，确保图样的规范性。

■ 知识链接

一、制图的基本规定

1. 图纸幅面和格式

（1）图纸幅面

绘制图样时，应优先采用国标中规定的五种基本幅面，见表 1-1-1。图纸幅面以 A0、A1、A2、A3、A4 为代号，基本幅面之间的大小关系见表 1-1-1。幅面在应用中若面积不够大，则可以选用国家标准所规定的加长幅面，其尺寸由基本幅面的短边成整数倍增加后得出。

表 1-1-1　基本幅面及图框尺寸　　　　　　　　　　　　　　　　　　　　mm

幅面代号		A0	A1	A2	A3	A4
尺寸 $B×L$		841×1 189	594×841	420×594	297×420	210×297
边框	a	25				
	c	10			5	
	e	20		10		

（2）图框格式

在图纸上必须用粗实线画出图框来限定绘图区域。图纸可以横向或竖向放置。图框格式分为留有装订边和不留装订边两种，但同一产品的图样只能采用一种格式。不留有装订边的图纸，其图框格式如图 1-1-2（a）所示，一般采用 A3 幅面横装或 A4 幅面竖装；留有装订边的图纸，其图框格式如图 1-1-2（b）所示。

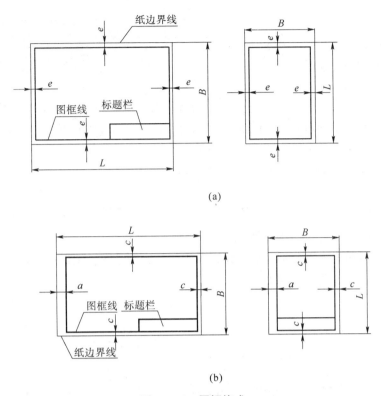

(a)

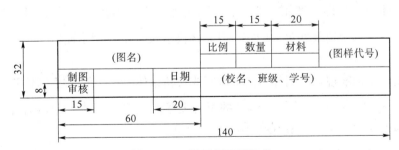

(b)

图 1-1-2　图框格式

(a) 不留装订边；(b) 留有装订边

（3）标题栏

每张图纸的右下角都必须画出标题栏。国家标准中推荐的标题栏格式详见 GB/T 10609.1—2008 的规定。为了简化作图，在制图作业中建议采用如图 1-1-3 所示的简易标题栏格式。

图 1-1-3　简易标题栏格式

2. 比例

比例是指图样中的图形与其实物相应要素的线性尺寸之比。绘制图样时，尽量采用1∶1的比例，即原值比例，或者根据物体的大小及其形状的复杂程度，在表 1-1-2 所示的规定系列中选取适当的比例。

表 1-1-2 比例

种类	比例	
	第一系列	第二系列
原值比例	1：1	
缩小比例	1：2　1：5　1：10	1：1.5　1：2.5　1：3　1：4　1：6
	$1：2×10^n$　$1：5×10^n$　$1：1×10^n$	$1：1.5×10^n$　$1：2.5×10^n$　$1：3×10^n$　$1：4×10^n$　$1：6×10^n$
放大比例	2：1　5：1　10：1	2.5：1　4：1
	$2×10^n：1$　$5×10^n：1$　$1×10^n：1$	$2.5×10^n：1$　$4×10^n：1$
注：n 为正整数		

在图纸上必须注明比例，当整张图纸只用一种比例时，应统一注写在标题栏的比例栏内，否则应在各视图的上方分别注写。无论采用何种比例绘图，图形中所标注的尺寸都必须是物体的实际尺寸，如图 1-1-4 所示。

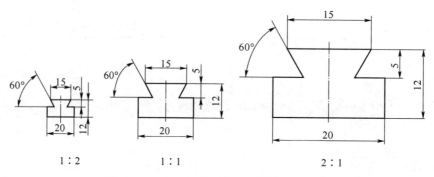

图 1-1-4　同一机件用不同比例画出的图形

3. 字体

图样中字体的号数即高度用 h 表示，其尺寸系列为 1.8、2.5、3.5、5、7、10、14 和 20（mm）等 8 种。如果需要些更大的字，其字体高应按 $\sqrt{2}$ 的比例率递增。

（1）汉字

技术制图国家标准规定，图样中汉字应写成长仿宋体。汉字的高度 h 不应小于 3.5 mm，其字宽一般为 $h/\sqrt{2} ≈ 0.7h$。长仿宋体字的书写要领是：横平竖直、起落有锋、结构均匀、填满方格。图 1-1-5 所示为长仿宋体字的书写示例。

10号字　**低速滑轮**　　**机用虎钳**　　**千斤顶**

7号字　字体工整　　笔画清楚　　间隔均匀　　排列整齐

5号字　制图　审核　姓名　日期　比例　材料　数量　图号

3.5号字　横平竖直　起落有锋　结构均匀　填满方格　国家标准　长仿宋体

图 1-1-5　长仿宋体字的书写示例

（2）字母和数字

字母与数字分为 A 型和 B 型。A 型字体的笔画宽度（d）为字高（h）的 1/14，B 型字体的笔画宽度（d）为字高（h）的 1/10。在同一张图纸上，只允许选用一种形式的字体。字母和数字可写成直体或斜体。斜体字的字头向右倾斜，与水平基准线成 75°。

图样上一般采用 A 型斜体字。图 1-1-6 所示为字母和数字的书写示例。

大写斜体字

ABCDEFGHIJKLMNO

PQRSTUVWXYZ

小写斜体字母

abcdefghijklmnopq

rstuvwxyz

斜体数字

0123456789

I II III IV V VI VII VIII IX X

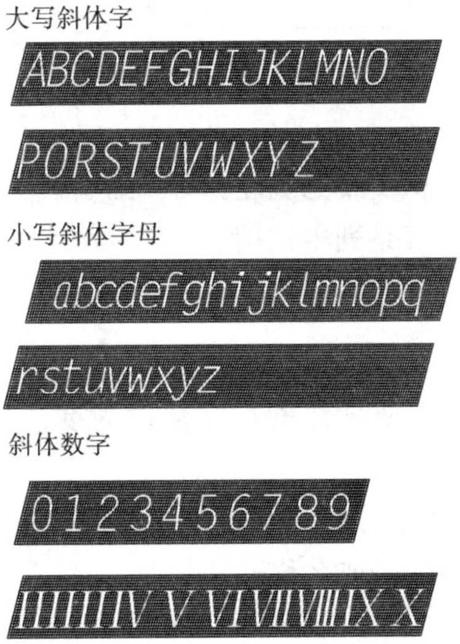

图 1-1-6　字母和数字的书写示例

4. 图线

（1）图线及其应用

机械图样中的图线名称、形式、宽度及其应用如表 1-1-3 所示。

表 1-1-3　图线名称、形式、宽度及其应用

图线名称	图线型式	图线宽度	主要用途
粗实线		b	可见轮廓线
细实线		约 $b/2$	尺寸线、尺寸界线、剖面线、可见过渡线、引出线及重合断面轮廓线等
细波浪线		约 $b/2$	断裂处的边界线、视图与剖视的分界线等
细双折线	3~5　30°　20~40	约 $b/2$	断裂处的边界线
细虚线	2~6　1~2	约 $b/2$	不可见轮廓线，不可见过渡线
细点画线	10~25　2~3	约 $b/2$	轴线、对称中心线等

图线名称	图线型式	图线宽度	主要用途
细双点画线	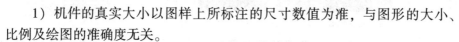	约 $b/2$	极限位置的轮廓线、相邻辅助零件的轮廓线等
粗点画线		b	有特殊要求的线或表面的表示线

（2）图线的宽度

图线的宽度有粗、细两种，粗实线的宽度为 d，细实线为 $d/2$。宽度 d 因按图形大小和复杂程度在 0.5~2 mm 的图线宽度系列中选用。

5. 尺寸标注

（1）基本规则

1）机件的真实大小以图样上所标注的尺寸数值为准，与图形的大小、比例及绘图的准确度无关。

2）当图样中的尺寸以 mm 为单位时，无须标注计量单位的代号或名称，如采用其他单位，则必须注明相应计量单位的代号或名称。

3）图样中所标注的尺寸，一般为该图样所示机件的最后完工尺寸，否则应另加说明。

4）机件的每一个尺寸，一般只标注一次，并应标注在反映结构最清楚的图形上。

（2）尺寸的组成

一个完整的尺寸一般应包括尺寸界线、尺寸线、尺寸数字和表示尺寸线终端的箭头或斜线，如图 1-1-7 所示。

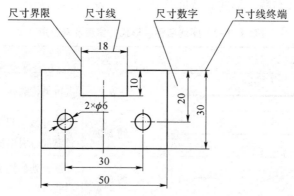

图 1-1-7　尺寸的组成及标注示例

1）尺寸界线：表示所注尺寸的范围，用细实线绘制，并应从图形的轮廓线、轴线或对称中心线处引出，必要时也可用轮廓线、轴线或对称中心线作尺寸界线。

2）尺寸线：表示尺寸的度量方向，用细实线绘制，不能用其他图线来代替，也不能画在其他图线的延长线上。尺寸线与所标注的线段平行。互相平行的尺寸线，小尺寸在里，大尺寸在外，依次排列整齐。

3）尺寸数字：表示机件的实际大小。尺寸数字一般应注写在尺寸线的上方或中断处。

常见的各种尺寸注法如图 1-1-8 所示。说明：圆或大于半圆的圆弧应注直径尺寸，并在尺寸数字前加注半径符号"ϕ"；半径或小于半圆的圆弧应注半径尺寸，并在尺寸数字前加注半径符号"R"；球或球面的直径和半径的尺寸数字前分别加"$S\phi$"和"SR"。尺寸数字不允许被任何图线穿过，当不可避免时，必须把图线断开。如图 1-1-8 所示的直径尺寸 $\phi16$、$\phi20$ 和 $\phi28$。

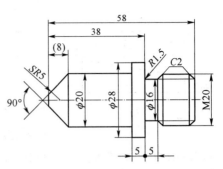

图 1-1-8　常见的各种尺寸注法

小尺寸和角度的标注方法如图 1-1-9 所示。

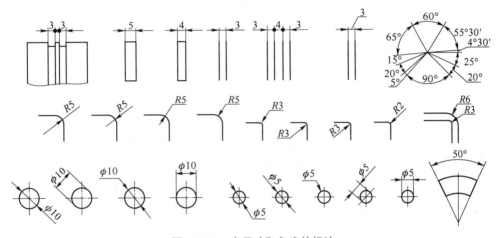

图 1-1-9　小尺寸和角度的标注

二、几何作图

1. 常见几何图形的作图方法

在绘图过程中经常会遇到各种几何图形的作图问题，下面介绍几种最基本的几何作图方法。

（1）正六边形

正六边形的作图方法如表 1-1-4 所示。

表 1-1-4　正六边形的作图

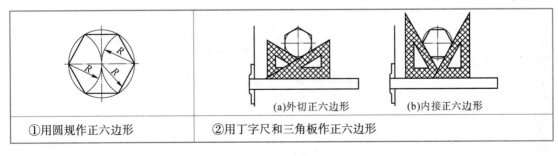

①用圆规作正六边形	②用丁字尺和三角板作正六边形

（2）斜度

斜度的作图方法如表 1-1-5 所示。

表 1-1-5　斜度的作图

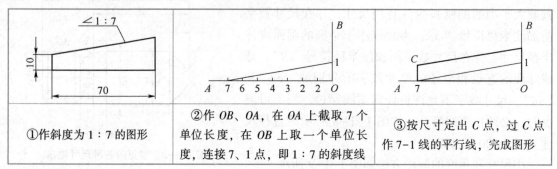

①作斜度为 1 : 7 的图形	②作 OB、OA，在 OA 上截取 7 个单位长度，在 OB 上取一个单位长度，连接 7、1 点，即 1 : 7 的斜度线	③按尺寸定出 C 点，过 C 点作 7-1 线的平行线，完成图形

（3）锥度

锥度的作图方法如表 1-1-6 所示。

表 1-1-6　锥度的作图

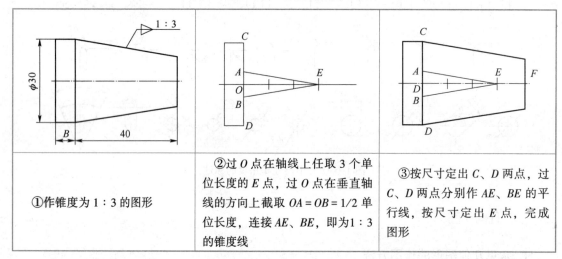

①作锥度为 1 : 3 的图形	②过 O 点在轴线上任取 3 个单位长度的 E 点，过 O 点在垂直轴线的方向上截取 OA = OB = 1/2 单位长度，连接 AE、BE，即为1 : 3 的锥度线	③按尺寸定出 C、D 两点，过 C、D 两点分别作 AE、BE 的平行线，按尺寸定出 E 点，完成图形

2. 圆弧连接

圆弧连接是指用一段圆弧光滑地连接另外两条已知线段（直线或圆弧）。画连接弧的关键是要准确地求出连接弧的圆心及切点，再按已知半径作连接弧，这样才能光滑过渡。圆弧连接的作图方法如表 1-1-7 所示。

表 1-1-7　圆弧连接的作图方法

作图要求	已知条件	作图方法和步骤		
		1. 求连接弧圆心 O	2. 求连接点（切点）A、B	3. 画连接弧并描深
圆弧连接两已知直线	E R F / M N	E R O R F / M N	E A切点 O F / M B切点 N	E A O R F / M B N

作图要求	已知条件	作图方法和步骤		
		1. 求连接弧圆心 O	2. 求连接点（切点）A、B	3. 画连接弧并描深
圆弧内切连接已知直线和圆弧				
圆弧外切连接两已知圆弧				
圆弧内切连接两已知圆弧				
圆弧分别内外切连接两已知圆弧				

三、平面图形的线段分析和画图步骤

平面图形是由若干线段连接而成的。画平面图形之前，必须先对图形的尺寸进行分析，确定线段（这里指直线或圆弧）性质，明确作图顺序，才能正确、快速地画出图形。

项目一 制图的基本知识

1. 平面图形的尺寸分析

平面图形中的尺寸按作用分为定形尺寸和定位尺寸两类。

（1）定形尺寸

确定平面图形上各线段形状大小的尺寸称为定形尺寸，如线段的长度、圆及圆弧的直径或半径以及角度大小等。如图 1-1-10 中所示的 $\phi20$、$\phi5$、15、$R6$、$R12$ 等都是定形尺寸。

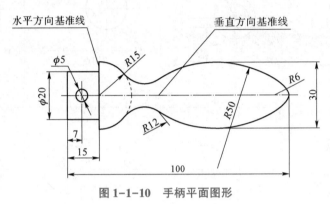

图 1-1-10　手柄平面图形

（2）定位尺寸

确定平面图形中各部分之间相对位置的尺寸称为定位尺寸。图 1-1-10 中确定 $R50$ 圆弧位置的尺寸 30 和确定 $\phi5$ 位置的尺寸 7 均为定位尺寸。

应该指出，有时一个尺寸同时具有定形和定位两种作用。

（3）尺寸基准

标注定位尺寸时，通常以图形的对称线、中心线或某一轮廓线作为标注尺寸的起点，这个起点就是尺寸基准。平面图形一般应有水平和垂直两个坐标方向的尺寸基准，如图 1-1-10 所示，它们也是该平面图形画图的基准线。

2. 平面图形的线段分析

根据标注的尺寸是否齐全，平面图形中的线段可分为以下 3 种：

（1）已知线段

平面图形中定形尺寸和定位尺寸都齐全的线段，称为已知线段，如图 1-1-10 中所示尺寸为 $\phi20$、$\phi5$、15、$R6$、$R15$ 的线段都是已知线段。

（2）中间线段

在平面图形中，有定形尺寸但缺一个定位尺寸的线段，称为中间线段。画该类线段应根据其与相邻已知线段的几何关系，通过几何作图确定所缺的定位尺寸才能画出，如图 1-1-10 中的 $R50$ 圆弧尺寸。

（3）连接线段

在平面图形中，只有定形尺寸而没有定位尺寸的线段，称为连接线段。画该类线段应根据其与相邻两线段的几何关系，通过几何作图的方法最后画出。如图 1-1-10 中的 $R12$ 圆弧尺寸。

平面图形的画图步骤如下：

1）画基准线；

2）画已知线段；

3）画中间线段；

4）画连接线段；

5）整理并检查全图后，加深相关图线；

6）标注尺寸。

下面以手柄为例，说明平面图形的作图步骤，如表 1-1-8 所示。

表 1-1-8　手柄的作图步骤

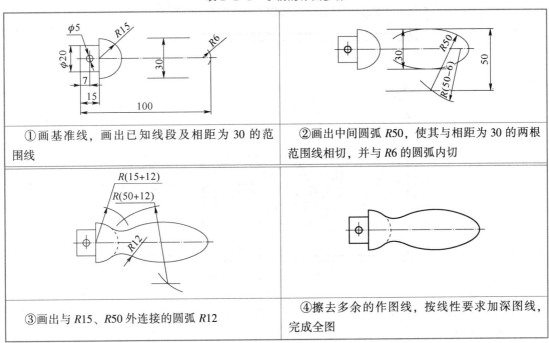

①画基准线，画出已知线段及相距为 30 的范围线	②画出中间圆弧 R50，使其与相距为 30 的两根范围线相切，并与 R6 的圆弧内切
③画出与 R15、R50 外连接的圆弧 R12	④擦去多余的作图线，按线性要求加深图线，完成全图

四、常用绘图工具的使用

只有学会正确使用绘图工具，才能保证绘图质量、提高绘图速度。因此，必须首先养成正确使用绘图工具的良好习惯。

1. 图板和丁字尺

图板用来铺放及固定图纸。图板表面应平整光滑，软硬适中，左右两边为导边，必须平直，丁字尺由尺头和尺身组成，如图 1-1-11 所示。其主要用于绘制水平线，也可与三角板配合起来使用，用于绘制特殊的角度线。作图时，尺头应紧靠图板左侧导边上下移动，用左手按住尺身，再自左至右在尺身工作边画线。禁止用丁字尺画垂线及用尺身下缘画水平线。

2. 三角板

一副三角板有 45°、30°（60°）各一块，除直接画水平直线外，也可配合丁字尺画出垂直和特殊角度的斜线，如图 1-1-12 所示。

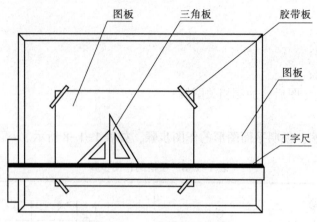

图 1-1-11　图板与丁字尺

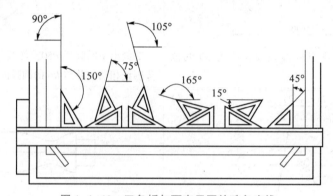

图 1-1-12　三角板与丁字尺画特殊角度线

两块三角板配合既可画出 45°、30°、60°、90°角度线，也可画出任意直线的平行线或垂直线，如图 1-1-13 所示。

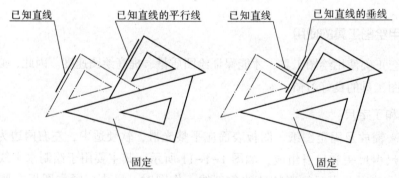

图 1-1-13　用三角板画平行线及垂直线

3. 圆规

圆规用于画圆和圆弧。常用圆规如图 1-1-14 所示。

圆规的两脚中一个为固定插脚，另一个为活动插脚。固定插脚上钢针两端的形状有所不同，带有台阶的一端用于画圆或圆弧时确定圆心，台阶可以防止图纸上的针眼扩大而造成圆

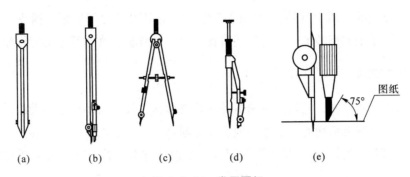

图 1-1-14 常用圆规

（a）分规；（b）大圆规；（c）弹簧规；（d）点圆规；（e）针尖与铅芯

心不准确。画圆时，活动插脚上放磨好的铅芯，调整钢针的台阶与铅芯尖端齐平，笔尖与纸面垂直，使圆规顺时针旋转并稍向前倾斜，如图 1-1-15 所示。

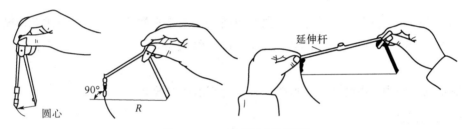

图 1-1-15 圆规的使用方法

4. 分规

分规两脚均为钢针，两针尖合拢时应对齐，用于量取线段长度或等分直线段及圆弧。

5. 铅笔

绘图铅笔有木杆和活动铅笔两种，可分为多种型号，分别用 B 和 H 表示其软、硬程度。绘图时铅笔的选用推荐如下：

（1）H 或 2H 铅笔用于画底稿；

（2）HB 铅笔用于写字和画细线；

（3）B 或 2B 铅笔用于加深、加粗图线。

圆规用铅芯应比图线的铅芯软一号。铅笔应削制成圆锥形和矩形两种（保留标号），如图 1-1-16 所示。

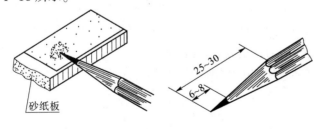

图 1-1-16 铅笔的削制

除了以上介绍的绘图工具外，绘图时还要用到固定图纸的胶带纸、橡皮、小刀、量角器、擦图片、胶带纸和细纱纸等。另外还有比例尺、曲线板和常用符号的专用模板等。

五、草图的画法

徒手画的图又叫草图，它是以目测估计实物的形状、尺寸大小，不借助绘图工具徒手绘制的图样。徒手画图灵活简便，不受场地空间的限制，常用于以下三个方面。

1）设计构思：设计人员借助草图来记录多个设计方案，并对其进行分析比较，以得到最为满意的结果。

2）测绘机件：在测绘现场，由于时间、工具及环境的限制，技术人员要迅速画出机件的草图及其装配草图。

3）技术交流：与相关人员讨论技术问题时，最直接和快捷的交流方式就是徒手画图。

由此可见徒手画图是工程技术人员必须具备的一项基本技能。草图虽不求几何精度，但也不得潦草，必须做到：图形正确、图线清晰、线型分明、比例适当、字体工整及图面整洁。

绘制草图一般用 HB 铅笔，常画在带方格的专用草图纸上。

1. 直线的画法

画直线时，可先标出线段的两端点，目光注视线段的终点，匀速运笔连成直线。手执笔要稳，小手指靠着纸面，运笔时手腕灵活。

画水平线时，可将图纸微微左倾，自左向右画线；画垂直线时，自上向下画线；画斜线时，可按斜线的角度定出斜线两端点，然后连接两点，即为所画斜线，如图 1-1-17 所示。

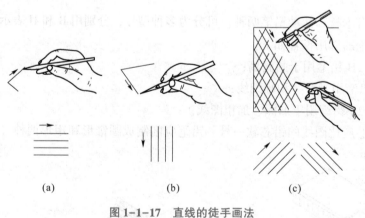

(a)　　　　　　(b)　　　　　　(c)

图 1-1-17　直线的徒手画法
(a) 水平线；(b) 垂直线；(c) 斜线

2. 圆的画法

画圆时，应先定圆心，过圆心画两条互相垂直的中心线，根据目测圆半径大小，在中心线上与圆心等距离位置取 4 个点，再过各点连成圆。当画较大圆时，可过圆心多作几条直径，取点后过点连成圆，如图 1-1-18 所示。当圆的直径很大时，可用手作圆规，以小手指轻压在圆心上，使铅笔尖与小手指的距离等于圆的半径，笔尖接触纸面转动图纸，即可画出大圆。画草图也可利用方格纸来画，以便于控制图形的各部比例、大小及投影关系。可利用格线画出定位中心线、直线和主要轮廓线等。

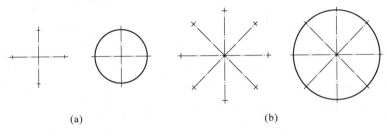

图 1-1-18　圆的徒手画法

（a）画小圆；（b）画大圆

3. 圆弧的画法

画圆弧时，先画角等分线，在该线上目测圆心位置，定出切点，向角两边引垂线，确定圆弧两个连接点，并在分角线上定出圆弧上的点，然后过三点徒手画圆弧。对于半圆和 1/4 圆弧，先画辅助正方形，再画圆弧与其相切，如图 1-1-19 所示。

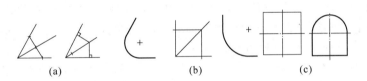

图 1-1-19　圆角和圆弧的徒手画法

4. 徒手画椭圆

椭圆的徒手画法如图 1-1-20 所示。

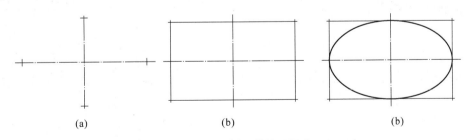

图 1-1-20　椭圆的徒手画法

（a）画长、短轴；（b）作矩形；（b）画椭圆

■ 任务实施

任务实施单见表 1-1-9。

表 1-1-9　任务实施单

方法和步骤		图示
分析尺寸	分析如图 1-1-1 所示平面图形的尺寸可知，平面图形中的尺寸 ϕ30、80 等是确定图形几何元素形状大小的尺寸，确定图形几何元素形状大小的尺寸称为定形尺寸；而 70、50、10 是确定位置的尺寸，确定几何元素位置的尺寸称为定位尺寸；底部矩形两条边（下边及右边）是绘制上端各圆的起始位置，尺寸的起点称为尺寸基准。此平面图形的尺寸分析如图所示。标注尺寸可以先标注定形尺寸，然后标注定位尺寸	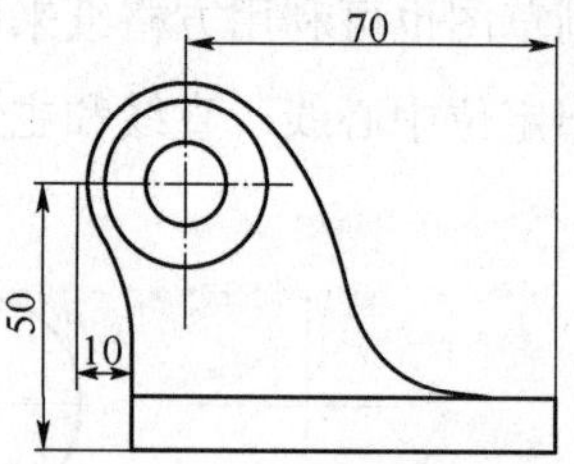 (a)定位尺寸 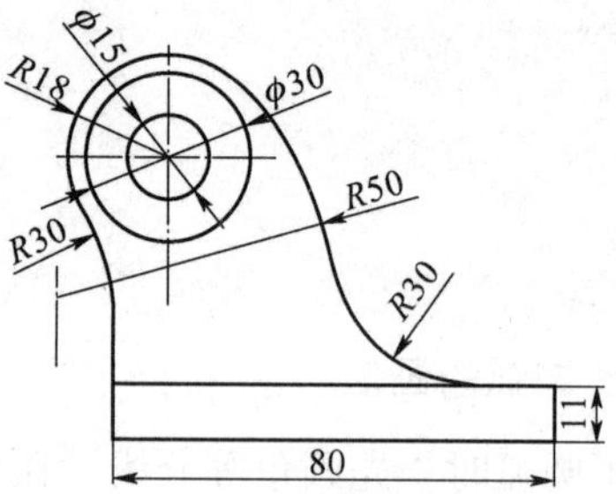 (b)定形尺寸
分析线段	组成平面图形的线段有些可以直接画出，比如 ϕ30、ϕ15、R18 等，这样的线段称为已知线段；有的线段的两个端点中只有一个可以直接确定，而另一个端点由线段与其他线段的关系来确定，如圆弧 R50，可以通过与 ϕ30 相内切的关系来确定一个端点，而另一个端点要画出 R30 后才能确定，这样的线段称为中间线段；有的线段两个端点都不能直接画出，要根据与线段相接的两端线段的关系确定，如图（b）中两段 R30 的圆弧，这样的线段称为连接线段	
画图步骤	（1）画基准线	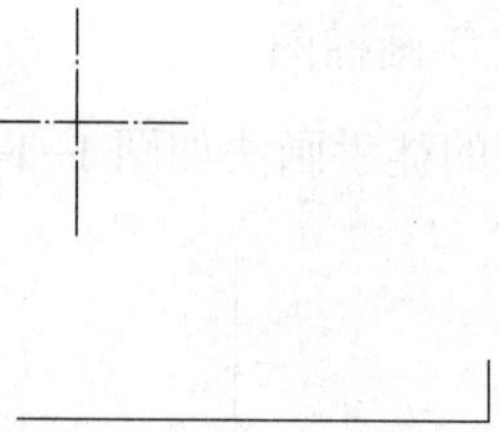
	（2）画已知线段	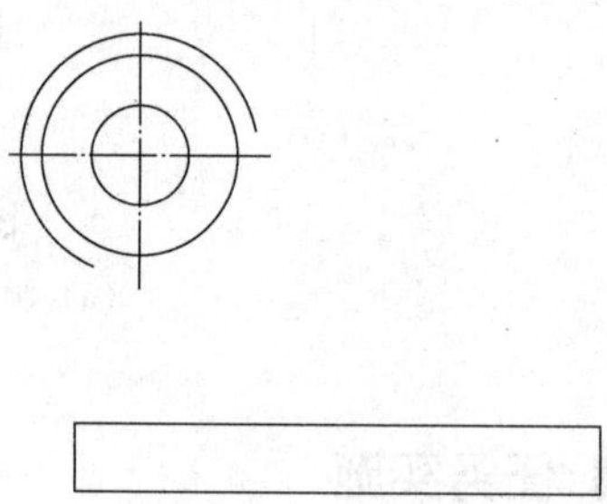

方法和步骤	图示
画图步骤 (3) 画中间线段	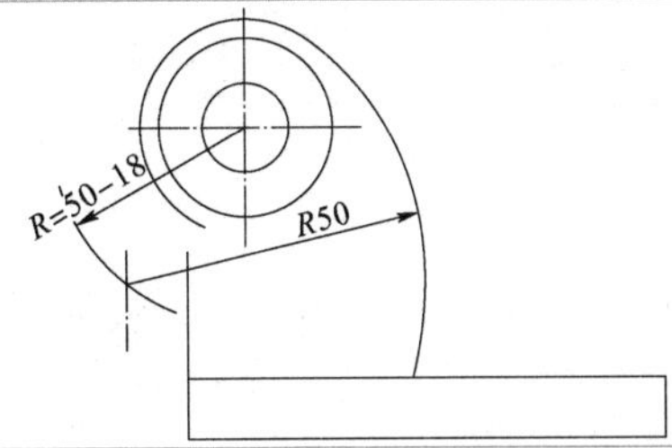
(4) 画连接线段,整理并检查全图后,加粗描深相关图线,完成平面图形的绘制,如图所示	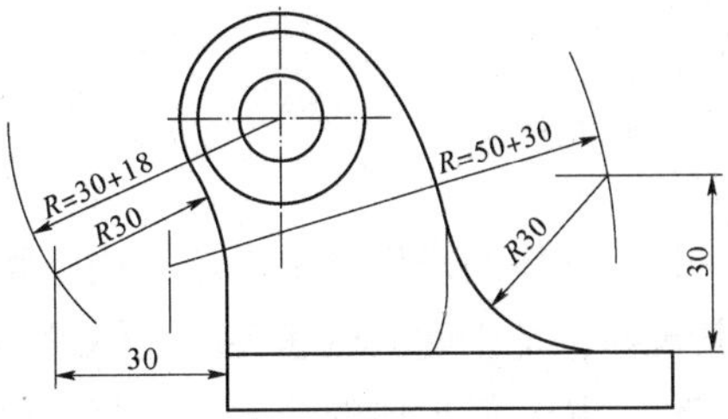 画图步骤
注意事项	(1) 布置图形时,应考虑标注尺寸的位置,使图形布置均匀。 (2) 画底稿时的图线应细而准确。 (3) 加深线型时,要先曲后直,注意顺序,做到线段连接光滑。 (4) 标注尺寸时,箭头画法应符合规定且大小一致,尺寸要完整

项目二

空间几何元素的投影

任何立体的表面都是由点、线、面基本几何元素所组成的。因此掌握点、线、面的投影及其规律，是正确、迅速表示立体投影的理论基础。而在生产实际中，种类繁多、形状各异的零件，从几何形体的角度看，都是由一些柱、锥、球、环等简单几何体经过切割、相交等方式组合而成的，我们将这些简单的形体称为基本立体，简称基本体。本项目主要学习投影的基本概念，正投影的投影特性与物体三视图的形成及其投影规律，点、直线、平面的投影规律，基本体的三视图投影特征；以识读和绘制三视图为主要任务，重点培养空间思维能力，为立体的构型及其投影作图提供理论依据和方法。

☑ 知识目标

1. 理解投影法的基本概念和分类。
2. 掌握正投影的基本特性。
3. 掌握三视图的形成、投影规律以及物体三视图的画法。
4. 掌握点、直线、平面的投影规律。
5. 了解基本体的形成方法，掌握其画法及三视图投影特征。

☑ 能力目标

1. 能够熟练运用正投影法完成点、直线、平面在三投影面体系中的投影。
2. 能够正确理解和掌握三视图的形成及其投影规律，绘制简单立体的三视图。
3. 能够正确分析各种位置直线和平面的投影特点。
4. 能够正确掌握绘制基本几何体三视图的方法和步骤。

☑ 素养提升

投影现象存在于日常生活中的各个方面，使学生明确理论来源于实践又指导实践，从而正确理解"知行合一"的重要性，"知是行之始，行是知之成"；正确理解与掌握三视图的形成和画法，培养学生用全面的眼光对待现在和未来。明确处理事情、看问题不能片面，要多角度思考、观察和分析问题，看问题不能以偏概全；空间几何元素的投影是机件投影作图的基础，从分析点、直线、平面到立体的投影特性，由简单到复杂，在生产实际中形状各异的零件，从几何形状角度分析来看，均可以认为是由简单的基本体按照叠加、截切等各种方式组合形成的，掌握基本体画法是为后续学习组合体、零件图等奠定坚实的基础，即明确万丈高楼平地起，只有基础打牢靠，才能有高层建筑。做任何事情也同样应该脚踏实地，不能好高骛远、眼高手低，只有把基础打牢方能行稳致远；而在绘制几何体三视图时，首先须从特征图画起，也就是在处理任何事情时，学会抓特征是关键，培养学生处理问题也要学会抓特征，方可快速、正确地解决问题，起到事半功倍的效果。

✺ 任务一 绘制基本几何元素的投影

■ 任务导入

点、线、面是构成几何体的基本几何元素，在掌握基本几何元素的投影的基础上，绘制如图 2-1-1 所示物体的三视图。

■ 任务分析

绘制如图 2-1-1 所示模型的三视图，首先应掌握绘制视图的原理——正投影法，其次应掌握三视图的画法。

■ 知识链接

图 2-1-1 物体模型
的轴测图

一、投影法和三视图

1. 投影法

投射线通过物体，向选定的面投射，并在该面上得到图形的方法，称为投影法。

（1）中心投影法

投影线汇交一点的投影法为中心投影法，如图 2-1-2 所示。

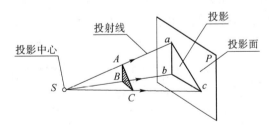

图 2-1-2 中心投影法

中心投影法所得投影的大小会随投影中心 S 距离平面 $\triangle ABC$ 的远近而变化，或者会随平面 $\triangle ABC$ 离开投影面 P 的远近而变化，可知中心投影不反映物体原来的真实大小。所以在机械制图中一般不采用中心投影法来绘制图样。

（2）正投影法

当投射中心 S 与投影面 P 的距离为无穷远时，则投射线相互平行。当平行光垂直于投影面时，物体在该投影面上的投影就能反映物体某一面的真实形状和大小，如图 2-1-3 所示。这种投射线与投影面相垂直的投影法称为正投影法。

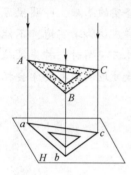

图 2-1-3 正投影法

（3）正投影法的基本特性

1）真实性。

当直线段或平面图形平行于投影面时，其正投影反映实长或实形，这种投影性质称为真实性，如图 2-1-4（a）所示。

2）积聚性。

当直线段或平面图形垂直于投影面时，其正投影积聚为一个点或一条线段，这种投影性质称为积聚性，如图 2-1-4（b）所示。

3）类似性。

当直线段或平面图形倾斜于投影面时，直线段的正投影变短，而平面图形的正投影比原平面图形小而形状类似，这种投影性质称为类似性，如图 2-1-4（c）所示。

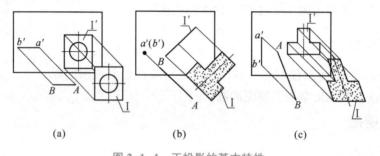

图 2-1-4 正投影的基本特性
(a) 真实性；(b) 积聚性；(c) 类似性

2. 三视图的形成及其投影规律

（1）一面视图和两面视图

在机械制图中，将物体向投影面作正投影所得的图形称为视图。一般情况下，仅凭物体的一个或两个视图不能全面、准确地表达物体的形状和大小，如图 2-1-5 及图 2-1-6 所示，因此，通常用多面视图来表示物体的形状，三视图就是最基本的表达方法。

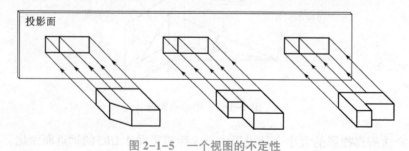

图 2-1-5 一个视图的不定性

（2）三面视图

如图 2-1-7 所示，将物体置于三投影面体系中，分别向三个投影面进行投射即得到物体的三视图。

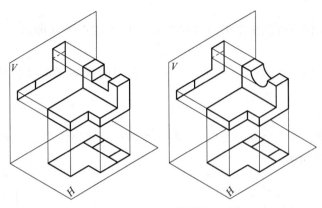

图 2-1-6 两个视图的不定性

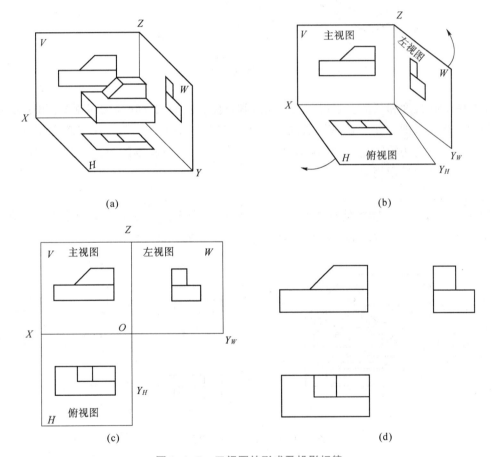

(a)

(b)

(c)

(d)

图 2-1-7 三视图的形成及投影规律

（a）物体在三投影面体系的投影；（b）三投影面的展开方法；（c）展开后的三视图；（d）绘制完成的三视图

（3）三视图的投影规律

由物体的三视图形成可知，每个视图表示物体一个方向的形状、两个方向的尺寸和四个方位（如图 2-1-8 和图 2-1-9 所示）以及位置关系。

主视图——由前向后投射在正面（V 面）上所得的视图（即从物体前方向后看的形

状）。

俯视图——由上向下投射在水平面（H面）上所得的视图（即从物体上方向下俯视的形状）。

左视图——由左向右投射在侧面（W面）上所得的视图（即从物体左方向右看的形状）。

1）尺寸关系。

物体都有长、宽、高三个方向的尺寸，每一个视图反映物体两个方向的尺寸。三视图的尺寸关系如图2-1-8所示。

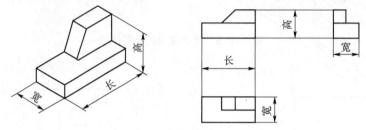

图2-1-8　三视图的尺寸关系

主视图反映长度和高度，俯视图反映长度和宽度，左视图反映高度和宽度，由此得出三视图的投影规律，即"主、俯视图长对正，主、左视图高平齐，俯、左视图宽相等"。"长对正，高平齐，宽相等"是三视图画图和看图必须遵循的最基本的投影规律，物体的整体或局部都应遵循此投影规律。

2）方位关系。

如图2-1-9所示，物体具有左右、上下、前后六个方位。以主视图为主来看，在俯视图和左视图中，靠近主视图的一面是后面，远离主视图的一面是前面。

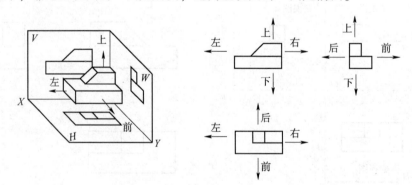

图2-1-9　三视图的方位关系

二、点、直线和平面的投影特性

每个几何体都可以看成是由点、线、面等几何元素组成的。在学习几何体的投影之前，必须先熟悉点、线、面等几何元素的投影。下面主要介绍点、直线和平面的投影特性。

1. 点的投影

点是最基本的几何要素，其他几何元素均可看作由无数点组成，因而求作点的投影是最基本的作图方法。

（1）点的投影规律

1）空间点的位置和坐标的关系。

空间点的位置可由其直角坐标来确定，一般采用的书写形式为 $A(x, y, z)$，如图 2-1-10 所示。其中 x、y、z 均为该点至相应坐标面的距离值，仅由点的一个投影不能反映点的空间位置，如图 2-1-10 中的 $a(x, y)$。由图 2-1-10 可知：V、H 投影反映 x 坐标，V、W 投影反映 z 坐标，H、W 投影反映 y 坐标。

2）点的三面投影图。

如图 2-1-11（a）所示，在三面投影体系中有一点

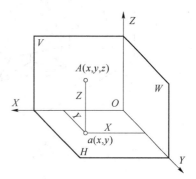

图 2-1-10　点的位置及坐标的关系

A，过点 A 分别向三个投影面作垂线，得垂足 a、a' 和 a''，即得点 A 在三个投影面的投影。按图 2-1-11（b）所示展开，得点 A 的三面投影图，投影连线为细实线，如图 2-1-11（c）所示，图中 a_X、a_Y、a_Z 分别为点的投影连线与投影轴 OX、OY、OZ 的交点。

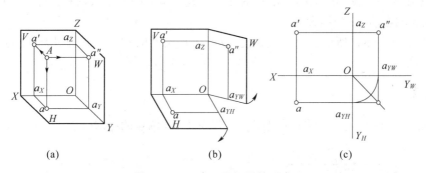

图 2-1-11　点三面投影的形成

（a）过点 A 分别向三个投影面作垂线；（b）三个投影面展开；（c）点 A 的三面投影图

3）点的投影规律。

从图 2-1-11 中可以看出，点的三面投影的投影特性即投影规律如下：

①点的正面投影和水平投影的连线，必定垂直于 OX 轴（$aa' \perp OX$）。

②点的正面投影和侧面投影的连线，必定垂直于 OZ 轴（$a'a'' \perp OZ$）。

③点的水平投影到 OX 轴的距离等于点的侧面投影到 OZ 轴的距离（$aa_X = a''a_Z$）。

点的投影规律实质上反映了三视图中"长对正，高平齐，宽相等"的投影规律。

【分析与思考】

图 2-1-12（a）所示为三棱锥的直观图，试在图 2-1-12（b）中参照锥顶点 S 的投影图，分析并标出该棱锥其余顶点的三面投影。

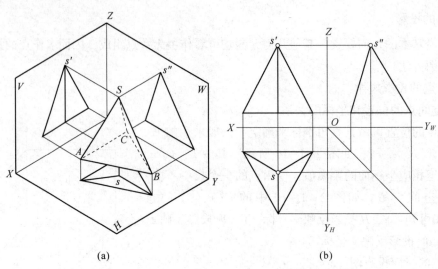

(a)   (b)

图 2-1-12 立体上点的投影与分析

（a）三棱锥的直观图；（b）锥顶点 S 的投影图

（2）两点的相对位置和重影点

1）判断两点的相对位置

两点的相对位置指空间两点上下、前后、左右的位置关系，这种位置关系可以通过两点同面投影（在同一个投影面上的投影）的相对位置或坐标的大小来判断，即：x 坐标大的在左、y 坐标大的在前、z 坐标大的在上。

如图 2-1-13（a）所示，由于 $x_a > x_b$，故点 A 在点 B 的左方，同理可判断出点 A 在点 B 的上方、后方。

【分析与思考】

根据如图 2-1-13（b）所示轴测图，试判断 A、B 两点的相对位置。

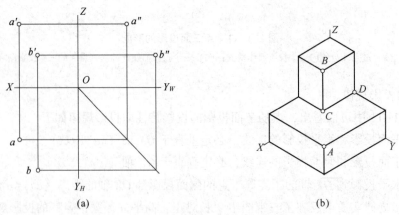

(a)   (b)

图 2-1-13 两点的相对位置

（a）A、B 两点的投影图；（b）轴测图中的各个点

2）重影点。

如图 2-1-14（a）所示，点 C 与点 D 位于垂直于 H 面的同一条投射线上，它们的水平投

影重合，则 C、D 两点称为对该投影面的重影点。重影点的两对同名坐标相等，故 $x_c = x_d$，$y_c = y_d$。由于 $z_c > z_d$，故点 C 在点 D 的上方。若沿投射线方向进行观察，看到者为可见，被遮挡者为不可见。为了表示点的可见性，被挡住的点的投影加上括号，如图 2-1-14（b）所示。

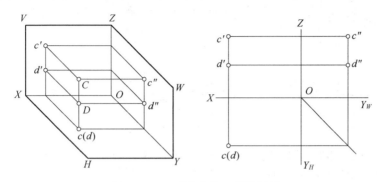

图 2-1-14　重影点的可见性判断

【分析与思考】

1）根据图 2-1-13（b）所示轴测图上的点，试判断各点之间的相对位置。

2）根据图 2-1-13（b）所示轴测图，试分析有几对重影点，并判别可见性。

2. 直线的投影

在三面投影体系中，空间直线与投影面的相对位置分为三类：一般位置直线、投影面平行线和投影面垂直线。后两类又称为特殊位置直线。直线对于三个投影面 H、V、W 的倾角分别用字母 α、β、γ 表示。

（1）投影面平行线

平行于某一投影面而与其余两投影面倾斜的直线，称为投影面平行线。其中，平行于 H 面的直线叫作水平线，平行于 V 面的直线叫作正平线，平行于 W 面的直线叫作侧平线。三种投影面平行线的直观图、投影图及投影特性如表 2-1-1 所示。

表 2-1-1　投影面平行线的投影图例

名称	正平线	水平线	侧平线
立体上直线的直观图			
直线在立体三视图中的位置			

名称	正平线	水平线	侧平线
投影图	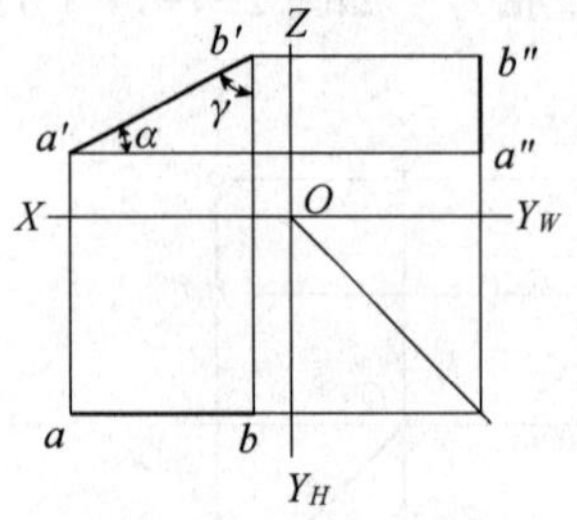	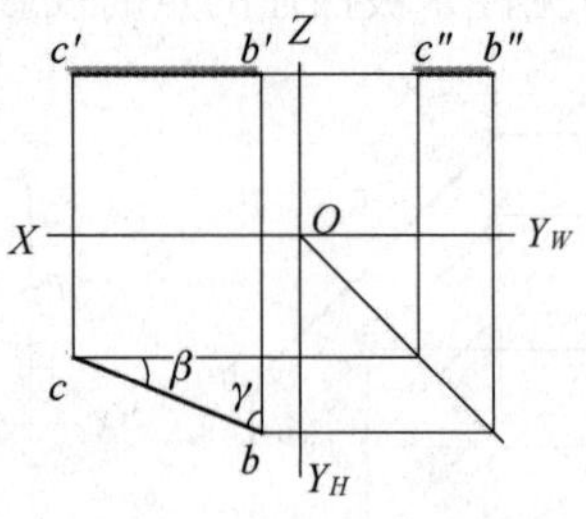	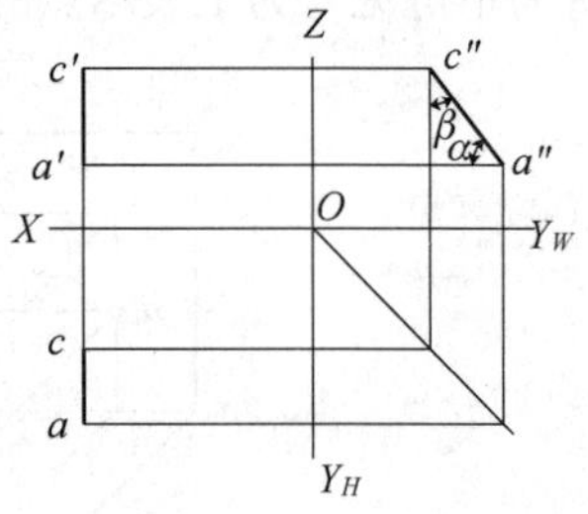
投影特性	（1）$a'b'=AB$，反映实长； （2）$a'b'$与投影轴倾斜，反映 α、γ 角的真实大小； （3）$ab//OX$，$a''b''//OZ$	（1）$bc=BC$，反映实长； （2）bc 与投影轴倾斜，反映 β、γ 角的真实大小； （3）$b'c'//OX$，$b''c''//OY_W$	（1）$a''c''=AC$，反映实长； （2）$a''c''$ 与投影轴倾斜，反映 α、β 角的真实大小； （3）$a'c'//OZ$，$ac//OY_H$
投影特征总结	（1）在直线所平行的投影面上，其投影反映实长且与投影轴倾斜，它与投影轴的夹角等于直线对另外两个投影面的实际倾角； （2）在另外两个投影面上的投影，都短于线段实长，且分别平行于相应的投影轴		

投影面平行线的三面投影特性可以概括为"一斜两平"，即三面投影中，一个是斜线，另两个与相应投影轴平行。

（2）投影面垂直线

垂直于某一投影面，而与其余两个投影面平行的直线，称为投影面垂直线。其中，垂直于 V 面的直线叫正垂线，垂直于 H 面的直线叫铅垂线，垂直于 W 面的直线叫侧垂线。三种投影面垂直线的直观图、投影图及投影特性见表 2-1-2。

表 2-1-2　投影面垂直线的投影图例

名称	正垂线	铅垂线	侧垂线
立体上直线的直观图	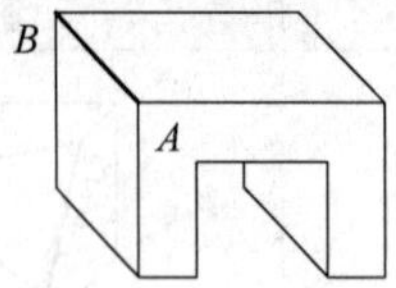	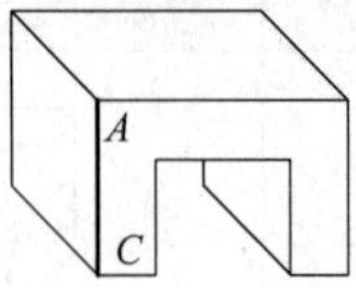	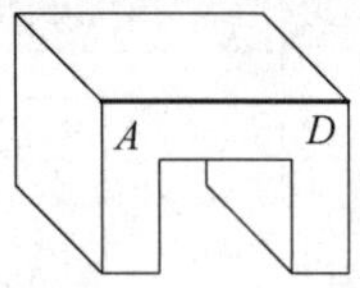
直线在立体三视图中的位置	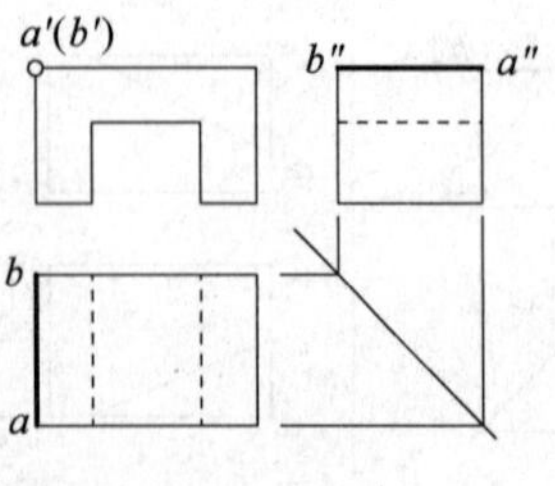	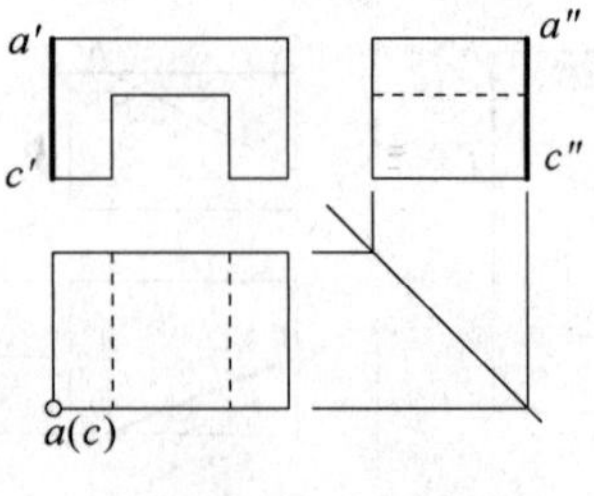	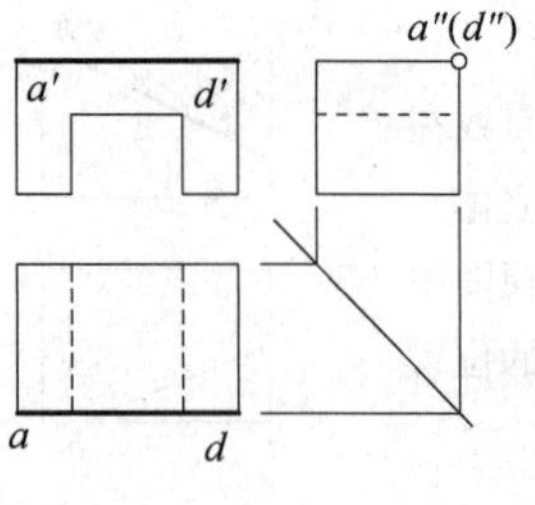

名称	正垂线	铅垂线	侧垂线
投影图	$a'(b')$ Z b'' a'' X——O——Y_W b a Y_H	a' Z a'' c' c'' X——O——Y_W $a(c)$ Y_H	a' d' Z $a''(d'')$ X——O——Y_W a d Y_H
投影特性	（1）$a'b'$ 积聚成一点； （2）$ab\perp OX$，$a''b''\perp OZ$； （3）$ab = a''b'' = AB$，反映实长	（1）ac 积聚成一点； （2）$a'c'\perp OX$，$a''c''\perp OY_W$； （3）$a'c' = a''c'' = AC$，反映实长	（1）$a''d''$ 积聚成一点； （2）$ad\perp OY_H$，$a'd'\perp OZ$； （3）$ad = a'd' = AD$，反映实长
投影特性总结	（1）投影面垂直线在所垂直的投影面上的投影必积聚成为一个点； （2）在另外两个投影面上的投影都反映实长，且垂直于相应投影轴		

投影面垂直线的三面投影特性可以概括为"一点两垂"，即三面投影中，一个积聚成点，另两个与相应投影轴垂直。

（3）一般位置直线

与三个投影面都倾斜的直线称为一般位置直线，如图 2-1-15 所示四棱锥的一棱边 SB。

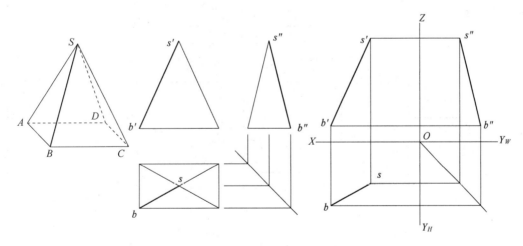

图 2-1-15　一般位置直线 AB 的直观图和投影图

由图 2-1-15 可概括出一般位置直线的投影特征：

1）直线的三个投影的长度均小于实长。

2）直线的三个投影都与投影轴倾斜，且与投影轴的夹角均不反映空间直线对投影面的倾角。

3. 平面的投影

通常用平面图形表示平面，如三角形、矩形和圆等。

平面的投影一般仍是平面，特殊情况下积聚为一条直线。平面在三投影面体系中有三种位置：投影面平行面、投影面垂直面和一般位置平面。前两种位置的平面又称为特殊位置平面。

（1）投影面平行面

平行于一个投影面同时垂直于另外两个投影面的平面，称为投影面平行面。其中，平行于 H 面时叫作水平面，平行于 V 面时叫作正平面，平行于 W 面时叫作侧平面。三种投影面平行面的直观图、投影图及投影特性见表 2-1-3。

表 2-1-3 投影面平行面的投影图例

名称	正平面	水平面	侧平面
立体上平面的直观图			
平面在立体三视图中的位置			
投影图			
投影特性	（1）V 面投影反映实形； （2）H、W 面投影积聚为直线，且分别 $//OX$、OZ 轴	（1）H 面投影反映实形； （2）V、W 面投影积聚为直线，且分别 $//OX$、OY_W 轴	（1）W 面投影反映实形； （2）V、H 面投影积聚为直线，且分别 $//OZ$、OY_H 轴
总结	（1）投影面平行面在所平行投影面上的投影反映实形； （2）另外两个投影面上的投影积聚成线段，且分别平行于相应投影轴		

投影面平行面的三面投影特性可以概括为"一框两平线"，即三面投影中，一个是封闭线框，另两个为直线且与相应投影轴平行。

（2）投影面垂直面

垂直于一个投影面、倾斜于另外两个投影面的平面，称为投影面垂直面。其中，垂直于 H 面时叫作铅垂面，垂直于 V 面时叫作正垂面，垂直于 W 面时叫作侧垂面。三种投影面垂直面的直观图、投影图及投影特性见表 2-1-4。

表 2-1-4　投影面垂直面的投影图例

名称	正垂面	铅垂面	侧垂面
立体上平面的直观图	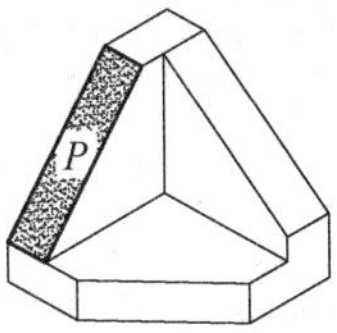	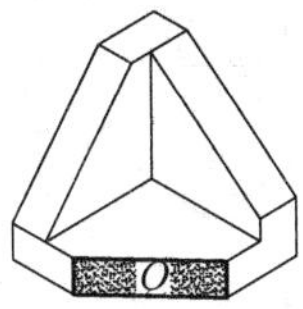	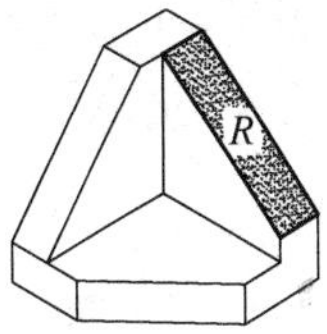
平面在立体三视图中的位置	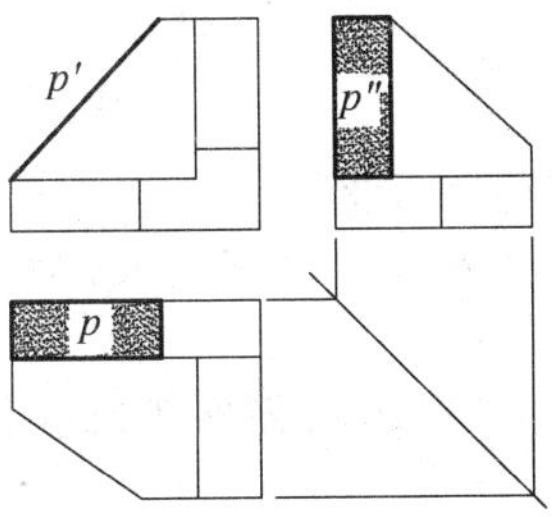	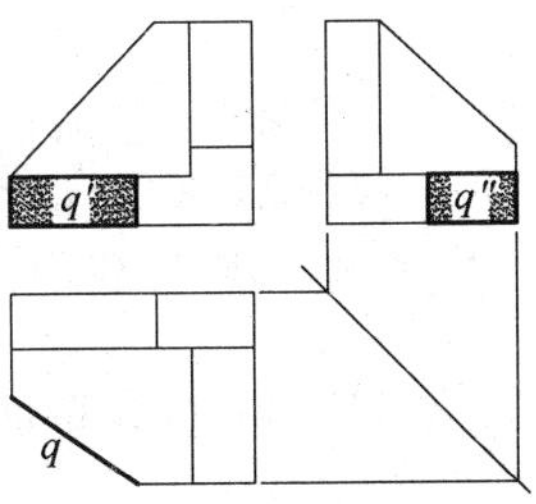	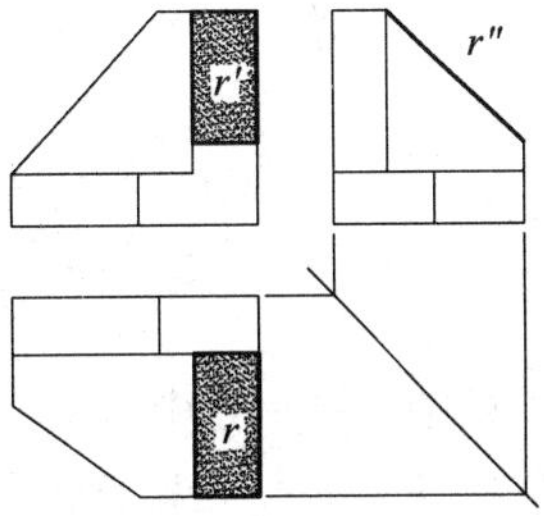
投影图	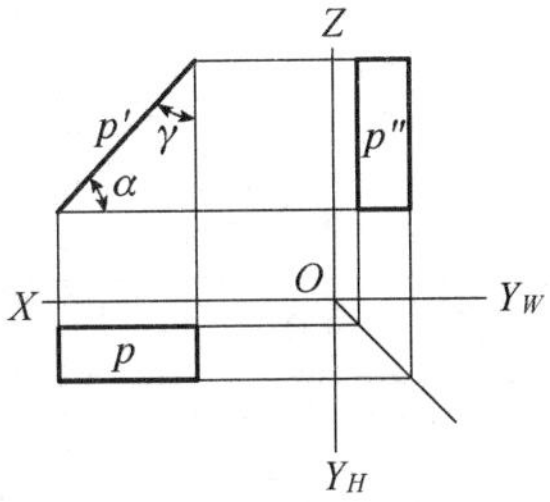	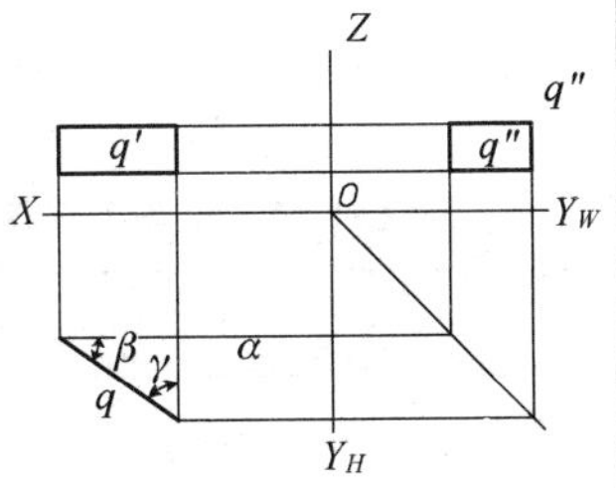	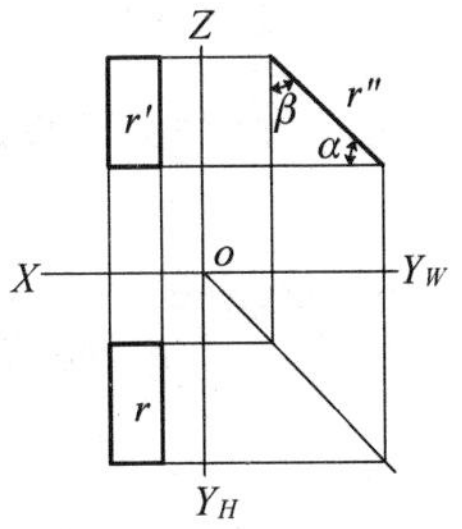
投影特性	（1）V 面投影积聚成倾斜直线且反映 α 和 γ 角真实大小； （2）H、W 面投影反映缩小的类似形线框	（1）H 面投影积聚成倾斜直线且反映 β 和 γ 角真实大小； （2）V、W 面投影反映缩小的类似形线框	（1）W 面投影积聚成倾斜直线且反映 α 和 β 角真实大小； （2）H、V 面投影反映缩小的类似形线框
总结	（1）投影面垂直面在所垂直投影面上的投影积聚成线段且与投影轴倾斜，所夹角度反映该平面对另外两个投影面倾角的真实大小； （2）另外两个投影面上的投影为该平面形的类似形		

投影面垂直面的三面投影特性可以概括为"两框一斜线"，即三面投影中，一个是斜线，另两个为该平面形的类似形线框。

（3）一般位置平面

与三个投影面都倾斜的平面叫作一般位置平面。三棱锥上侧面△SAB的直观图在立体三视图中的位置及一般位置平面投影图分析如图2-1-16（a）~图2-1-16（c）所示，△SAB与三个投影面都倾斜，它的三个投影的形状相类似，都不反映△SAB的实形。

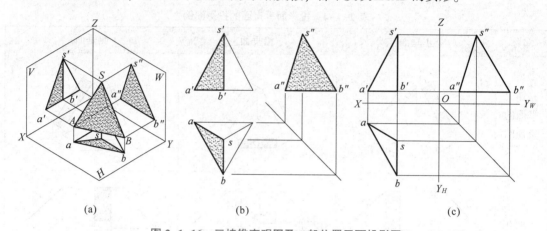

图2-1-16　三棱锥直观图及一般位置平面投影图

(a) 侧面△SAB的直观图；(b) 侧面△SAB在立体三视图中的位置；(c) △SAB的投影图

从图2-1-16中可概括出一般位置平面的投影特征：三个投影均为缩小的类似形，而且不反映该平面与投影面的倾角。

■ 任务实施

任务实施单见表2-1-5。

表2-1-5　任务实施单

方法和步骤		图示
投影分析	将物体正放在三投影面体系中，视线互相平行且垂直于各自投影面，分别从前向后看、从上向下看、从左向右看，看到物体三个方向的形状，并将其画出即可得该物体的三视图。 　　确定物体的投射方向，想象三个视图的形状	

方法和步骤	图示
绘制三视图的步骤	
(1) 画三视图的作图基准线	
(2) 画 L 形弯板，先画左视图，再根据三等尺寸关系绘制其他两视图	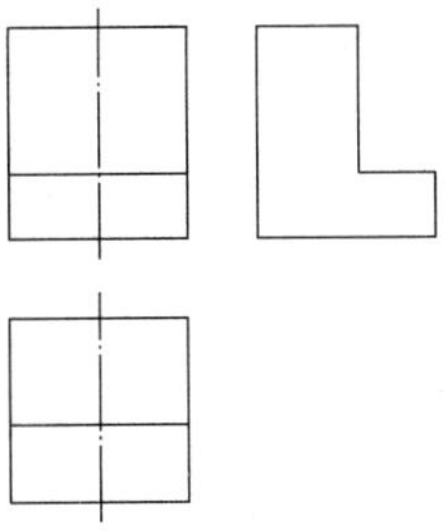
(3) 画通槽，先画主视图，再根据三等尺寸关系画其他两视图	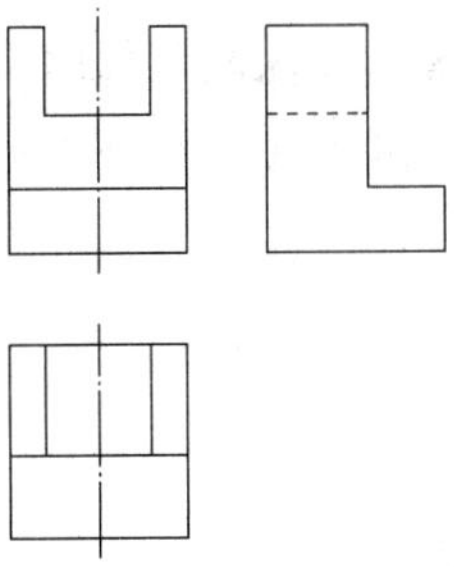
(4) 整理图线，加粗描深图线，完成作图	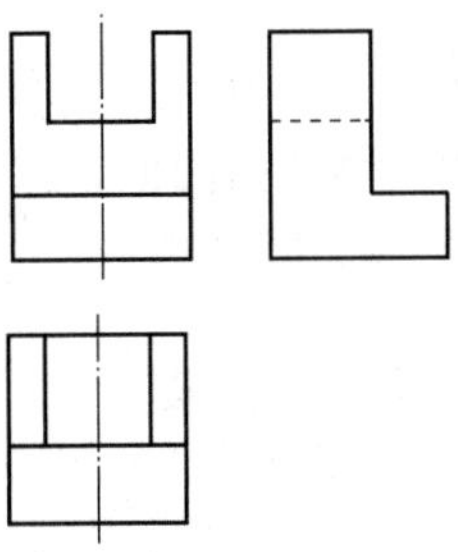
注意事项	画物体三视图时，应先确定主视图的投射方向，当主视图的投影方向确定后，俯、左视图的投影方向也随之确定。作图时应保持"长对正、高平齐、宽相等"的尺寸关系

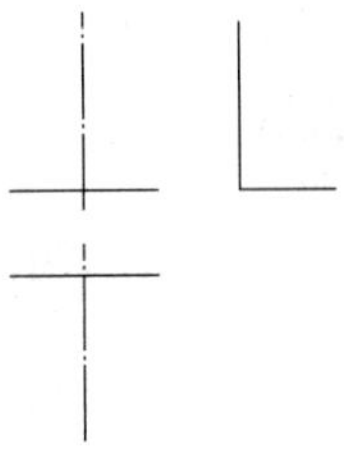

❋ 任务二　绘制基本几何体的三视图

▇ 任务导入

绘制如图 2-2-1 所示四棱台的三视图。

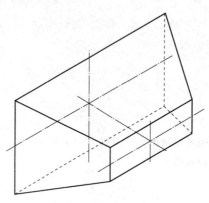

图 2-2-1　四棱台立体图

▇ 任务分析

绘制基本几何体的三视图，就是把立体的表面（平面、曲面）表达出来。首先，必须了解常见立体的形成方法及其投影特征，掌握视图间的投影规律和作图规则，掌握几何体及其表面交线的投影作图方法；然后，根据立体的形状和线面的投影特性，判别立体各表面的空间位置及其可见性，并将其投影分别画成由粗实线、虚线等图线围成的投影图，即得立体三视图。

▇ 知识链接

空间物体的形状虽然各不相同，但都可以看成是由一些简单的几何体所组成，而这些简单的几何体又是由一些表面所围成，根据这些表面的性质，几何体可分成两类：

1）平面立体：由若干平面所围成的几何体，如棱柱、棱锥等。

2）曲面立体：由曲面或平、曲组合面所围成的几何体，最常见的是曲面立体，有圆柱、圆锥、圆球、圆环等。

一、平面立体的投影

1. 棱柱

棱柱的棱线相互平行，常见的棱柱有三棱柱、四棱柱、五棱柱和六棱柱等。下面以六棱柱为例，分析投影特征和作图方法。

（1）投影分析

如图 2-2-2 所示正六棱柱的顶面和底面是相互平行的正六边形，六个棱面均为矩形，并且与顶面和底面垂直。为方便作图，选择正六棱柱的顶面和底面平行于水平面，前后两个侧面和正面平行，其余四个侧面垂直于水平面。

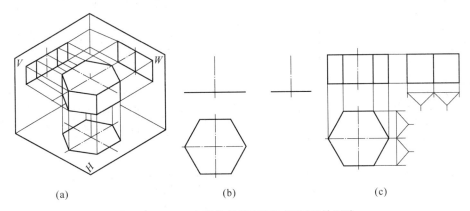

图 2-2-2　正六棱柱的轴测图和三视图的画法

（a）六棱柱在三投影面体系的投影；（b）画作图基准线和特征视图；（c）按三等关系画其余两视图

正六棱柱投影具有以下特征：顶面和底面的水平投影重合，并反映真形（正六边形）；顶面与底面的正面和侧面投影均积聚为直线；六个侧面的水平投影积聚为六边形的六条边；由于前后两个侧面平行于正面，所以其正面投影反映真形，其侧面投影均积聚成两条竖直线；其余四个侧面的正面和侧面投影仍为缩小的矩形，反映类似性。

（2）作图步骤

1）画出三个视图的作图基准线（正六棱柱的对称中心线和底面基线），再画出具有轮廓特征（特征视图）的俯视图——正六边形，如图 2-2-2（b）所示。

2）按长对正的投影关系，并量取正六棱柱的高度画出主视图，再按照高平齐、宽相等的投影关系画出左视图，如图 2-2-2（c）所示。

2. 棱锥

棱锥的棱线交于一点。常见的棱锥有三棱锥、四棱锥和五棱锥等。下面以图 2-1-15 所示的棱锥为例，分析投影特征和作图方法。

（1）投影分析

如图 2-2-3（a）所示，四棱锥前后、左右对称，底面平行于水平面，其水平投影反映实形。左右棱面垂直于正面，它们的正面投影积聚成直线；前后两个棱面垂直于侧面，它们的侧面投影积聚成直线。四条棱线不平行于任何投影面，所以它们在三个投影面上的投影都不反映实长。

（2）作图步骤

1）画出三个视图的作图基准线（四棱锥的对称中心线和底面基线），再画出特征视图底面的俯视图——矩形，如图 2-2-3（b）所示。

2）在俯视图上分别用直线对角连接底面的四个顶点，得锥顶和四条侧棱线的水平投影，再根据四棱锥的高度在轴线上定出锥顶 S 的主视图和左视图投影位置，然后按三等关系，用直线连接锥顶点 S，完成四棱锥的主、左两视图，如图 2-2-3（c）所示。

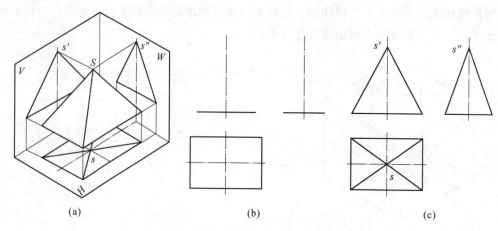

图 2-2-3　正四棱锥的轴测图和其三视图的画法

（a）四棱锥在三投影面体系的投影；（b）画作图基准线和特征视图；（c）按三等关系画其余两视图

二、曲面立体的投影

1. 圆柱

圆柱体的表面由圆柱面和上下底面组成，圆柱面可以看作是由一条直母线绕平行于它的轴线旋转一周而成，如图 2-2-4（a）所示，直母线又称为圆柱面的素线。

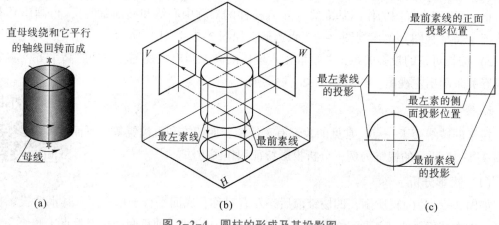

图 2-2-4　圆柱的形成及其投影图

（a）圆柱面形成；（b）圆柱在三投影面体系的投影；（c）圆柱三视图

（1）投影分析

如图 2-2-4（b）所示，当圆柱轴线垂直于水平面时，圆柱上下底面的水平投影反映实形，正面和侧面投影积聚为直线。圆柱面的水平投影积聚为一圆周，与底面的水平投影重合。在正面投影中，前、后两个投影面的投影重合为一矩形，矩形的两条竖线分别是圆柱面最左、最右素线的投影，也是圆柱面前、后分界的转向轮廓线。在侧面投影中，左、右两半圆柱面的投影重合为一矩形，矩形的两条竖线分别是圆柱面最前、最后素线的投影，也是圆柱面左、右分界的转向轮廓线。

（2）作图方法

画圆柱的三视图时，先画各投影的中心线，再画具有积聚性的投影，即圆柱面的水平投影，最后根据圆柱体的高度画出另外两个视图，如图 2-2-4（c）所示。

2. 圆锥

圆锥体的表面由圆锥面和底面组成，圆锥面可看作由一条直母线绕与它斜交的轴线旋转一周而成，如图 2-2-5（a）所示，直母线又称为圆锥面的素线。

（1）投影分析

图 2-2-5（b）所示为轴线垂直于水平面的正圆锥的三视图，圆锥底面平行于水平面，水平投影反映实形，正面和侧面投影积聚为直线。圆锥面的三个投影都没有积聚性，其水平投影与底面的水平投影重合，全部可见。在正面投影中，前、后两个半锥投影重合为一等腰三角形，三角形的两腰分别是圆锥面最左、最右素线的投影，也是圆锥面前、后分界的转向轮廓线。在侧面投影中，左、右两半锥面的投影重合为一等腰三角形，三角形的两腰分别是圆锥面最前、最后素线的投影，也是圆锥面左、右分界的转向轮廓线。

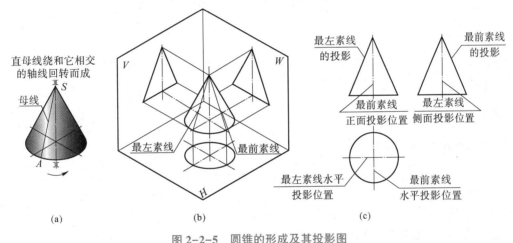

图 2-2-5　圆锥的形成及其投影图

（a）圆锥面形成；（b）圆锥在三投影面体系的投影；（c）圆锥三视图

（2）作图方法

画圆锥的三视图时，先画作图基准线，再画底面特征视图圆的投影，然后画出锥顶和锥面的投影，完成圆锥的三视图，如图 2-2-5（c）所示。

3. 圆球

圆球面可以看作是圆母线绕其直径旋转一周形成的，如图 2-2-6（a）所示。

（1）投影分析

如图 2-2-6（b）和图 2-2-6（c）所示，球面上最大圆 A 把圆球分成前、后两个半球，前半球可见，后半球不可见，正面投影为圆 a'，形成了主视图的轮廓线，而其水平投影和侧面投影都与相应的中心线重合，不必画出；最大圆 B 把圆球分成上、下两个半球，上半球可见，下半球不可见，俯视图只要画出水平投影圆 b；最大圆 C 把圆球分成左、右两个半球，左半球可见，右半球不可见，左视图只要画出侧面投影圆 c''。B、C 圆的其余两投影与相应的中心线重合，均不必画出。

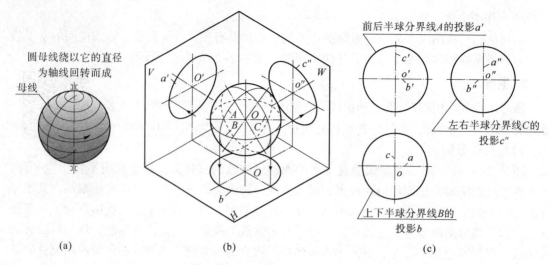

图 2-2-6　圆球的形成及其投影图
（a）圆球面形成；（b）圆球在三投影面体系的投影；（c）圆球三视图

（2）作图方法

如图 2-2-6（c）所示，先确定球心的三面投影，过球心分别画出圆球垂直于投影面轴线的三面投影，再画出与球等直径的圆。

■ 任务实施

任务实施单见表 2-2-1。

表 2-2-1　任务实施单

	方法和步骤	图示
投影分析	该棱台的前面和后面为两个矩形，是正平面；四个侧面为等腰梯形，其中上、下两侧面为侧垂面，左、右两侧面为铅垂面。棱台高与前后两平面垂直，为一直四棱台	
作图步骤	（1）绘制三视图的基准线并画出特征视图主视图的投影	
	（2）根据尺寸与方位对应关系，绘制棱台前后两端面的俯视图和左视图	

方法和步骤	图示
作图步骤 （3）根据尺寸与方位对应关系，绘制棱台侧面的俯视图和左视图	
（4）整理图线，检查加深，完成四棱台三视图	
注意事项	绘制基本几何体的三视图时，应先绘制三视图的基准线并画出特征视图的投影，然后根据尺寸与方位的对应关系绘制其他两视图。作图时必须保持"长对正、高平齐、宽相等"的尺寸关系

■ **拓展知识**

基本体的尺寸标注。

通常标注是由长、宽、高三个方向的尺寸来确定的。棱柱、棱锥和棱台，除了标注确定其顶面和底面形状大小的尺寸外，还要标注高度尺寸。为了便于看图，确定顶面和底面形状大小的尺寸应标注在反映其实形的视图上。标注正方形尺寸时，在正方形边长尺寸数字前加注正方形符号"□"，如图 2-2-7 所示。

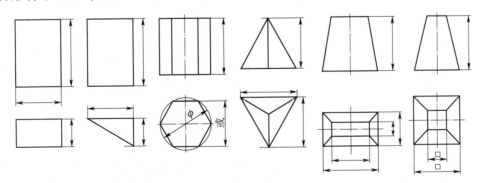

图 2-2-7 平面体的尺寸标注

圆柱、圆锥、圆台应标注底圆的直径和高度尺寸。直径尺寸一般标注在非圆视图上，并应在尺寸数字前加注符号"ϕ"，圆球标注符号"$S\phi$"或"SR"，圆环应标注母线圆的直径和母线圆心轨迹圆的直径尺寸，如图 2-2-8 所示。

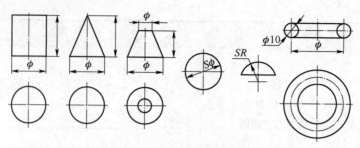

图 2-2-8　回转体的尺寸标注

项目三
立体的构型

本项目主要介绍了截断体、相贯体、组合体等立体的概念和画法，以及立体表面截线、相贯线和轴测图的概念及画法。学习绘制、识读组合体的三视图及尺寸标注是读、画零件图的基础。

✓ 知识目标

1. 熟悉常见截断体和相贯体的形成方法及其视图特征。
2. 掌握立体表面交线的画法、两圆柱正交相贯线的绘制。
3. 熟悉组合体的构成方式、视图画法和组合体读图方法。

✓ 能力目标

1. 能根据平面与立体表面相交的情况判断交线的种类。
2. 能正确绘制平面立体和曲面立体的截交线。
3. 能够对组合体进行形体分析，并绘制与识读组合体的三视图。
4. 熟练掌握组合体尺寸标注方法和轴测图画法。

✓ 素养提升

立体的表面交线都具有封闭性和共有性，深入理解这两个性质，增强你中有我、我中有你、和谐共存的意识，引导学生认识自身价值的实现形式，在以后的学习和工作中树立大局观。在分析截切体与相贯形体的形体特点及投影特性时，学习掌握截交线和相贯线的制图方法与步骤，从分析形体和找特殊点方面延展，明确处理问题首先要分析问题，学会抓重点，善于发现关键点，培养学生在将来工作岗位上碰到问题时，善于抓重点、抓主要矛盾，从重点问题开始着手解决的能力。从找一般点延伸，作为社会普通一员，在平凡的岗位上就业业做好本职工作，其每一点付出都是为了把整个国家建设得更美好、更强大。形体分析法是组合体读图与画图的基本方法，同样，我们在解决疑难问题时要善于从大局出发，将复杂的问题简单化，这样才能行稳致远，培养学生化繁为简、至拙至美的意识。分析组合体整体与组成其整体的基本体之间的关系时，应引入个体与整体、个人与国家之间的从属关系，增强爱国意识。

🌼 任务一　绘制切割体的三视图

■ 任务导入

绘制如图 3-1-1 所示切口柱体的三视图。

■ 任务分析

要绘制切口棱柱的三视图，首先要熟悉棱柱的投影特性，其次要掌握平面与平面立体表面相交的交线性质及画法。

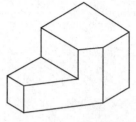

图 3-1-1　切口柱体

■ 知识链接

一、平面立体切割

平面与平面体相交，其截断面为一平面多边形。

例1　如图 3-1-2（a）所示，三棱锥被正垂面 P 切割，求作切割后三棱锥的三视图。

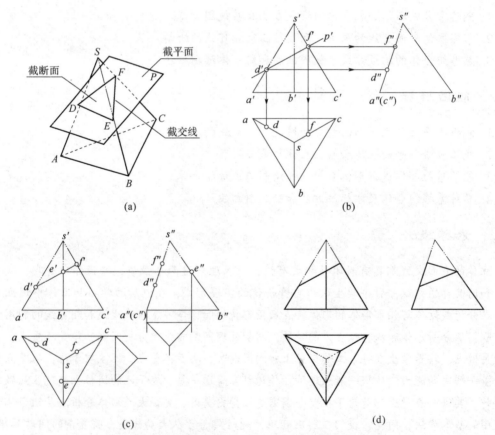

(a)　　　　　　　　　　　　　　(b)

(c)　　　　　　　　　　　　　　(d)

图 3-1-2　三棱锥截交线的画法

（a）三棱锥被正垂面 P 切割；（b）绘制俯视图与左视图截断面各端点；

（c）完成俯视图与左视图截断面各端点；（d）连接各端点，绘制截交线

分析：

正垂面 P 与三棱锥的三条棱线都相交，所以截交线构成一个三角形，其顶点 D、E、F 是各棱线与平面 P 的交点。由于这些交点的正面投影与正垂面 P 的正面投影重合，所以可利用直线上点的投影特性，由截交线的正面投影作出水平投影和侧面投影。

作图：

1）作出三棱锥的三视图以及截平面的正面投影 p'，由 $s'a'$ 和 $s'c'$ 与 p' 的交点 d' 和 f'，分别在 sa、sc 和 $s''a''$、$s''c''$ 上直接作出 d、f 和 d''、f''，如图 3-1-2（b）所示。

2）由于 SB 是侧平线，故可由 $s'b'$ 与 p' 的交点 e' 先在 $s''b''$ 上作出 e''，再利用宽相等的投影关系在 sb 上作出 e，如图 3-1-2（c）所示。

3）连接各顶点的同面投影，即为所求截交线的三面投影，画出切割后的三棱锥图，如图 3-1-2（d）所示。

例 2 如图 3-1-3 所示，在四棱柱上切割一个矩形通槽，已知其正面投影和四棱柱切割前的水平投影和侧面投影，试完成矩形通槽的水平和侧面投影。

分析：

如图 3-1-3（a）所示，四棱柱上的通槽是由三个特殊位置平面切割四棱柱而形成。两侧壁是侧平面，它们的正面投影和水平投影均聚集成直线，水平投影反映实形。可利用积聚性作出通槽的水平投影和侧面投影。

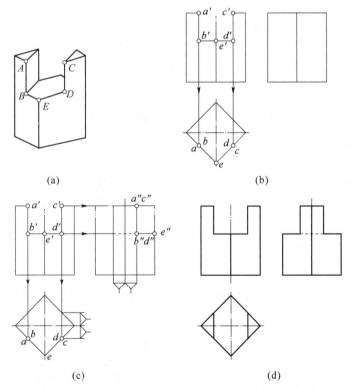

(a)   (b)

(c)   (d)

图 3-1-3 开槽四棱柱

（a）立体图；（b）绘制矩形通槽的水平投影；（c）绘制矩形通槽的侧面投影；
（d）完成矩形通槽的水平和侧面投影

作图：

1）根据已知通槽的主视图，在俯视图上作出两侧壁的积聚性投影，它是侧平面与水平面交线（正垂线）的水平投影。槽底是水平面，其水平投影反映实形。参照立体图在俯视图上注写相应的字母（因为图形前后、左右对称，所以只标注前半部），如图 3-1-3（b）所示。

2）按高平齐、宽相等的投影关系，作出通槽的侧面投影，如图 3-1-3（c）所示。

3）擦去多余作图线，核对切割后的图形轮廓，左视图中的一段虚线不要漏画，如图 3-1-3（d）所示。

讨论：

从作图过程中可看出，四棱柱由于被切割出通槽，故使侧棱的外轮廓在槽口部分发生变化，左视图中槽口部分的轮廓线向中心"收缩"，从而使两边出现缺口，如图 3-1-3（d）所示。

二、曲面立体切割

平面切割曲面体时，截交线的性质取决于曲面立体表面的形状以及截平面与曲面立体的相对位置，当平面与曲面立体相交时，截交线的形状和投影性质见表 3-1-1。

表 3-1-1　截交线的形状和投影性质

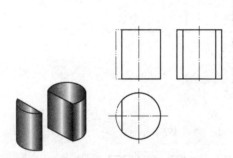

截平面与圆柱轴线平行，截交线为矩形

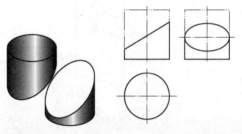

截平面与圆柱轴线倾斜，截交线为椭圆或椭圆弧加直线

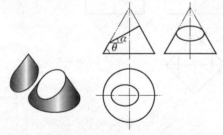

截平面与圆锥轴线倾斜，当 $\alpha < \theta$ 时，截交线为椭圆或椭圆弧加直线

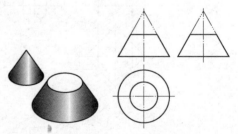

截平面与圆锥轴线垂直，截交线为圆

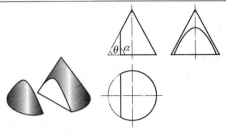

截平面与圆锥轴线平行或倾斜，当 $\alpha<\theta$ 时，截交线为双曲线加直线

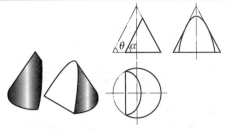

截平面与圆锥轴线倾斜，当 $\alpha=\theta$ 时，截交线为抛物线加直线

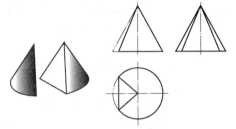

截平面过圆锥锥顶，截交线为等腰三角形

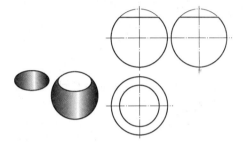

截平面与圆球相交，截交线是圆

平面与回转曲面体相交时，其截交线一般为封闭的平面曲线或直线，或直线与平面曲线组成的封闭平面图形。作图的基本方法是先求出曲面体表面上若干条素线与截平面的交点，然后光滑连接而成。截交线上一些能确定其形状和范围的点，如最高与最低点、最左与最右点、最前与最后点，以及可见与不可见的分界点等，均称为特殊点。作图时通常先作出截交线上的特殊点，再按需要作出一些中间点，最后依次连接各点，并注意投影的可见性。

截断体是切割后的基本体，标注其尺寸时，除了标注基本体的尺寸外，还应标出确定平面位置的尺寸。如果有开槽和穿孔，不仅要标注槽或孔的定形尺寸，还要标注定位尺寸，并应把尺寸集中在反映切口、槽和孔的特征视图上，如图 3-1-4 所示。

当切口、槽或孔的位置确定后，截平面与基本体的截交线随之确定，所以截交线不应再注尺寸，图 3-1-4 中打 "×" 的均是错误的注法，应该避免。

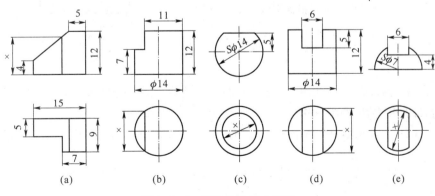

(a)　　　(b)　　　(c)　　　(d)　　　(e)

图 3-1-4　截断体的尺寸标注

■ 任务实施

任务实施单见表3-1-2。

表 3-1-2　任务实施单

方法和步骤		图示
结构分析	如图所示，长方体左上方切去一个矩形块形成 L 形柱体，L 形柱体用一铅垂面在左前方切去一角	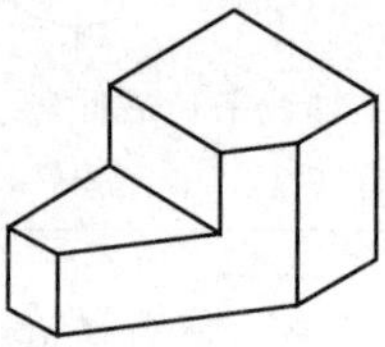
绘制三视图的步骤	（1）画出完整长方体的三视图，如图所示	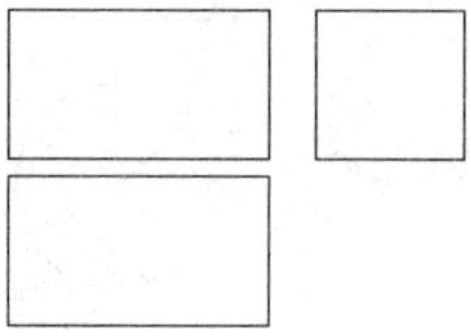
	（2）在长方体左上方切去矩形块形成 L 形柱体，如图所示，先画主视图，再根据三等尺寸关系绘制其他两个视图	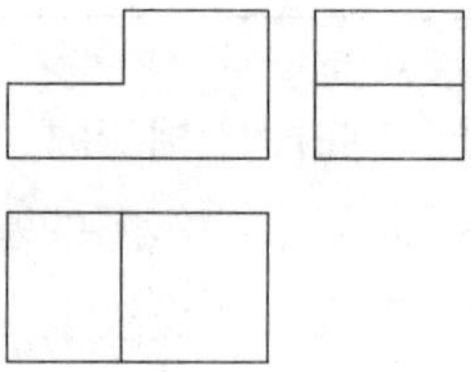
	（3）用一铅垂面切去 L 形柱体的左前方一角，如图所示，先画切口特征图俯视图，再根据三等尺寸关系画其他两视图	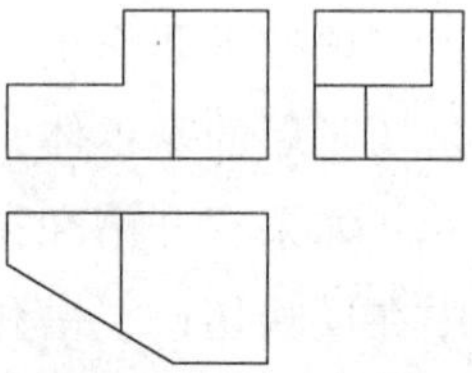
	（4）整理图线，加粗描深图线，完成三视图	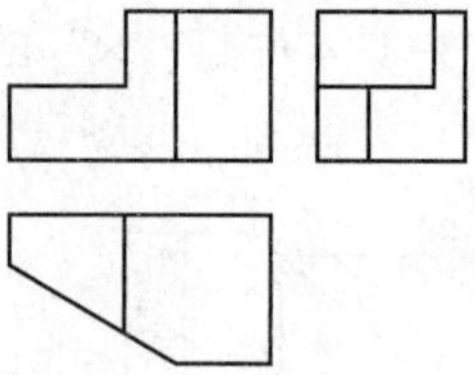
注意事项	（1）画切割体的三视图时，应先画完整的基本体三视图，然后从大到小逐个切割，逐步画出每次切割后形体的三视图。 　（2）绘制每次切割后形体的三视图时，应该先画切口或挖槽的特征视图，再根据三等尺寸关系画其他两视图	

✳ 任务二　绘制相贯体的三视图

■ 任务导入

绘制如图 3-2-1 所示圆筒与穿孔拱形体相贯的三视图。

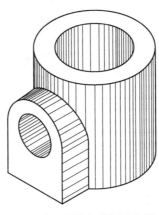

图 3-2-1　圆筒与拱形体相贯

■ 任务分析

圆筒与穿孔拱形体相贯后，在圆柱内外表面都形成了相贯线。要绘制圆筒与穿孔拱形体相贯的三视图，首先要掌握两回转体表面交线的性质及画法。

■ 知识链接

一、两圆柱正交

两回转体相交，其相贯线具有以下基本性质：

1）共有性。相贯线是两回转体表面上的共有线，也是两回转体表面的分界线，所以相贯线上的点是两回转体表面上的共有点。

2）封闭性。相贯线一般为封闭的空间曲线，特殊情况下可能是平面曲线或直线。

求相贯线常采用"表面取点法"和"辅助平面法"。作图时，首先应根据两体的相交情况分析相贯线的大致伸展趋势，依次求出特殊点和一般点，再判别可见性，最好将求出的各点光滑地连接成曲线。

1. 两圆柱相贯的交线画法

例 1　两个直径不等的圆柱正交，求作相贯线的投影，如图 3-2-2 所示。

分析：

两圆柱轴线垂直相交称为正交，当直立圆柱轴线为铅垂线、水平圆柱轴线为侧垂线时，直立圆柱面的水平投影和水平圆柱面的侧面投影都有积聚性，所以相贯线的水平投影和侧面投影分别积聚在它们的圆周上，如图3-2-2（a）所示。因此，只要根据已知的水平和侧面投影求作相贯线的正面投影即可。两不等径圆柱正交形成的相贯线为空间曲线，如图3-2-2（b）所示。因为相贯线前后对称，在其正面投影中，可见的前半部分与不可见的后半部分重合，且左右也对称。因此，求作相贯线的正面投影，只需作出前面的一半。

作图：

1）求特殊点，水平圆柱最高素线与直立圆柱最左、最右素线的交点是相贯线上的最高点，也是最左、最右点，点 A 和点 B 均可直接作出，点 C 是相贯线上的最低点，也是最前点，故 c' 可直接作出，如图3-2-2（b）所示。

2）求一般点，利用积聚性，在侧面投影和水平投影上定出 $e''(f'')$ 和 $e'f'$，再作出 e、f，如图3-2-2（c）所示。

3）光滑连接，即为相贯线的正面投影，作图结果如图3-2-2（d）所示。

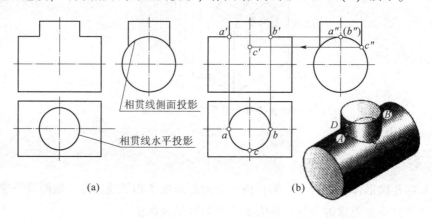

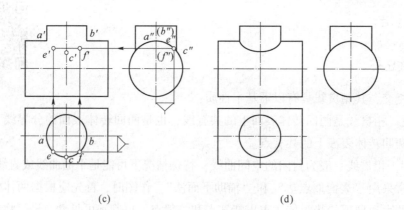

图3-2-2　两圆柱正交

（a）相贯线投影分析；（b）求特殊点；（c）求一般点；（d）光滑连接

讨论：

1）如图3-2-3（a）所示，若在水平圆柱上穿孔，就出现了圆柱外表面与圆柱孔内表面的相贯线。这种相贯线可以看成是直立圆柱相贯后，再把直立圆柱抽出而形成的。

再如图3-2-3（b）所示，若要求作两圆柱孔内表面的相贯线，作图方法与求作两圆柱外表面相贯线的方法相同。

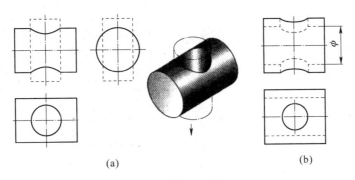

图 3-2-3　穿孔的相贯线

（a）圆柱体穿孔；（b）圆柱筒穿孔

2）如图 3-2-4 所示，当正交两圆柱的相对位置不变，而相对大小发生变化时，相贯线的形状和位置也将随之变化。

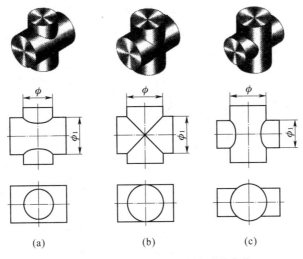

图 3-2-4　两圆柱正交时相贯线的变化

（a）$\phi < \phi_1$；（b）$\phi = \phi_1$；（c）$\phi > \phi_1$

当 $\phi < \phi_1$ 时，相贯线的正面投影为上下对称的曲线，如图 3-2-4（a）所示。

当 $\phi = \phi_1$ 时，相贯线在空间上为两个相交的椭圆，其正面投影为两条相交的直线，如图 3-2-4（b）所示。

当 $\phi > \phi_1$ 时，相贯线的正面投影为左右对称的曲线，如图 3-2-4（c）所示。

从图 3-2-4 中可看出，在相贯线的非积聚性投影上，相贯线的弯曲方向总是朝向较大圆柱的轴线。

2. 相贯线的简化画法

工程上两圆柱正交的实例很多，为了简化作图，国家标准规定，允许采用简化画法作出相贯线的投影，即以圆弧代替非圆曲线。当轴线垂直相交，且轴线均平行于正面的两个不等径圆柱相交时，相贯线的正面投影以大圆柱的半径为半径画圆弧即可。简化画法的作图过程如图 3-2-5 所示。

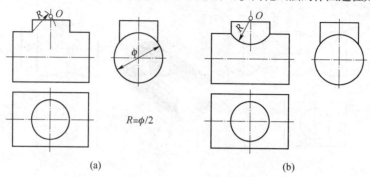

(a)   (b)

图 3-2-5　相贯线的简化画法

二、相贯线的特殊情况

1. 相贯线为平面线

1）两个同轴回转体相交时，它们的相贯线一定是垂直于轴线的圆，当回转体轴线平行于某投影面时，这个圆在该投影面的投影为垂直于轴线的直线，如图 3-2-6 所示。

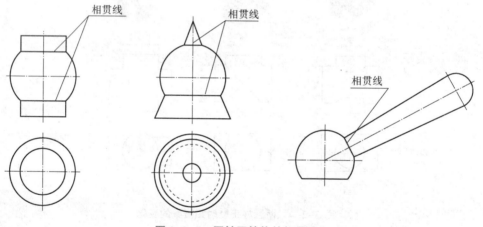

图 3-2-6　同轴回转体的相贯线

2）当轴线相交的两圆柱或圆柱与圆锥公切于一个球面时，相贯线是平面曲线——两个相交的椭圆，椭圆所在的平面垂直于两条轴线所决定的平面，如图 3-2-7 所示。

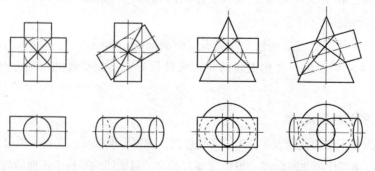

图 3-2-7　两回转体公切于一个球面时的相贯线

2. 相贯线为直线

当两圆柱面的轴线平行时相贯线为直线，如图 3-2-8（a）所示；当两圆锥面共顶时相贯线为直线，如图 3-2-8（b）所示。

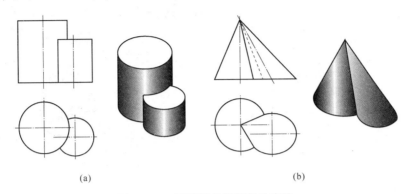

（a）　　　　　　　　　　　　　（b）

图 3-2-8　两回转体相贯线为直线

（a）两圆柱轴线平行相贯；（b）两圆锥共锥顶相贯

相贯体的尺寸标注：

相贯体除了注出参与相交的两个基本体的大小尺寸外，还应注出确定两基本体的相对位置尺寸，并应注在反映两形体相对位置特征的视图上，如图 3-2-9（a）所示。

当两相交基本体的形状、大小及相对位置确定后，相贯线的形状、大小及位置自然确定，因此，相贯线不能再注尺寸，图 3-2-9（b）~图 3-2-9（f）中打"×"的尺寸是错误的注法。

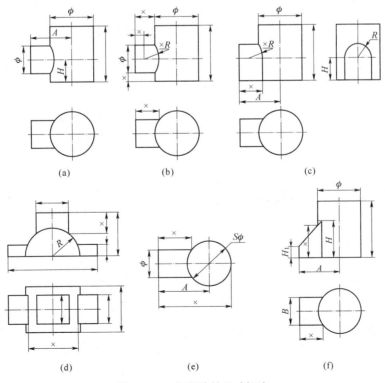

图 3-2-9　相贯体的尺寸标注

■ 任务实施

任务实施单见表 3-2-1。

表 3-2-1 任务实施单

方法和步骤		图示
结构分析	如图所示，形体是由圆柱体与拱形体经正交叠加，然后经两次挖切而成	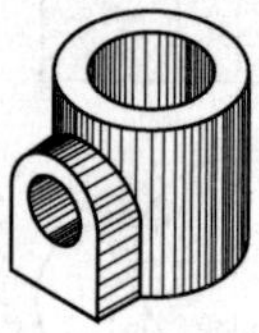
绘制三视图的步骤	（1）画出三视图的作图基准线，如图所示	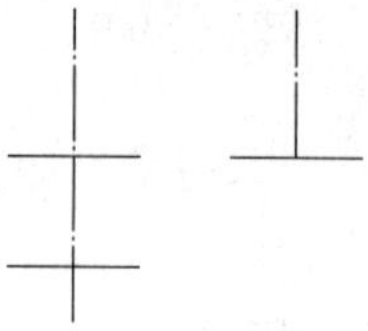
	（2）画出竖直放置的圆筒的三视图，如图所示，先画俯视图，再根据三等尺寸关系绘制其他两个视图	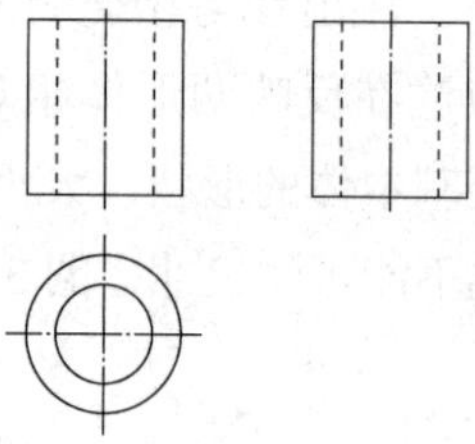
	（3）画出与圆筒正交的拱形体的三视图投影，如图所示，先画左视图，再根据三等尺寸关系画其他两视图	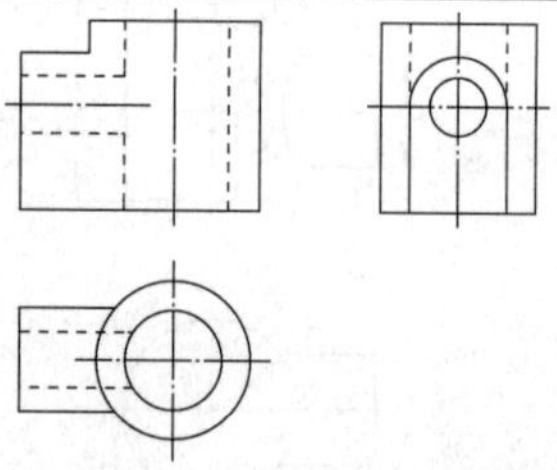
	（4）画出圆筒外表面与拱形体外表面的相贯线，如图所示	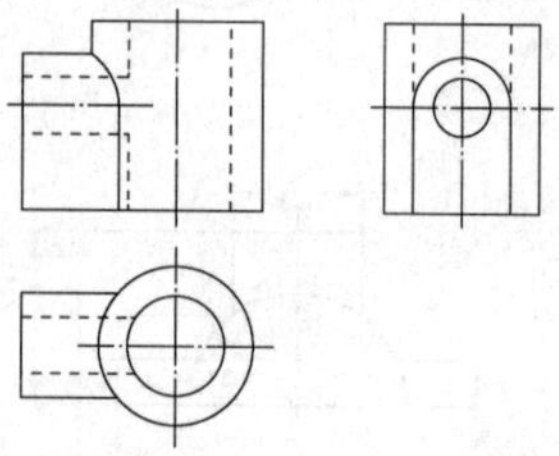
	（5）画出内孔表面相贯线，如图所示，整理图线，加粗描深图线，完成三视图	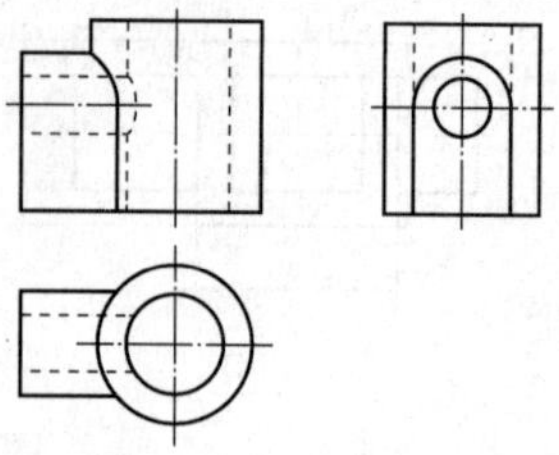

方法和步骤	图示
注意事项	画相贯体的三视图时，应先画出参与相贯的两个基本体的三视图，然后再画出相贯线的三面投影，作图时相贯体的每部分都要保证"长对正、高平齐、宽相等"的尺寸关系

✷ 任务三 绘制组合体的三视图

■ 任务导入

绘制如图 3-3-1 所示轴承座的三视图。

图 3-3-1 轴承座

■ 任务分析

任何复杂的机件都可以看成是由若干简单形体组合而成的，要正确绘制组合体的三视图，首先要熟悉组合体的构成方式及表面连接关系，其次要掌握组合体的绘图方法及步骤。

■ 知识链接

一、组合体的类型

组合体的组合形式可分为叠加和挖切两种基本形式，通常是叠加和挖切的综合，如图 3-3-2所示。

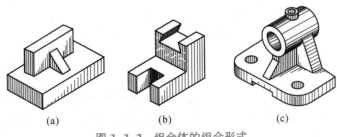

(a)　　　　　　　　　(b)　　　　　　　　　(c)

图 3-3-2 组合体的组合形式

(a) 叠加；(b) 挖切；(c) 综合

项目三 立体的构型

二、组合体相邻表面之间的连接关系及画法

组合体邻接表面间的连接关系是画组合体三视图的关键，组合体表面连接具有下面几种典型的形式。

1. 平齐与不平齐

（1）两表面间不平齐的连接处应有线隔开，如图3-3-3（a）所示。

（2）两表面间平齐的连接处不应有线隔开，如图3-3-3（b）所示。

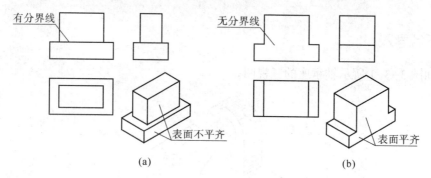

图 3-3-3　表面平齐和不平齐的画法

（a）两表面不平齐；（b）两表面平齐

2. 相切

当组合体上的曲面与曲面及曲面与平面相切时，其相切处光滑过渡，不存在交线，如图3-3-4所示。

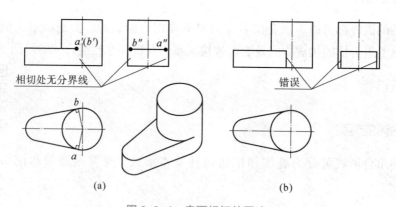

图 3-3-4　表面相切的画法

（a）两表面相切的正确画法；（b）两表面相切的错误画法

3. 相交

当基本体表面相交时有交线，在相交处应画出相交线。如图3-3-5（a）所示组合体，它是由底板和圆柱体组成的，底板的侧面与圆柱面是相交关系，在主视图、左视图中相交处应画出交线。图3-3-5（b）所示为常见的错误画法。

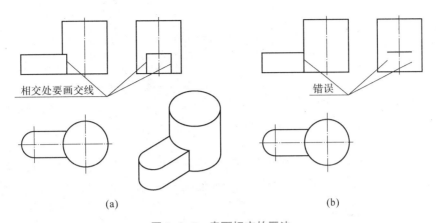

图 3-3-5　表面相交的画法

（a）两表面相交的正确画法；（b）两表面相交的错误画法

三、组合体画图的基本要领

1. 形体分析

在画组合体三视图之前，应该对组合体进行形体分析，将组合体分解为若干基本体，并分析它们的形状、相对位置、组合形式以及表面连接关系。

如图 3-3-6 所示，支座是由底板、竖板、挡板和支撑板组成的，竖板、支撑板、挡板放置在底板的上面，支撑板和竖板相切，并与底板后面平齐，竖板与挡板相贴，并与底板右侧面平齐。

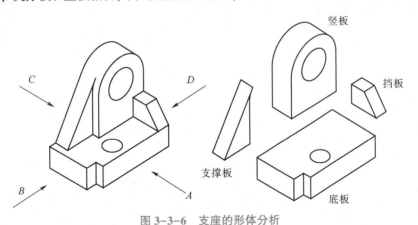

图 3-3-6　支座的形体分析

2. 确定主视图

主视图通常是反映物体主要形状的视图。选择主视图就是确定主视图的投影方向相对于投影面的放置问题。一般是选择反映形状特征最明显、反映形体间相对位置最多的投影方向作为主视图的投影方向，并尽可能使形体上主要表面平行于投影面，以便使投影能得到实形，同时考虑组合的自然安放位置，还需兼顾其他视图的表达。

如图 3-3-7 所示的几个视图中，该组合体（支座）以 A 方向作为主视图的投影方向，并将其按自然位置放置。

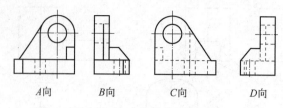

*A*向   *B*向   *C*向   *D*向

图 3-3-7 　主视图方案的比较

在画组合体三视图之前，应该对组合体进行形体分析，将组合体分解为若干基本体，并分析它们的形状、相对位置、组合形式以及表面连接关系。

3. 确定比例，选定图幅

在一般情况下，画图应尽可能采用 1：1 的比例。根据组合体的长、宽、高尺寸及所选用的比例，选择合适幅面的图纸。根据主视图长度方向尺寸和左视图宽度方向尺寸，计算出主、左视图间以及与图框边线间的空白间隔，使主、左视图沿长度方向均匀分布。同样根据主视图的高度尺寸和俯视图的宽度尺寸计算出上下的空白间距，使主、俯视图沿高度方向均匀分布。当选定的图纸固定到图板上后，应先画好图框和标题栏，然后根据计算结果用基准线将三视图的位置固定在图纸上。基准线常采用对称线、轴线和较大投影面平行面的积聚性投影线。主视图的位置由长、高方向的基准线确定，左视图由高、宽方向的基准线确定，俯视图由长、宽方向的基准线确定。这些基准线应根据前面计算出的尺寸精确画出。

4. 画图步骤

1）画各个视图的作图基准线，如图 3-3-8（a）所示。

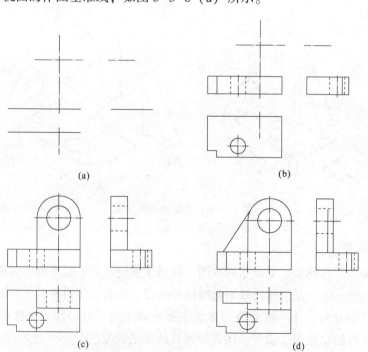

(a)   (b)

(c)   (d)

图 3-3-8 　画支座三视图的步骤

（a）画作图基准线；（b）画底板；（c）画竖板；（d）画支撑板

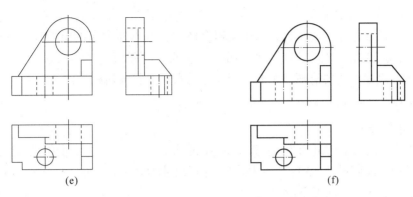

（e）　　　　　　　　　　　（f）

图 3-3-8　画支座三视图的步骤（续）

（e）画挡板；（f）检查、加深完成支座三视图

2）按形体分析画各个基本形体的三视图，如图 3-3-8（b）~图 3-3-8（e）所示。

对每个基本立体应先画出最能反映其形状特征和所处位置的那个视图，然后按照"长对正、高平齐和宽相等"的投影关系画出其他视图。

3）检查、描深，如图 3-3-8（f）所示。

检查视图画得是否正确，应按各个基本立体的投影来检查，并要注意基本体之间邻接表面相切、相交或共面的关系。经过全面检查、修改，确定无误后，擦去多余底稿线，方可描深。描深时，应遵守机械制图国家标准的规定。

四、组合体的尺寸标注

1. 尺寸标注的基本要求

组合体的形状是由视图来表达的，其大小是由所注尺寸来确定的。组合体尺寸标注的基本要求是正确、完整和清晰，如图 3-3-9 所示。

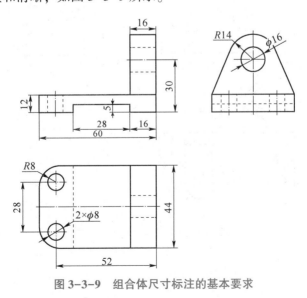

图 3-3-9　组合体尺寸标注的基本要求

1）正确：所注尺寸的数值必须是正确的，其尺寸标注的形式要符合机械制图国家标准

中有关尺寸注法的基本规定。

2）完整：尺寸标注要完整，是指确定组合体中各基本体大小的定形尺寸、相对位置的定位尺寸以及组合体的总体外形尺寸要齐全，不遗漏，不重复。

3）清晰：尺寸标注要清晰，主要是指尺寸的布局要整齐清晰，便于看图。

2. 组合体的尺寸标注

（1）尺寸的分类

1）定形尺寸：确定组合体各基本形体的形状和大小的尺寸称为定形尺寸。如图 3-3-10 所示，圆筒尺寸 $\phi50$、$\phi30$ 和 50，底板尺寸 100、60、20、$\phi15$ 和 R15，支撑板尺寸 10，肋板尺寸 10 等都是定形尺寸。

2）定位尺寸：确定组合体各基本形体之间相对位置的尺寸称为定位尺寸。如图 3-3-10 所示，圆筒后端面的定位尺寸 5 及其圆筒轴线定位尺寸 75，底板上两个 $\phi15$ 孔的定位尺寸 70 和 45 等。

3）总体尺寸：由于组合体的总长、总宽分别与底板对应的长和宽相同，组合体的总高正好就是圆筒中心高 75 加外圆半径 R25，所以均无须再标。

（2）尺寸基准

所注尺寸的起点称为尺寸基准。通常以对称平面、重要的底面或端面以及回转体的轴线作为尺寸基准，一般在长、宽、高方向至少各有一个尺寸基准，如图 3-3-10 所示。当某个方向的尺寸基准多于一个时，只能有一个主要基准，即起主要作用的那一个基准，其余的基准都属于辅助基准。

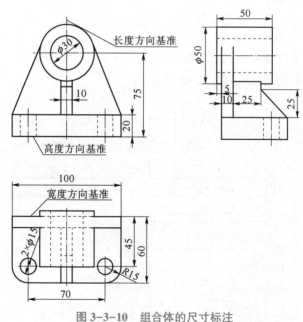

图 3-3-10　组合体的尺寸标注

3. 组合体的尺寸标注的步骤

（1）形体分析

组合体的尺寸标注方法，通常是采用形体分析法，将组合体分解为若干个基本几何体，分别标注基本体的定形尺寸和确定基本体间相对位置的定位尺寸，最后调整尺寸，注出总体尺寸，以达到正确、完整和清晰的基本要求，如图 3-3-11 所示。

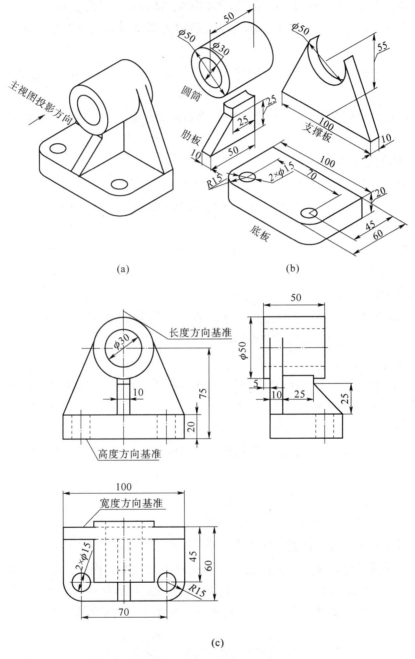

图 3-3-11　组合体形体分析和尺寸注法

（a）组合体轴测图；（b）形体分析；（c）尺寸标注

（2）尺寸基准的选择

组合体的尺寸标注方法，通常是采用形体分析法，将组合体分解为若干个基本几何体，分别标注基本体的定形尺寸和确定基本体间相对位置的定位尺寸，最后调整尺寸，注出总体尺寸，以达到正确、完整和清晰的基本要求。

1）各基本几何体的基准选择。

圆筒：圆筒为回转体，故选后端面为轴向基准，选轴线为径向基准。

底板：选左右对称面为长度方向的基准，后面为宽度方向的基准，底面为高度方向的基准。

支撑板：选左右对称面为长度方向的基准，后面为宽度方向的基准，底面为高度方向的基准。

肋板：选左右对称面为长度方向的基准，后面为宽度方向的基准，底面为高度方向的基准。

2）组合体的基准选择。

从总体看形体左右对称，所以选左右对称面为长度方向的主要基准；底板与支撑板的后面共面，选该面为宽度方向的主要基准；选底板的底面为高度方向的主要基准。

（3）标注定形尺寸

标注圆筒尺寸 $\phi50$、$\phi30$ 和 50，底板尺寸 100、60、20、$\phi15$ 和 $R15$，支撑板尺寸 10，肋板尺寸 10 等定形尺寸。

（4）标注定位尺寸

从全局基准出发，标注出全部定位尺寸，如圆筒后端面的定位尺寸 5 及其轴线定位尺寸 75，底板上两个 $\phi15$ 孔的定位尺寸 70 和 45 等。

（5）标注总体尺寸

由于组合体的总长、总宽分别和底板对应的长和宽相同，组合体的总高正好就是圆筒中心高 75 加外圆半径 $R25$，所以均无须再标。

（6）检查并调整好尺寸的分布

根据尺寸标注的基本要求，检查和调整尺寸的分布，如图 3-3-11 所示。

五、组合体读图

1. 读组合体视图的一般原则

（1）从反映形体主要特征的视图入手，将几个视图联系起来看图

由于一个视图只能反映两个方向的尺寸和相对位置关系，因此，除了一些标注有符号 ϕ、R、$S\phi$、SR 的回转体之外，通过一个视图是无法确定组合体的形状的，如图 3-3-12 所示，有时两个视图也不能完全确定组合体的形状，如图 3-3-13 所示。

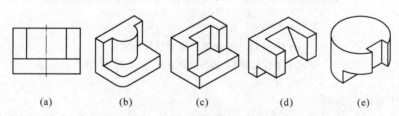

| (a) | (b) | (c) | (d) | (e) |

图 3-3-12 通过一个视图无法确定组合体的形状

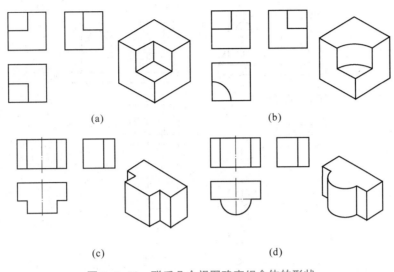

图 3-3-13　联系几个视图确定组合体的形状

（2）分析、认清表面间的相对位置及连接关系

1）不共面、不相切的两个不同位置表面相连接时，其分界线可以表示具有积聚性的第三表面或两表面的交线。

2）当线框里还有线框时，可以表示凸起、凹进的表面或具有积聚性的通孔的内表面。

2. 形体分析法

（1）用形体分析法看图的基本步骤

根据三视图的基本投影规律，将组合体视图分解成若干个基本形体，再确定它们的组合形式及其相对位置，综合起来想象出组合体的整体形状。

具体步骤：

1）分线框，对投影。

从主视图入手，联系其他视图，根据投影规律找出基本形体投影的对应关系。

2）识形体，定位置。

根据各个基本形体的三视图，逐个想象出各基本形体的形状和位置。

3）综合起来想整体。

（2）形体分析法读图举例

例1　读图 3-3-14（a）所示的组合体三视图，想象出它的整体形状。

3. 线面分析法

组合体可以看成是由若干个面（平面或曲面）围成的，面与面间常存在交线。把组合体分解为若干个面，逐个根据面的投影特性确定其空间形状和相对位置，并判别各交线空间的形状及相对位置，从而想象出组合体的形状，这种方法称为线面分析法。

（1）用线面分析法看图要点

1）要善于利用线及面投影的真实性、积聚性和类似性看图。

项目三　立体的构型

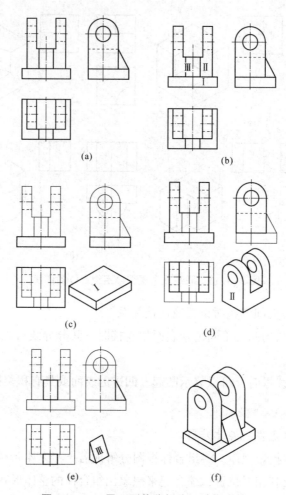

图 3-3-14　用"形体分析法"读图举例

（a）组合体三视图；（b）分线框，对投影；（c）想出形体Ⅰ；（d）想出形体Ⅱ；（e）想出形体Ⅲ；（f）综合起来想整体

2）分线框、识面形。

从体的角度分线框，对投影是为了识别面形和位置。三视图中：凡"一框对两线"，则表示投影面平行面；"一线对两框"，则表示投影面垂直面；"三框相对应"，则表示一般位置面。投影面垂直面的两个投影、一般位置平面的各个投影都具有类似性，其线框呈类似形（其多边形线框的边数相同，方位一致）。熟记此特点，可以很快想出面形及其空间位置。如图 3-3-15 所示的组合体，线框Ⅰ（1、1′、1″）在三视图中是"一框对两线"，故表示正平面；线框Ⅱ（2、2′、2″）在三视图中是"一线对两框"，故表示正垂面。同样可分析出线框Ⅲ（3、3′、3″）表示侧平面，线框Ⅳ（4、4′、4″）表示侧垂面，等等。

3）识交线，想形状。

面与面相交时，结合分析各面的形状和相对位置，还应分析各交线的形状（直线或曲线）和相对位置，并弄清它们在视图中的表示方法。图 3-3-15 中各棱线（交线）请读者自行分析。

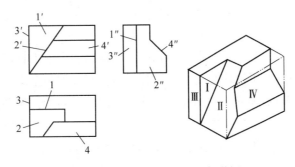

图 3-3-15　用线面分析法看图举例

（2）线面分析法读图举例

例 2　读图 3-3-16（a）所示的组合体三视图，想象出它的整体形状。

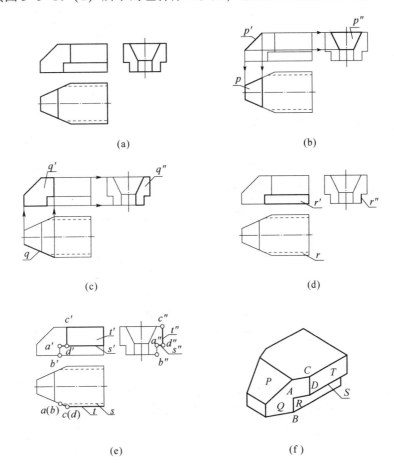

图 3-3-16　用"线、面分析法"读图举例
（a）组合体三视图；（b）分析 P 线框；（c）分析 Q 线框；（d）分析 R 线框；
（e）分析 S 线框并识交线；（f）综合起来想整体

4. 补视图和补缺线

补视图和补缺线是识图中常见的两种练习方法。它通过读图与画图相结合，先读后画，以画促读，从而达到培养和提高识图能力的目的。

（1）补视图

补视图也叫作补第三视图，它是根据已知的两个视图，想象出物体的空间形状，然后补画出第三视图。补视图要运用形体分析法，边分析边作图，按各个组成部分逐个进行。一般可先画叠加部分，后画切割部分；先画外部形状，后画内部结构；先画主体较大的部分，后画局部细小的结构等，下面举例说明。

例1 已知主视图、左视图，补画俯视图，如图 3-3-17 所示。

从主视图和左视图进行形体分析可知，该组合体是属于切割类的。它的基本形状是一个长方体，首先在长方体宽度方向的中间开了一个矩形通槽，然后在长方体的左上方和右上方各切去一个角，最后在左右对称中心线的位置上由前往后钻了一个通孔。

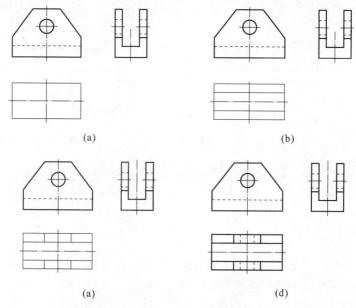

图 3-3-17　补画俯视图

（a）画完整的长方体俯视图；（b）画长方体中间开的矩形通槽；

（c）画左右两边的对称切口；（d）画小圆柱孔，加深完成俯视图

例2 已知主视图、俯视图，补画左视图，如图 3-3-18 所示。

从主视图和俯视图进行形体分析可知，该组合体是属于综合类的。组合体由底板、竖板叠加而成，然后在竖板上钻了一个孔。

（2）补缺线

补缺线是指在给定的三视图中，补齐有意识漏画的若干图线。因为补缺线是要在看懂视图的基础上进行的，所以三视图中所缺的一些图线不但不会影响组合体的形状表达，而且通过补画更能提高我们的分析能力和识图能力。

例3 补缺线，如图 3-3-19 所示。

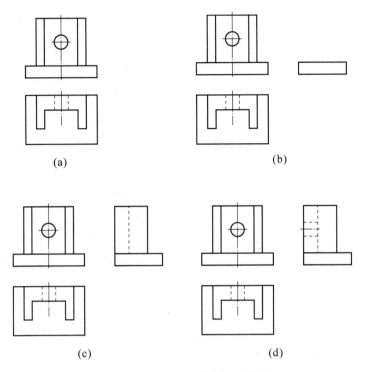

图 3-3-18　补画组合体左视图的步骤

（a）已知主视图、俯视图；（b）补画底板的左视图；（c）补画竖板的左视图；（d）补画竖板左视图的通孔

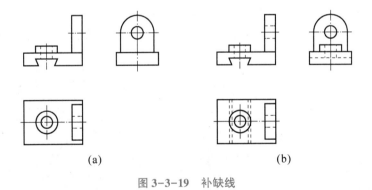

（a）　　　　　　　　　　　（b）

图 3-3-19　补缺线

■ 任务实施

任务实施单见表 3-3-1。

表 3-3-1　任务实施单

	方法和步骤	图示
形体分析	（1）首先分析组合体的组成部分，了解它们之间的相对位置、组合形式以及表面间的连接关系及其分界线的特点。 （2）如图所示，该组合体由底板、肋板、拱形板三个基本体组成。 （3）以图示箭头方向作为主视方向能较好地表达轴承座的形体特征。画图时，从大到小、从主到次，逐个画出它们的投影	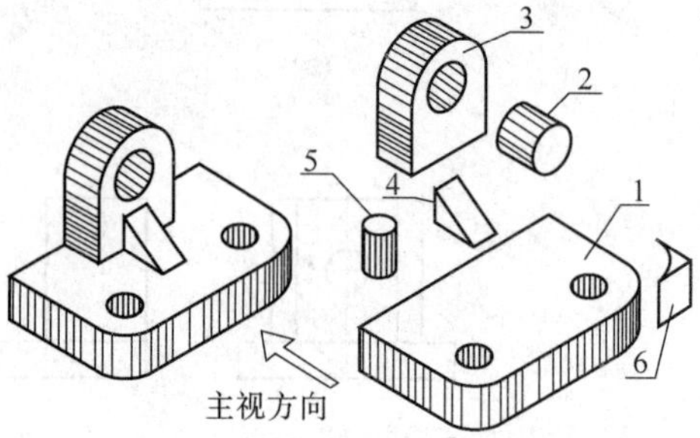 轴承座及其形体分析
绘制三视图的步骤	（1）布置视图，确定基准线。根据各视图的大小和位置，画出基准线，以确定各个视图在图纸上的具体位置。布置视图时应注意三个视图之间应留有一定空间，以便标注尺寸	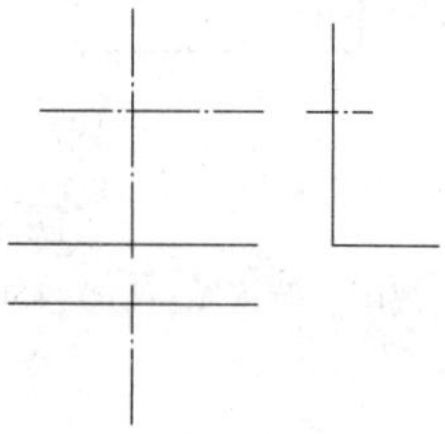
	（2）画底板的轮廓。如图所示，先画俯视图，再根据三等尺寸关系绘制其他两个视图	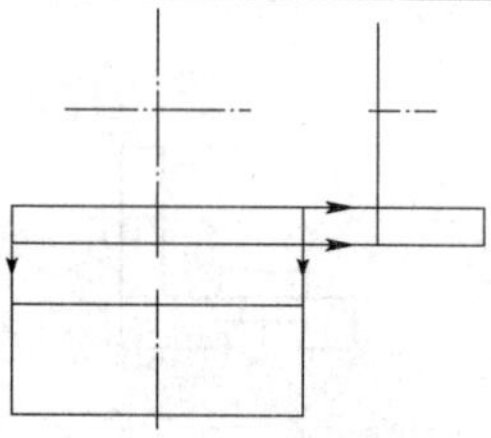
绘制三视图的步骤	（3）画支撑板和轴承孔。如图所示，先画主视图，再根据三等尺寸关系画其他两视图	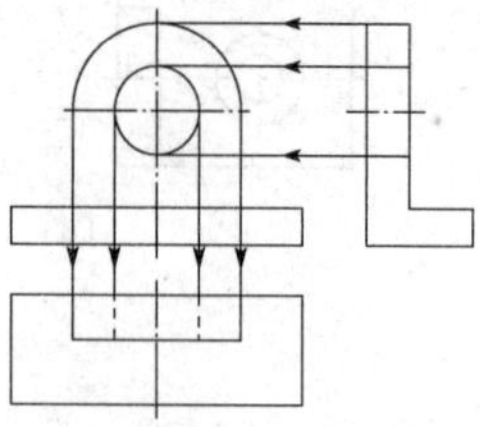
	（4）画三角形肋板。如图所示，先画特征视图左视图，再根据三等尺寸关系画其他两视图	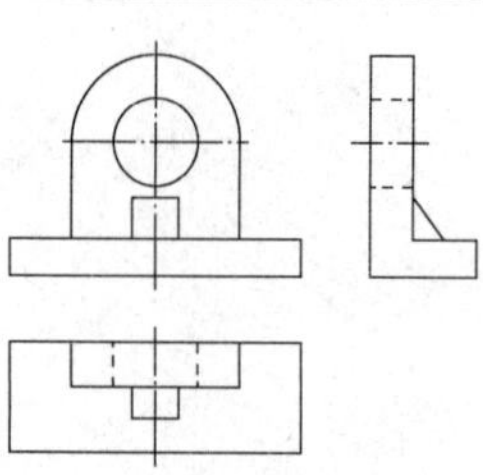

方法和步骤	图示
绘制三视图的步骤 （5）画底板的圆角和通孔。如图所示，先画俯视图，然后再画出其他两个视图	
（6）整理图线。加粗描深，完成三视图，如图所示	
注意事项 （1）绘图时，不应画完一个视图后再画另一个视图，而应该采用形体分析法，先画主体，后画细节；先画大的形体，再画小的形体；先画可见轮廓，后画不可见轮廓；先叠加后切割。 （2）先画每个形体的特征视图，后画其余的两个视图，三个视图配合进行，这样可以提高作图速度，减少差错，避免漏线。 （3）要注意各形体之间表面连接关系和叠加处的图线变化，强调整理图线的重要性	

✳ 任务四　绘制轴测图

■ 任务导入

根据组合体的三视图，画其正等测轴测图，如图 3-4-1 所示。

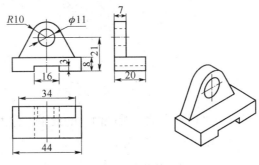

图 3-4-1　组合体的三视图

■ 任务分析

轴测图属于平行投影，具有平行投影的所有特性，如平行性、定比性和实形性等。轴测图是在一次投影中完成立体多个面的表达，是三维物体的二维表达方法，因此，具有较强的立体感。画轴测图的基本方法是坐标法，作图的关键是坐标原点的选取。实际作图时，应根据立体形状不同而灵活采用不同的作图步骤。

■ 知识链接

一、轴测投影的基本知识

正投影图可以准确、完整地表达立体的真实形状和大小，而且作图简便、度量性好，所以，在工程上得到了广泛的应用。但是正投影图的立体感差，必须具备一定的图样知识才能看懂。因此，工程上也经常采用轴测图来表达物体。轴测图能在一个投影面上同时反映出物体长、宽、高 3 个方向的形状，立体感好，直观性强，容易看懂。但轴测图一般不能反映物体每个表面的真实形状，度量性差，作图麻烦。因此，常用轴测图作为正投影图的辅助图样。

1. 轴测投影的形成

（1）轴测投影面

用于进行轴测投影的那个投影面叫轴测投影面，用 P 表示，如图 3-4-2 所示。若用 V 作投影面，则 V 即为轴测投影面。

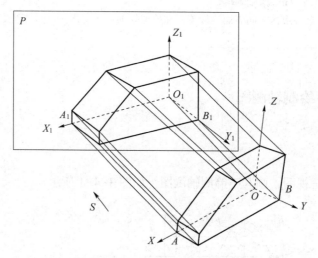

图 3-4-2　轴测投影的形成

（2）轴测轴

立体上设定的三条空间直角坐标轴在轴测投影面上的投影，称为轴测轴。空间直角坐标系用 $O\text{-}XYZ$ 表示，轴测坐标系用 $O_1\text{-}X_1Y_1Z_1$ 表示。

（3）轴间角

两正向轴测轴之间的夹角称为轴间角，由于空间坐标系各坐标轴对轴测投影面的倾角可以不一样，因此三条轴测轴间的轴间角可以不一样。

(4) 轴向伸缩系数

在轴测投影中，由于空间坐标系的各坐标轴倾斜于轴测投影面，坐标轴上的线段经正投影后将变短，故将投影长与实长之比定义为轴向伸缩系数，也称为轴向变形系数。

2. 轴测图分类

根据投影方向与轴测投影面的相对位置不同，轴测图可以分为以下两类：

1）正轴测图：投影方向垂直于轴测投影面的轴测图。

2）斜轴测图：投影方向倾斜于轴测投影面的轴测图。

二、正等测图

当立体上的三根直角坐标轴与轴测投影面倾斜的角度相同时，得到的轴测图称为正等轴测图，简称正等测。

1. 轴间角和轴向伸缩系数

正等测图的轴间角 $\angle X_1O_1Y_1 = \angle X_1O_1Z_1 = \angle Y_1O_1Z_1 = 120°$，一般使 Z 轴处于铅垂位置，O_1X_1、O_1Y_1 分别与水平线成 30° 角，如图 3-4-3 所示。

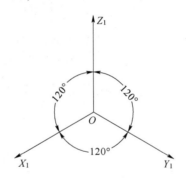

图 3-4-3　正等测图的轴间角

正等测图的轴向伸缩系数 $p=q=r=0.82$。为了作图简便，国家标准规定简化的轴向伸缩系数 $p=q=r\approx1$，以及平行于坐标轴的线段，均按原尺寸画出，此时的正等测图比实际物体放大了 1/0.82 倍（约 1.22 倍），但形状不变，如图 3-4-4 所示。

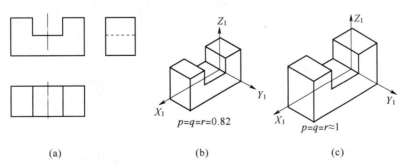

(a)　　　　　　　　(b)　　　　　　　　(c)

图 3-4-4　不同轴向伸缩系数的正等测图效果

2. 平面体正等测图的画法

画平面立体轴测图的基本方法是坐标法，即根据立体表面上各顶点的坐标值作出它们的轴测投影，连接各定点，完成平面立体的轴测图。立体表面上平行于坐标轴的轮廓线可在该线上直接量取尺寸。根据不同立体的形状特点，还要灵活运用叠加、切割等不同的作图方法。

例1 根据正投影图绘制正六棱柱的正等测图，如图3-4-5所示。

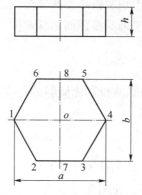

图3-4-5 正六棱柱的视图

在正投影图上选定坐标原点和坐标轴，以作图简便为选择原则。如图3-4-5所示，坐标原点选在正六棱柱顶面的中心，绘图步骤如表3-4-1所示。

表3-4-1 绘制正六棱柱的正等测图

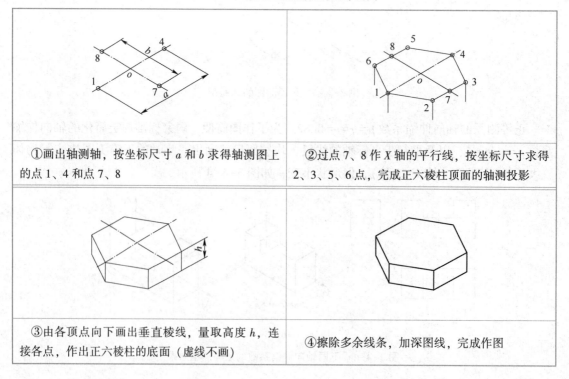

①画出轴测轴，按坐标尺寸a和b求得轴测图上的点1、4和点7、8	②过点7、8作X轴的平行线，按坐标尺寸求得2、3、5、6点，完成正六棱柱顶面的轴测投影
③由各顶点向下画出垂直棱线，量取高度h，连接各点，作出正六棱柱的底面（虚线不画）	④擦除多余线条，加深图线，完成作图

例 2 绘制如图 3-4-6 所示切割式组合体的正等测图，绘图步骤如表 3-4-2 所示。

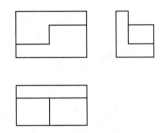

图 3-4-6 绘制切割式组合体的正等测图

表 3-4-2 绘制切割式组合体正等测图的步骤

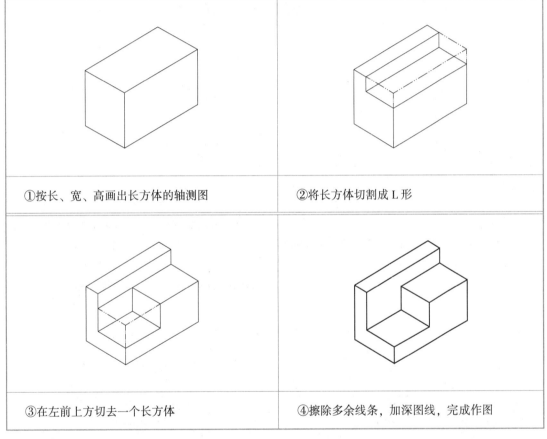

① 按长、宽、高画出长方体的轴测图	② 将长方体切割成 L 形
③ 在左前上方切去一个长方体	④ 擦除多余线条，加深图线，完成作图

3. 回转体正等测图的画法

（1）平行于坐标面的圆的正等测图画法

由于正等测投影中各坐标面对轴测投影面都是倾斜的，因此平行于坐标面及其上的圆的正等测投影都是椭圆，椭圆的长轴垂直于与圆平面垂直的轴测轴，短轴与该轴测轴平行，如图 3-4-7 所示。

为了简化作图，椭圆通常采用近似画法（菱形四心法）。现以水平面圆的轴测图为例，介绍用菱形四心法绘制椭圆的步骤，如表 3-4-3 所示。

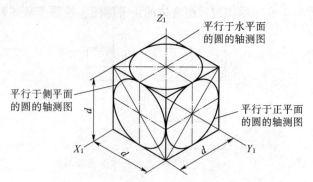

图 3-4-7　平行于坐标面的圆的正等测图画法

表 3-4-3　菱形四心法绘制椭圆的步骤

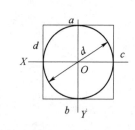	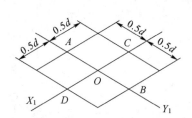
①在投影图上确定坐标轴，作圆的外切正方形得切点 a、b、c、d	②作轴测轴 OX_1、OY_1，沿轴量取半径，得 A、B、C、D 点，分别过这 4 点作对应坐标轴的平行线，所画的菱形即外切正方形的轴测投影。菱形的对角线分别为椭圆长、短轴的位置
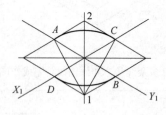	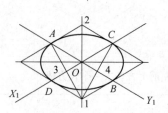
③分别以菱形短对角线的顶点 1、2 为圆心，以 $1A$ 为半径作圆弧	④连接 $1A$、$1C$，交对角线于 3、4 两点，分别以 3、4 为圆心，$3A$ 为半径作圆弧，即得由 4 段圆弧组成的近似椭圆

（2）常见回转体的正等测画法

1）圆柱体的正等测画法。表 3-4-4 所示为圆柱体的正等测画法。

表 3-4-4　圆柱体的正等测画法

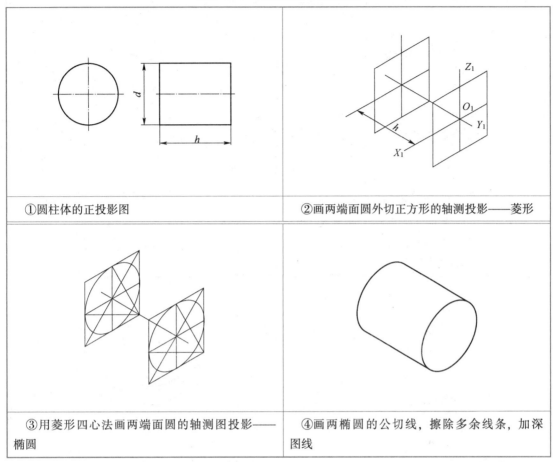

①圆柱体的正投影图	②画两端面圆外切正方形的轴测投影——菱形
③用菱形四心法画两端面圆的轴测图投影——椭圆	④画两椭圆的公切线，擦除多余线条，加深图线

2）圆角的正等测画法。圆角是圆的四分之一，其正等测画法与圆的正等测画法相同，作出对应的四分之一菱形，画出近似圆弧。圆角板前面的两个圆角为四分之一圆柱面，其轴测图画法如表 3-4-5 所示。

表 3-4-5　圆角的正等测画法

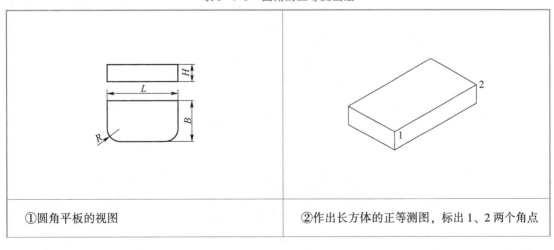

①圆角平板的视图	②作出长方体的正等测图，标出 1、2 两个角点

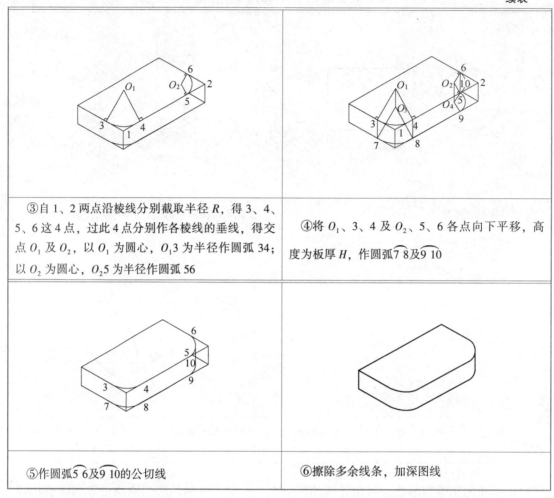

③自1、2两点沿棱线分别截取半径 R，得3、4、5、6这4点，过此4点分别作各棱线的垂线，得交点 O_1 及 O_2，以 O_1 为圆心，$O_1$3 为半径作圆弧 $\overset{\frown}{34}$；以 O_2 为圆心，$O_2$5 为半径作圆弧 $\overset{\frown}{56}$	④将 O_1、3、4 及 O_2、5、6 各点向下平移，高度为板厚 H，作圆弧 $\overset{\frown}{78}$ 及 $\overset{\frown}{9\,10}$
⑤作圆弧 $\overset{\frown}{56}$ 及 $\overset{\frown}{9\,10}$ 的公切线	⑥擦除多余线条，加深图线

4. 叠加式组合体正等测图的画法

如图3-4-8所示的轴承座可以看成由三部分构成：水平的底板、正平的立板和肋板。分别绘制底板、立板和肋板，并加以叠加，即可以完成其正等测图，作图步骤如表3-4-6所示。

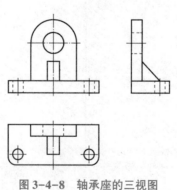

图3-4-8　轴承座的三视图

表 3-4-6 叠加式组合体（轴承座）的正等测画法

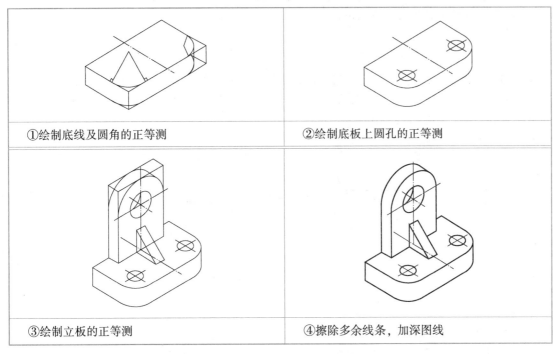

| ①绘制底线及圆角的正等测 | ②绘制底板上圆孔的正等测 |
| ③绘制立板的正等测 | ④擦除多余线条，加深图线 |

5. 轴测图草图的画法

轴测图直观性好，具有较强的立体感，有助于综合视图中分散的信息，想象空间立体。所以掌握画轴测草图的技巧，是设计人员必须具备的一项基本技能。下面以如图 3-4-9 所示为例介绍画轴测草图的步骤。

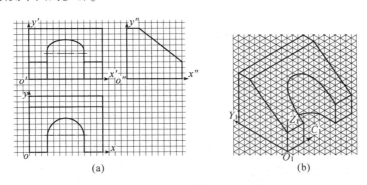

图 3-4-9 根据三视图画轴测草图

(a) 组合体三视图；(b) 轴测图

1）为使三视图与轴测图之间有明确的对应关系，首先在三视图中适当的部位取一点作为坐标原点，如图 3-4-9 所示中的点 $O(o', o, o'')$，并确定坐标轴的方向，如图 3-4-9（a）所示。

2）在轴测坐标网格线上取一格点作为对应的轴测坐标原点 O_1 点，根据形体的特点坐标轴的取法有不同的形式，如图 3-4-9 所示。选择合适的形式，有助于控制图形的范围，如图 3-4-9（b）所示。

3）为方便作图，用方格作图形单位，保持视图中坐标系下的正交网格数和轴测坐标系下的轴测网格数相同，利用这种对应关系作出全部图形。

4）加深可见轮廓线，完成后的图形如图 3-4-9（b）所示。

三、斜二测图

在斜轴测投影中，将物体放正，使 *XOZ* 坐标面平行于轴测投影面，此时 *XOZ* 坐标面或其平行面上的任何图形在轴测投影面上的投影都反映实形，这称为正面斜轴测投影，其中最常见的是斜二测，如图 3-4-10 所示。

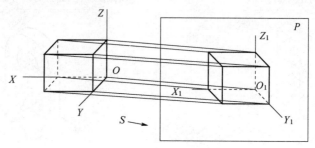

图 3-4-10　斜二测图的形成

1. 轴间角和轴向伸缩系数

斜二测图的轴间角 $\angle X_1 O_1 Z_1 = 90°$，$\angle X_1 O_1 Y_1 = \angle Y_1 O_1 Z_1 = 135°$，*X* 轴和 *Z* 轴的轴向伸缩系数 $p=r=1$，*Y* 轴的轴向伸缩系数 $q=0.5$。作图时，一般使 $O_1 Z_1$ 轴处于垂直位置，$O_1 X_1$ 轴处于水平位置，$O_1 Y_1$ 轴与水平线成 45°，如图 3-4-11 所示。

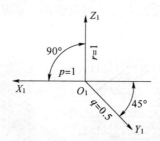

图 3-4-11　斜二测图轴间角和轴向伸缩系数

画平面立体的斜二测图时，其作图原理及步骤和正等测图的完全相同，只是轴间角和轴向伸缩系数不同，如图 3-4-12 所示。

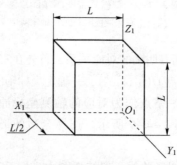

图 3-4-12　立体的轴间角、轴向伸缩系数图

根据斜二测图的特点可知：平行于 XOZ 坐标面的圆的斜二测投影反映实形；而平行于 XOY 和 YOZ 坐标面的圆的斜二测投影为椭圆，作图方法复杂。因此，当立体上只有某个平面（或互相平行的平面）形状复杂或圆较多时，常采用斜二测图来表达。

2. 斜二测图的画法

例3 根据如图3-4-13所示的两视图绘制其斜二测图。

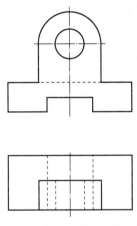

图3-4-13 绘制斜二测图

由于平行于 XOZ 坐标面的圆或圆弧的斜二测投影为圆或圆弧，因此把立体上有圆或圆弧的平面选为 XOZ 坐标面，作图就会比较方便。斜二测图的作图步骤如表3-4-7所示。

表3-4-7 斜二测图的作图步骤

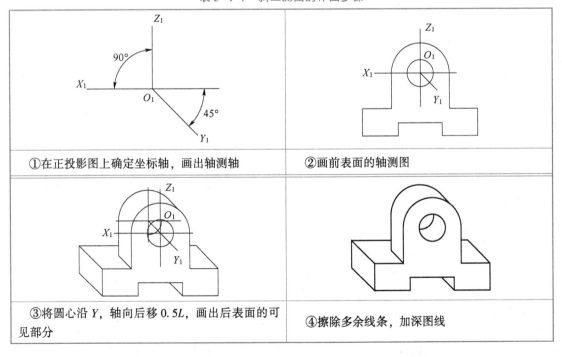

画斜二测时需要注意以下几点。

1）Y 轴的轴向伸缩系数 $q=0.5$，因此宽度方向的尺寸要缩短一半。

2）平行于 XOZ 坐标面的各平面一般从前往后依次画出，不可见的图线不画。

3）常将圆心沿轴线方向后移，来画圆柱的后底面。

■ 任务实施

任务实施单见表3-4-8。

表3-4-8　任务实施单

	方法和步骤	图示
结构分析	组合体由底板和立板两部分组成，其中底板的底部有通槽，立板有圆孔	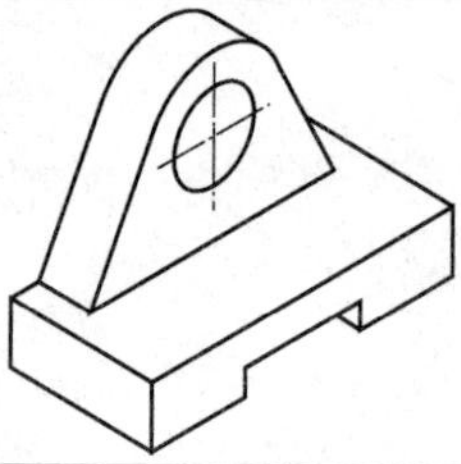
绘图步骤	（1）确定三根轴测轴（先画 O_1Z_1 轴），根据底板的长、宽、高尺寸画出长方体的正等轴测图	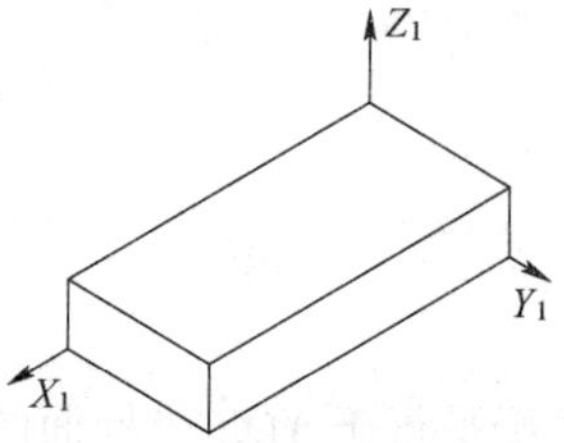
	（2）画出底部通槽的正等轴测图	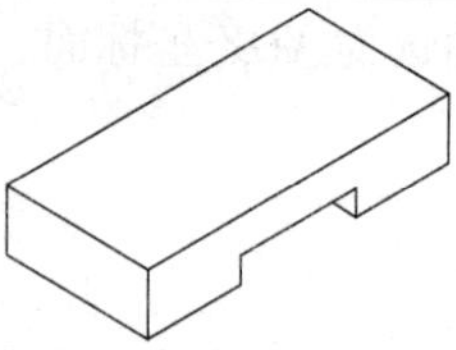
	（3）画出立板的前端面与后端面以及圆孔的正等轴测图轮廓	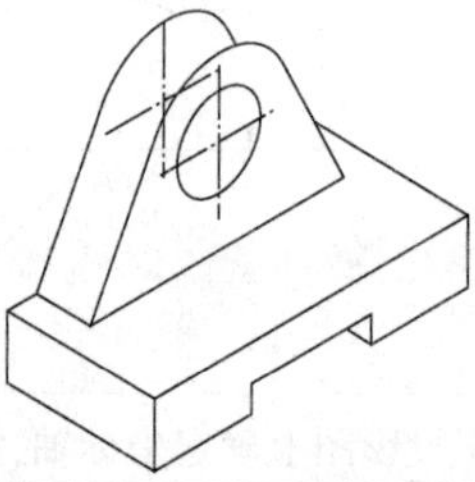
	（4）画立板前端面与后端面椭圆弧的外公切线，形成立板的立体结构，整理图线，擦除多余线条，加深图线，完成作图	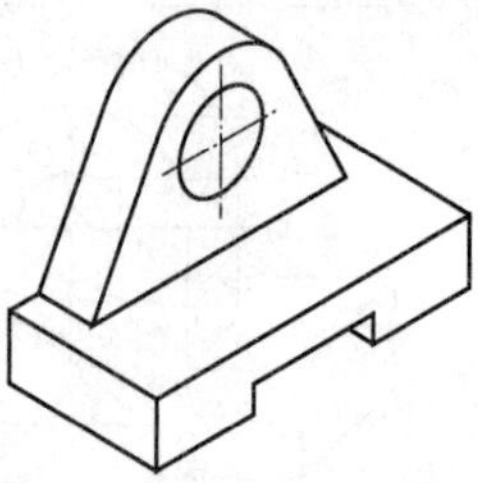
注意事项	（1）正确定出轴测轴的方向、轴间角。画三根轴测轴时，应先画 O_1Z_1 轴，使 O_1Z_1 轴处于铅垂位置。 （2）准确地定出椭圆的长、短轴方向，是保证圆正等轴测图"画得像"的前提	

项目四
机件的基本表示法

当机件的形状和结构比较复杂时，如果仍用两视图或三视图，就难以把它们的内外形状准确、完整、清晰地表达出来。为了满足这些要求，国家标准《机械制图》中的"图样画法"规定了各种画法，如视图、剖视、剖面、局部放大图、简化画法和其他规定画法等。本项目主要介绍一些机件常用的表示法。

☑ 知识目标

1. 掌握视图、剖视和断面图的概念、种类、画法及标注。
2. 掌握各种剖切方法及应用场合。
3. 掌握局部放大图、各种常见的规定及简化画法。
4. 掌握零件上常见结构的作用、画法和注法。
5. 了解第三角画法。

☑ 能力目标

1. 能够正确理解视图与剖视图的异同点。
2. 能够灵活应用视图表达零件的各种外形结构。
3. 能够应用剖视及断面图表达零件的内腔，并正确标注。
4. 能够正确应用视图和剖视等表达方法清晰、简明地绘制工程图样。

☑ 素养提升

熟练掌握机件的基本表示法是正确绘制和识读工程图样的基本条件，明确视图、剖视图、断面图等的基本概念、画法、标注方法和应用场合；熟悉局部放大图及常用的简化表示法；能根据机件的结构特点，选择适当的表达方法，表达机件内、外结构形状。在表达零件时，应该以方便看图为基本原则，根据零件的结构特点和形状特征，采用恰当的表达方式，同时在满足能够正确、完整、清晰、合理、简明地表达零件内部与外部结构形状的前提下，力求绘图简便（画图简便或制图简便），以达到图样的最佳表达方案，即图样易看易画。了解零件结构的重要性，并知道零件结构不同可选择不同的表达方法。培养分析和解决问题的能力，同样，使其明确在各自不同的岗位上，只有熟悉自己的工作技能、岗位职责和岗位要求，才能脚踏实地地做好本职工作，培养学生诚信做人、勤勉做事的工作作风。

✿ 任务一 机件外部形状的表示法

■ 任务导入

分析如图 4-1-1 所示压紧杆的结构形状，用一组适当的视图将其外形表达清楚。

■ 任务分析

压紧杆可以看成是由四个部分组成的，其中左半部分与基本投影面倾斜，如果仅用三视图，则不能将其外形表达清楚。为了完整、清晰地表达压紧杆的形状，除了采用基本视图外，还需配合斜视图和局部视图等表达方法。

图 4-1-1 压紧杆

■ 知识链接

根据有关标准规定，用正投影法绘制出物体的图形称为视图。视图主要用于表达机件的外部结构和形状，一般只画出机件的可见部分，必要时才用虚线表达其不可见部分。视图分为基本视图、向视图、局部视图、斜视图和旋转视图。

一、基本视图

将机件的基本投影面投射所得的视图称为基本视图。

表示一个机件可以有六个基本投射方向，如图 4-1-2 （a） 所示，相应地有六个与基本投射方向垂直的基本投影面。基本视图是物体向六个基本投影面投射所得的视图。空间的六个基本投影面可设想围成一个正六面体，为使其上的六个基本视图位于同一平面内，可将六个基本投影面按如图 4-1-2 （b） 所示的方法展开。

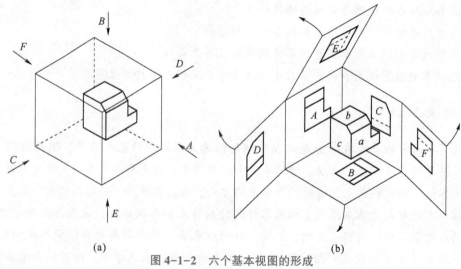

(a)   (b)

图 4-1-2 六个基本视图的形成

（a）六面投影体系和六个基本投射方向；（b）六个基本视图的展开

在机械图样中，六个基本视图的名称和配置关系如图 4-1-3 所示。当符合如图 4-1-3 所示的配置规定时，图样中一律不标注视图名称。

六个基本视图仍保持"长对正、高平齐、宽相等"的三等关系。

1）主视图、俯视图、仰视图、后视图要长对正；

2）主视图、左视图、右视图、后视图要高平齐；

3）右视图、俯视图、左视图、仰视图要宽相等。

六个基本视图的配置和方位对应关系如图 4-1-3 所示，除后视图外，在围绕主视图的俯、仰、左、右四个视图中，远离主视图的一侧表示机件的前方，靠近主视图的一侧表示机件的后方。

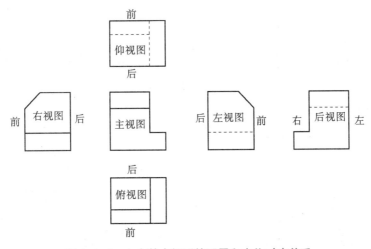

图 4-1-3　六个基本视图的配置和方位对应关系

实际画图时，无须将六个基本视图全部画出，应根据机件的复杂程度和表达需要，选用其中必要的几个基本视图，若无特殊情况，则优先选用主、俯、左视图。

二、向视图

向视图是移位配置的基本视图。在实际绘图过程中，为了合理布置视图，各基本视图可不按如图 4-1-3 所示配置，而可自由地配置各基本视图。这种自由配置的视图称为向视图。

如图 4-1-4 所示，向视图应在视图上方用大写拉丁字母标注视图名称，在相应的视图附近用箭头指明投影方向，并标注相同的大写拉丁字母，且表示投影方向的箭头应尽可能配置在主视图上，只是表示后视图投影方向的箭头才配置在其他视图上。向视图必须在图形上方中间位置处注出视图名称"×"（"×"为大写拉丁字母），并在相应的视图附近用箭头指明投射方向，注上相同的字母。

三、局部视图

局部视图是将机件的某一部分向基本投影面投射所得的视图。如图 4-1-5 所

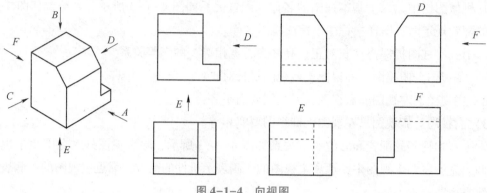

图 4-1-4　向视图

示的机件，用主、俯两个基本视图表达了主体形状，但左、右两边凸缘形状如用左视图和右视图表达，则显得烦琐和重复。采用 A 和 B 两个局部视图来表达两个凸缘形状，既简练又突出重点。

局部视图的配置、标注及画法：

1）局部视图可按基本视图配置的形式配置，中间若没有其他图形隔开，则不必标注，如图 4-1-5 所示的局部视图 A。

2）局部视图也可按向视图的配置形式配置在适当位置，如图 4-1-5 所示的局部视图 B。

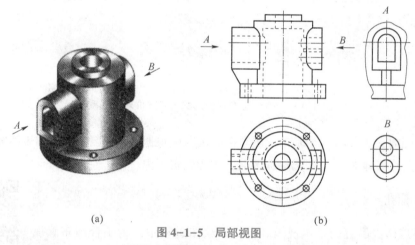

(a)　　　　　　　　　　　　　　　　(b)

图 4-1-5　局部视图

(a) 机件立体图；(b) A 和 B 两个局部视图

3）局部视图的断裂边界用波浪线或双折线表示，如图 4-1-5 所示的局部视图 A。但当所表示的局部结构是完整的，其图形的外轮廓线呈封闭时，波浪线可省略不画，如图 4-1-5 所示的局部视图 B。

四、斜视图

斜视图是物体向不平行于任何基本投影面的平面投射所得的视图。

如图 4-1-6（a）所示，当机件上某局部结构不平行于任何基本投影面，在基本投影面上不能反映该部分的实形时，可增加一个新的辅助投影面，使它与机件上倾斜结构的主要平面平行，并垂直于一个基本投影面，然后将倾斜结构向辅助投影面投射，就得到反映倾斜结构实形的视图，即斜视图。

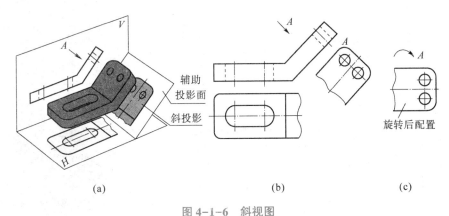

图 4-1-6 斜视图

（a）机件斜视图形成；（b）斜视图画法；（c）斜视图旋转

画斜视图时应注意：

1）斜视图常用于表达机件上的倾斜结构。画出倾斜结构的实形后，机件的其余部分不必画出，此时在适合位置用波浪线或双折线断开即可，如图 4-1-6（b）所示。

2）斜视图的配置和标注一般按向视图相应的规定，必要时，允许将斜视图旋转后配置到适当的位置。此时，应按向视图标注，并加注旋转符号，如图 4-1-6（c）所示。旋转符号为半径等于字体高度的半圆弧，表示斜视图名称的大写拉丁字母应靠近旋转符号的箭头端，也允许将旋转角度标注在字母之后。

■ 任务实施

任务实施单见表 4-1-1。

表 4-1-1 任务实施单

方法和步骤		图示
分析压紧杆的结构形状	（1）压紧杆可以看成是由四个部分组成。其中左半部分与基本投影面倾斜，如果仅用三视图，则不能将其外形表达清楚。为了完整、清晰地表达压紧杆的形状，除了采用基本视图外，还需配合斜视图和局部视图等表达方法	
	（2）仅用压紧杆的三视图，如图所示，不能将其外形表达清楚。由于压紧杆左端耳板是倾斜的，所以俯视图和左视图都不反映实形，画图比较困难，表达不清楚	压紧杆的三视图

项目四 机件的基本表示法

方法和步骤		图示
分析压紧杆的结构形状	（3）为了完整、清晰地表达压紧杆的形状，除了采用基本视图外，还需配合斜视图和局部视图等表达方法。为了清晰表达倾斜结构，可按如图所示在平行于耳板的正垂面上作出耳板的斜视图，以反映耳板的实形	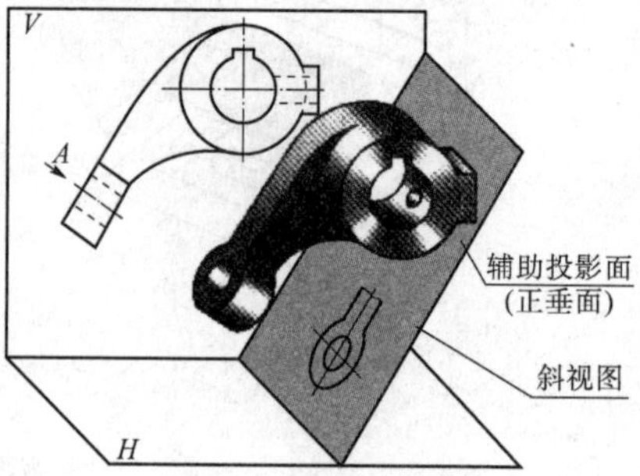 压紧杆斜视图的形成
确定表达方案	因为斜视图只是表达压紧杆倾斜结构的局部形状，所以画出耳板的实形后，用波浪线断开，其余部分的轮廓线不必画出。 方案一（如图所示）：采用一个基本视图（主视图）、一个斜视图（*A*）和两个局部视图（*B*和*C*）	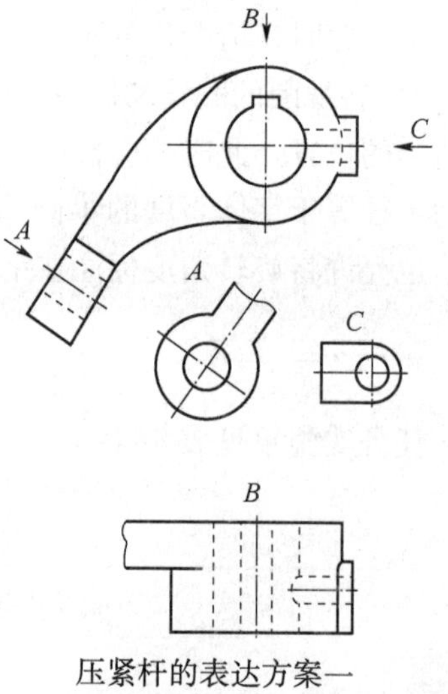 压紧杆的表达方案一
	方案二（如图所示）：采用一个基本视图（主视图），一个配置在俯视图位置上的局部视图（不必标注），一个旋转配置的斜视图*A*，以及画在右端凸台附近的，按第三角画法配置的局部视图（用细点画线连接，不必标注）	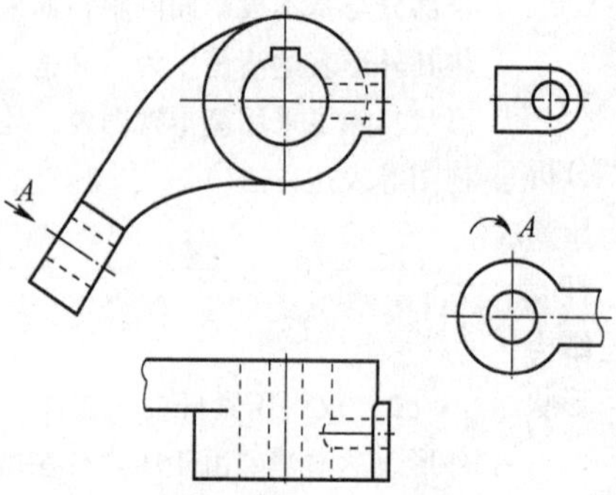 压紧杆的表达方案二
总结	比较压紧杆的两种表达方案，显然，方案二的视图布置更加紧凑	

✿ 任务二　机件内部形状的表示法

■ 任务导入

根据如图 4-2-1 所示座体的一组视图,分析机件的内部结构形状,运用适当的表达方法,将机件的内外形状表达清楚。

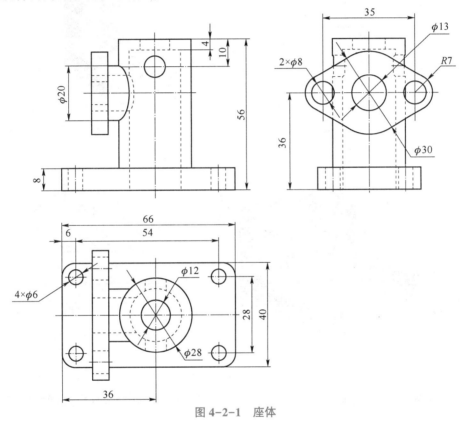

图 4-2-1　座体

■ 任务分析

该机件的内部结构比较复杂,所以视图中虚线较多,如图 4-2-1 和 4-2-2(a)所示。这样的图样既影响图样清晰度,又不利于看图和标注尺寸。为了清晰地表达机件的内部形状,通常采用剖视的表达方法,如图 4-2-2(d)所示。

■ 知识链接

一、剖视图的形成、画法和标注

1. 剖视图的形成

假想用剖切面剖开机件,将处在观察者与剖切面之间的部分移去,将其余部分向投影面投射所得的图形称为剖视图，简称剖视。剖视图的形成过程如图 4-2-2（b）和图 4-2-2（c）所示。如图 4-2-2（d）所示的主视图即为机件的剖视图。

2. 剖面符号

机件被假想剖开后，剖切面与机件的接触部分（即剖面区域）要画出与材料相应的剖面符号，以便区别机件的实体与空腔部分，如图 4-2-2（d）所示的主视图。

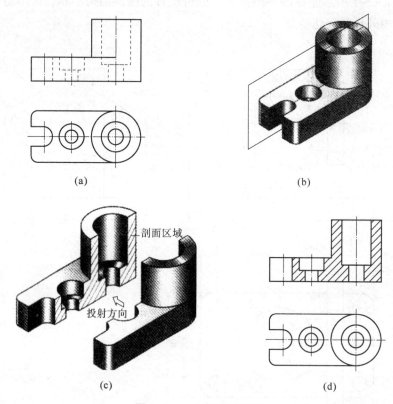

图 4-2-2　剖视图的形成

（a）主视图中虚线较多；（b）剖切面剖开支座；（c）将支座后半部分进行投射；（d）主视图为剖视图

当不需要在剖面区域中表示材料的类别时，剖面符号可采用通用的剖面线表示。通用剖面线为间隔相等的平行细实线，绘制时最好与图形主要轮廓线或剖面区域的对称线成 45°，如图 4-2-3 所示。

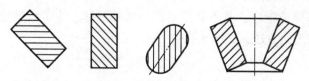

图 4-2-3　剖面线的方向

同一物体各个剖面区域的剖面线应间隔相等、方向一致。当需要在剖面区域中表示材料类别时，应采用特定的剖面符号表示。国家标准规定了各种材料类别的剖面符号，见表 4-2-1。

表 4-2-1　常见材料的剖面符号

金属材料（已有规定符号者除外）	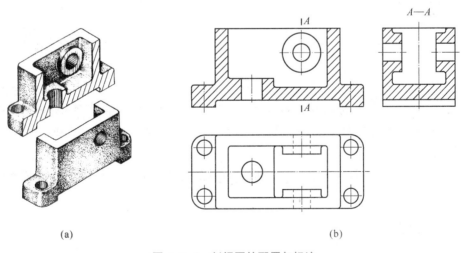	转子、电枢和变压器等的迭钢片		混凝土	
非金属材料（已有规定符号者除外）		型砂、填砂、粉末冶金、陶瓷刀片、硬质合金刀片等		钢筋混凝土	
线圈绕组元件		砖		基础周围的泥土	
玻璃及其他透明材料		木质胶合板		格网	

3. 剖视图的标注

为便于读图，剖视图一般应标注，标注的内容包括以下三个要素：

1）剖切线指示剖切面的位置，用细点画线表示。剖视图中通常省略不画出。

2）剖切符号指示剖切面起止和转折位置（用粗短线表示）及投射方向（用箭头表示）的符号，在剖切面的起、迄和转折处标注与剖视图名称相同的字母。

3）字母表示剖视图的名称，用大写拉丁字母注写在剖视图的上方。

剖视图的标注形式如图 4-2-4 所示中的 A—A。

(a)　　　　　　　　　　　　　　　　　　(b)

图 4-2-4　剖视图的配置与标注

（a）机件假想剖开效果图；（b）机件剖视图

下列情况的剖视图可省略标注：

1）当单一剖切面通过机件的对称平面或基本对称平面，且剖视图按投影关系配置，中间没有其他图形隔开时，可不标注，如图 4-2-4（b）所示的主视图。

2）当剖视图按基本视图投影关系配置时，可省略箭头，如图 4-2-4 所示中的 A—A。

4. 画剖视图时应注意

1) 由于剖切是假想的，所以将一个视图画成剖视图后，其他视图仍应按完整的机件画出，如图 4-2-5 所示中的俯视图。

2) 画剖视图时，在剖切面后面的可见部分一定要全部画出，在剖切面后面的不可见轮廓线一般不画，如图 4-2-5（a）所示；只有对尚未表达清楚的结构才用虚线表示，如图 4-2-5（b）所示。不可将已经假想移去的部分画出，图 4-2-5（c）所示为画剖视图时常见的错误。

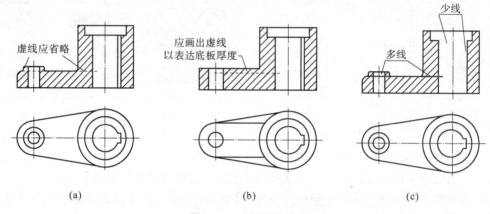

图 4-2-5　剖视图画法

（a）省略虚线；（b）应画虚线；（c）错误画法

5. 画剖视图的方法与步骤

如图 4-2-6（a）所示机件为例，说明画剖视图的方法与步骤。

1) 确定剖切面的位置。如图 4-2-6（b）所示，剖切平面位置选择通过机件上孔和槽的前后对称面，可以省略标注。

2) 画剖视图。先画出剖切平面与机件实体接触部分的投影，即剖切区域的轮廓曲线，如图 4-2-6（c）所示的区域；再画出剖切平面之后的机件可见部分的投影，如图 4-2-6（d）所示台阶面的投影和键槽的轮廓线（也可以图 4-2-6（c）和图 4-2-6（d）两步同时绘制）。

3) 在剖面区域内画剖面线，描深图线，标注符号和视图名称，校核，完成作图，如图 4-2-6（e）所示。

二、剖切面的种类

为了清楚地表达各种机件不同的内部结构，国家标准规定可以选用不同位置和数量的剖切面来剖切机件，常见的剖切平面有以下几种。

1. 单一剖切面

（1）单一平行剖切平面

如图 4-2-2～图 4-2-6 中的剖视图，都是采用与基本投影面平行的单一剖切平面进行剖切的，是最常用的剖切方法。

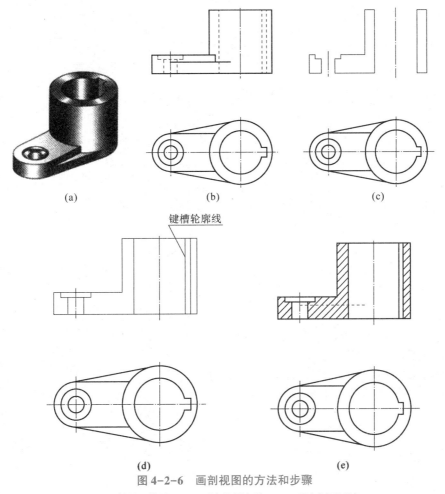

键槽轮廓线

图 4-2-6　画剖视图的方法和步骤

（a）机件的立体图；（b）画出视图底稿；（c）画出剖面区域；
（d）补画剖切平面后的可见部分；（e）画出剖面线和必要的虚线

（2）单一斜剖切平面

用不平行于任何基本投影面但垂直于某一基本投影面的单一剖切平面的方法叫作单一斜剖切平面即斜剖。

画单一斜剖切平面图时应注意以下几点：

①单一斜剖切平面剖得的视图一般按投影关系配置，必须标注剖切符号、投影方向和剖视图名称，如图 4-2-7（b）所示。

②为了合理利用图纸，可将剖视图保持原来的倾斜程度，平移到其他的适当位置。

③为了画图方便，在不致引起误解时，还可以将图形旋转，这时必须标注旋转符号和视图名称"×-×⌒"。其中，箭头所指方向为斜剖视图的旋转方向，视图名称写在箭头一侧，如图 4-2-7（d）所示。

（3）单一剖切柱面

为了准确表达处于圆周上分布的某些结构，有时采用柱面剖切。国标规定：采用柱面剖切机件时，剖视图应按展开绘制，并仅画出剖面展开图，剖切平面后面的有关结构省略不画。其画法和标注方法如图 4-2-8 所示。

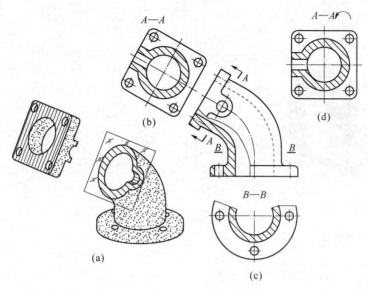

图 4-2-7　单一斜剖切平面

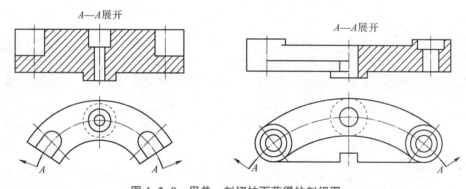

图 4-2-8　用单一剖切柱面获得的剖视图

2. 两个相交的剖切平面（即旋转剖）

（1）定义

用两个相交的剖切平面（交线垂直于某一基本投影面）剖开机件的方法称为旋转剖。图 4-2-9 所示为两个相交的平面剖切，其交线垂直于侧投影面。

（2）应用范围

旋转剖通常用于表达具有明显旋转轴线，内形分布在两个相交的剖切面上的机件，如盘、轮、盖等成辐射状分布的孔、槽、轮辐等结构。

（3）配置方法

两个相交的剖切平面一般配置在基本视图的位置上。

（4）标注方法

在旋转剖视图的上方用字母标注剖视图名称"×—×"，在相应视图上用剖切符号标明剖切平面的起、止及相交转折处。当相交处地方很小时，可省略字母。剖切符号端部的箭头表示剖切后的投影方向，不能误认为是剖切面的旋转方向，箭头应垂直剖切符号，并注上相同的字母，而且字母一律水平书写，如图 4-2-9 所示。

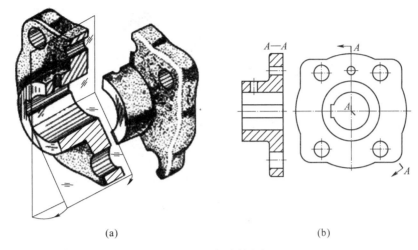

(a)   (b)

图 4-2-9 两相交的剖切面

（a）直观图；（b）旋转剖画法及标注

（5）画图注意事项

1）旋转剖视图是先假想按剖切位置剖开机件，然后将倾斜剖切平面剖开的结构连同有关部分（指与被剖切结构有直接联系且密切相关，或不一起旋转难以表示的部分）旋转到与选定的基本投影面平行的位置，然后再进行投影。采用这种"剖切——旋转——投影"的顺序画出的剖视图，有些部分的投影图形往往会被伸长，该部分不遵循"三等关系"基本投影规律，但却反映了机件被剖切部分的真实形状，如图 4-2-10（b）所示的底板比相应视图伸长了。否则，若采取"旋转——剖切——投影"的顺序画图，就会出现剖切位置的标注与实际剖切位置不一致的矛盾，如图 4-2-10（c）所示底板的错误画法。

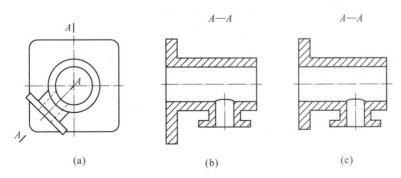

(a)   (b)   (c)

图 4-2-10 先剖切后旋转示例

（a）底板；（b）正确旋转剖视图；（c）错误旋转剖视图

2）在旋转剖视图中，在剖切平面后的其他结构（指与所表达的结构关系不太密切或一起旋转会引起误解的结构），一般仍按原来的位置投影，如图 4-2-11 所示的凸台。

3）如果剖切后产生不完整要素，应将此部分按不剖绘制，如图 4-2-12 中的臂板。

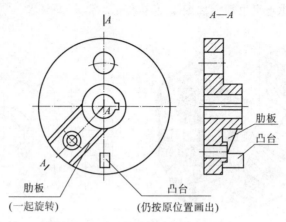

图 4-2-11 "其他结构"的规定画法

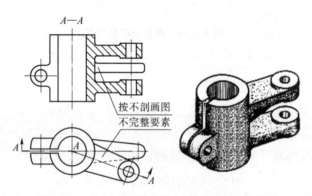

图 4-2-12 剖切后产生不完整要素的规定画法

3. 几个平行的剖切平面（即阶梯剖）

（1）定义

用几个平行的剖切平面剖开机件的方法称为阶梯剖。

（2）应用范围

当机件上具有几种不同的结构要素（如孔、槽等），而且它们的中心线排列在相互平行的平面上时，宜采用几个平行的剖切平面剖切。如图 4-2-13 所示的机件中，孔、槽和带凸台的孔是平行排列的，若用单一剖切面，则不能将孔、槽同时剖到。图 4-2-13 中采用三个平行的剖切平面，分别把槽、孔及凸台的孔剖开，再向投影面投射，这样就很简练地表达清楚了这些内部结构。

（3）配置方法

几个平行的剖切平面一般配置在基本视图的位置上，对于复杂的机件的表达，也可将其放在其他适当位置上。

（4）标注方法

与旋转剖相似，如图 4-2-13（b）所示，在剖切位置的起、止及平行平面的转折处均标出剖切符号，并注写字母；在阶梯剖视图的上方标注出剖视图的名称"×—×"；在剖切符号两端画上箭头表示投影方向。当阶梯剖视图配置在基本视图位置上时，可省略箭头。

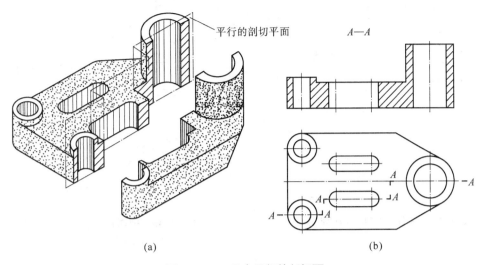

平行的剖切平面

A—A

(a)   (b)

图 4-2-13　几个平行的剖切面

（a）直观图；（b）阶梯剖画法及标注

（5）画图注意事项

1）因为剖切是假想的，所以阶梯剖是设想将几个平行的剖切平面平移到同一平面的位置后，再进行投影。此时，不应画出剖切平面转折处的分界线，如图 4-2-14（a）所示。

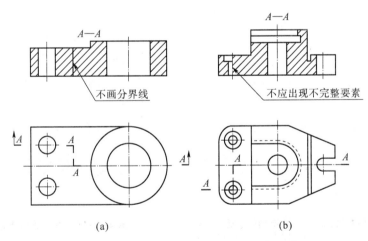

A—A   A—A

不画分界线   不应出现不完整要素

(a)   (b)

图 4-2-14　几个平行剖切面作图时的常见错误

（a）错误画法（一）；（b）错误画法（二）

2）要正确选择剖切平面的位置，在图形中不应出现不完整的要素，如图 4-2-14（b）所示。仅当两个要素在图形上具有公共的对称中心线或轴线时，以对称中心线或轴线为界，可以各画一半，如图 4-2-15 所示。

3）转折处的剖切符号用两条互相垂直的细短粗实线画出，且标注时，两符号的短画应竖向或横向对齐；为清晰起见，转折处不应与图上的轮廓线重合，如图 4-2-16 所示。如果转折处的位置有限，则在不致引起误解时，可以不注写字母。

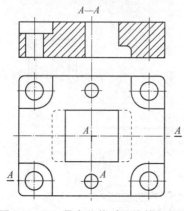

图 4-2-15 具有公共对称线的剖视图

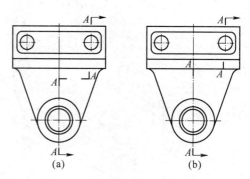

图 4-2-16 剖切符号的画法
（a）正确；（b）错误

4. 组合的剖切平面（即复合剖）

（1）定义

用组合的剖切面剖开机件的方法，称为复合剖。组合的剖切面可以是互相平行的平面和相交平面的组合（见图 4-2-17），也可以是多个相交平面的组合（见图 4-2-18），还可以在上述基础上加上单一柱面的组合（见图 4-2-19）。

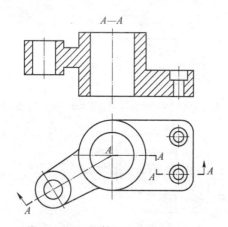

图 4-2-17 旋转剖和阶梯剖的组合

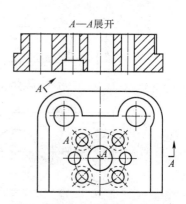

图 4-2-18 多个旋转剖的组合

（2）应用范围

组合的剖切平面多应用于内部结构形式多，既有阶梯剖适用的结构，又有旋转剖适用的结构，或是一些孔系结构。

（3）配置方法

组合的剖切平面一般配置在基本视图的位置上。

（4）标注方法

复合剖的标注方法与旋转剖和阶梯剖相同。

（5）画图注意事项

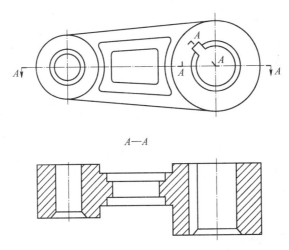

图 4-2-19　旋转剖和柱面的复合

对于孔系结构，采用复合剖切面作图时通常用展开画法，其作图方法和标注方法如图 4-2-20所示。

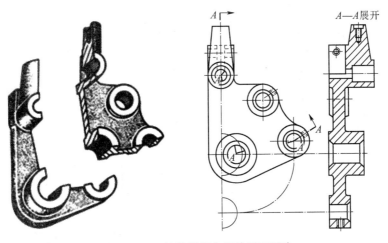

图 4-2-20　挂轮架复合剖的展开画法

三、剖视图的种类

根据剖视图的剖切范围可分为全剖视图、半剖视图和局部剖视图三种。前述剖视图的画法和标注是对三种剖视图都适用的基本要求和规定。

1. 全剖视图

全剖视图是用剖切面完全地剖开机件所得的剖视图，适用于表达外形比较简单，而内部结构较复杂且不对称的机件，如图 4-2-2（d）和 4-2-4（b）所示的主视图。

同一机件可以假想进行多次剖切，画出多个剖视图，如图 4-2-21 所示。必须注意，各剖视图的剖面线方向和间隔应完全一致。

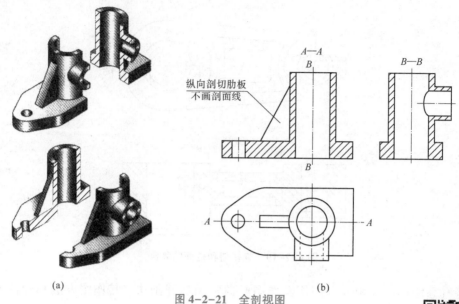

图 4-2-21　全剖视图

（a）机件假想剖开立体图；（b）剖视图画法

2. 半剖视图

当机件具有对称平面时，向垂直于对称平面的投影面上投影所得的图形，可以对称中心线为界，一半画成剖视图，另一半画成视图，这种剖视图称为半剖视图。如图 4-2-22所示，机件左右及前后都对称，所以它的主视图、俯视图和左视图可分别画成半剖视。

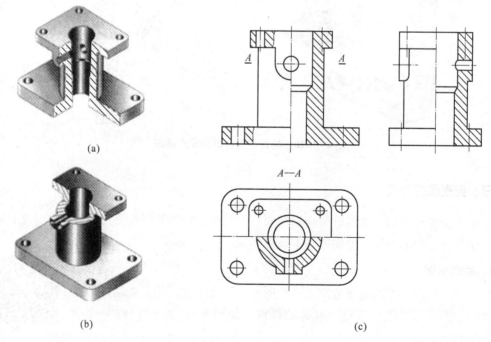

图 4-2-22　半剖视图（一）

（a）机件假想沿垂直于左右对称面剖开；（b）机件假想沿垂直于前后对称面剖开；

（c）半剖视图画法与标注

半剖视图既表达了机件的内部形状，又保留了其外部形状，所以常用于内、外形状都比较复杂的对称机件。

当机件的形状接近对称，且不对称部分已另有图形表达清楚时，也可画成半剖视图，如图 4-2-23 所示。

画局部剖视图时应注意以下几点：

1）半个剖视图与半个视图的分界线应为细点画线，不得画成粗实线，半剖视图的剖切方法也是完全切开机件，不能理解为切去机件的一半或四分之一，且半剖视标注是按全剖视进行标注的。

2）机件内部形状已在半剖视中表达清楚的，在另一半表达外形的视图中一般不再画出虚线。但对于孔或槽等，应画出中心线的位置，并且对于那些在半剖视图中未表示清楚的结构，可以在半个视图中做局部剖视，如图 4-2-23 所示的主视图中两处局部剖视。关于局部剖视的定义和画法如下。

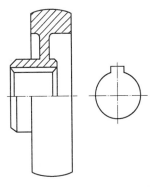

图 4-2-23　半剖视图（二）

3）半个剖视图的位置，通常可换以下原则配置：主视图中位于对称线右侧；俯视图中位于对称线下方；左视图中位于对称线右侧。

但有时为了表达某些特殊或具体形状，也可另行配置。如图 4-2-23 所示，为了表达键槽的结构形状，则将剖视部分配置在对称轴线的上方。

3. 局部剖视图

局部剖视图是用剖切面局部地剖切机件所得的剖视图。如图 4-2-24 所示的箱体，其顶部有一矩形孔，底板上有四个安装孔，箱体的左右、上下、前后都不对称。为了兼顾内外结构形状的表达，将主视图画成两个不同剖切位置的局部剖视图。在俯视图上，为了保留顶部的外形，采用 A—A 剖切位置的局部剖视图。

(a)

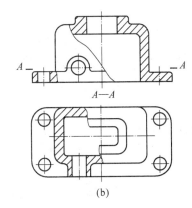

A—A

(b)

图 4-2-24　局部剖视图（一）

（a）机件假想局部剖开立体图；（b）局部剖视图画法

局部剖视图的标注与全剖视图相同，当剖切位置明确时，局部剖视图不必标注。

局部剖视图的剖切位置和剖切范围根据需要而定，是一种比较灵活的表达方法，运用得当，可使图形表达的简洁而清晰。局部剖视图通常用于下列情况：

项目四　机件的基本表示法

1）当不对称机件的内、外形状均需要表达，或者只有局部结构的内形需剖切表示，而又不宜采用全剖视时，如图 4-2-24 所示。

2）当对称机件的轮廓线与中心线重合，不宜采用半剖视时，如图 4-2-25 所示。

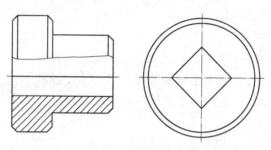

图 4-2-25 局部剖视图（二）

3）当实心机件（如轴、杆等）上面的孔或槽等局部结构需剖开表达时，如图 4-1-26 所示。

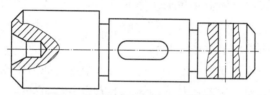

图 4-2-26 局部剖视（三）

画局部剖视图时应注意以下几点：

1）当被剖的局部结构为回转体时，允许将该结构的中心线作为局部剖视图与视图的分界线，如图 4-2-27 所示。而如图 4-2-25 所示的方孔部分，只能用波浪线（断裂边界线）作为分界线。

2）剖切位置与范围根据需要而定，剖开部分和原视图之间用波浪线分界。波浪线应画在机件的实体部分，不能超出视图的轮廓线或与图样上其他图线重合，如图 4-2-28 所示。

3）局部剖视图是一种比较灵活的表达方法，哪里需要哪里就剖。但在同一视图中，使用局部剖这种表示法的次数不宜过多，否则会显得零乱而影响图形清晰。

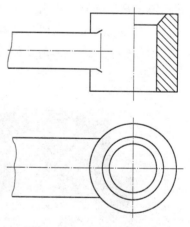

图 4-2-27 局部剖视（四）

4）局部剖视图的标注方法与全剖视相同。当单一剖切平面的剖切位置明显时，局部剖视的标注可省略。

四、断面图

1. 断面图的概念

假想用剖切面将机件的某处切断，仅画出剖切面与机件接触部分的图形称为断面图，简

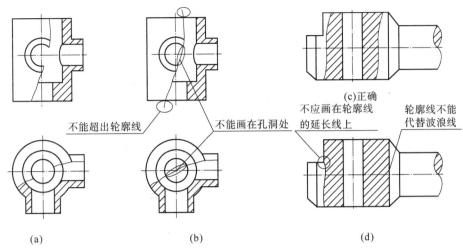

图 4-2-28　局部剖视图中波浪线画法

（a），（c）正确；（b），（d）错误

称断面。如图 4-2-29（a）所示的小轴，为了将轴上的键槽表达清楚，假想用一个垂直于轴线的剖切平面在键槽处将轴切断，只画出断面的形状，并画上剖面的符号，即为断面图，如图 4-2-29（b）所示。

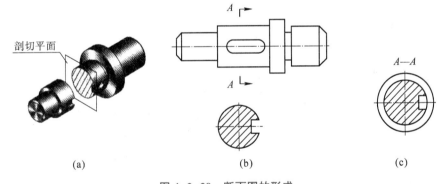

图 4-2-29　断面图的形成

（a）小轴立体图；（b）断面图；（c）剖视图

剖视图与断面图的区别是：断面图只画机件被剖切后的断面形状，而剖视图除了画出断面形状之外，还必须画出机件上位于剖切平面后的可见轮廓线，如图 4-2-29（c）所示。

按断面图配置位置不同，断面图可分为移出断面图和重合断面图两种。

2. 移出断面图

画在视图轮廓线之外，且轮廓线用粗实线绘制的断面图称为移出断面图。

（1）移出断面图的配置

1）移出断面图通常配置在剖切符号或剖切线的延长线上，如图 4-2-30（b）、图 4-2-30（c）和图 4-2-31 所示，必要时也可以配置在其他适当位置，如图 4-2-30（a）和图 4-2-30（d）所示的 *A—A* 和 *B—B*。

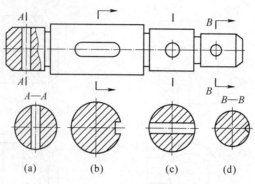

图 4-2-30　移出断面画法（一）

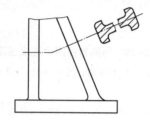

图 4-2-31　移出断面画法（二）

2）当断面图形对称时，移出断面图可配置在视图的中断处，如图 4-2-32 所示。

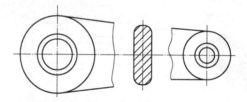

图 4-2-32　移出断面画法（三）

3）在不致引起误解时，允许将图形旋转，如图 4-2-33 所示的 A—A。

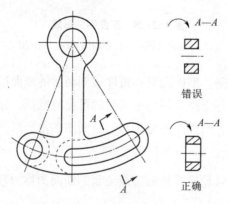

图 4-2-33　移出断面画法（四）

（2）移出断面图的画法

1）移出断面图的轮廓线用粗实线绘制。当剖切平面通过由回转面形成的孔和凹坑的轴线时，这些结构应按剖视绘制，如图 4-2-30 和图 4-2-34 所示。

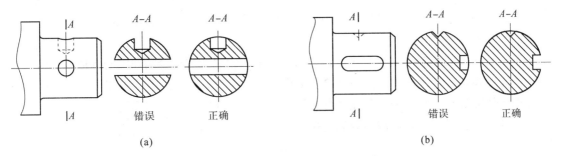

图 4-2-34　移出断面图画法正误对比

2）当剖切平面通过非圆孔，会导致完全分离的两个断面时，这些结构也应按剖视图绘制，如图 4-2-33 所示。

3）剖切平面应与被剖切部分的主要轮廓线垂直。由两个或多个相交的剖切平面剖切所得到的移出断面图，中间应断开，如图 4-2-31 所示。

（3）移出断面图的标注

移出断面一般应用剖切符号表示剖切位置，用箭头表示投影方向，并注上大写字母"×"，在剖面图上方应用同样的字母标出相应的剖面图名称"×—×"，如图 4-2-35 所示。但可根据剖面图是否对称及其配置不同，作相应的省略。在不至于引起误解时，允许将图形旋转，但必须在剖面图上方标注"×—×旋转"。

1）配置在剖切符号延长线上的对称移出断面，不必标注，如图 4-2-35（a）所示；配置在剖切符号延长线上的不对称移出断面可省略字母，如图 4-2-35（b）所示。

2）按投影关系配置的移出断面可省略箭头，如图 4-2-35（c）所示。

3）配置在其他位置的对称移出断面可省略箭头，如图 4-2-35（a）所示的 B—B；配置在其他位置的不对称移出断面必须标注，如图 4-2-35（a）所示的 A—A。

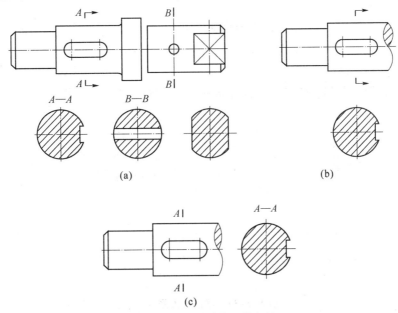

图 4-2-35　移出断面的标注

（a）配置在剖切符号延长线上的对称移出断面；（b）不对称移出断面；（c）按投影关系配置的移出断面

3. 重合断面图

画在视图轮廓线之内，且轮廓线用细实线绘制的断面图称为重合断面图。

（1）重合断面图的画法

重合断面图的轮廓线用细实线绘制。当视图中的轮廓线与重合断面图的图形重合时，视图中的轮廓线仍应连续画出，不可间断，如图4-2-36所示。分析吊钩中间弯曲部分断面图为什么内侧宽而外侧窄。中间弯曲部分断面不仅受拉力作用，还受弯曲力矩的作用，由于弯曲力矩的作用，吊钩此处横截面内侧受拉应力，而外侧受压应力。

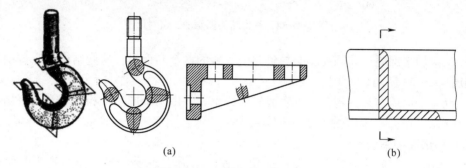

图 4-2-36　重合断面图画法
（a）对称的重合断面画法；（b）不对称的重合断面画法

（2）重合断面图的标注

对称的重合断面不必标注，如图3-2-36（a）所示；不对称的重合断面，在不致引起误解时可省略标注，如图4-2-36（b）所示。

五、局部放大图和简化画法

1. 局部放大图

将机件的部分结构，用大于原图形所采用的比例画出的图形，称为局部放大图。如图4-2-37所示，当同一机件上有几处需要放大时，可用细实线圈出放大的部位，用罗马数字依次标明，并在局部放大图的上方标注出相应的罗马数字和所采用的比例。对于同一机件上的不同部位，但图形相同或对称时，只需画出一个局部放大图，如图4-2-38所示。

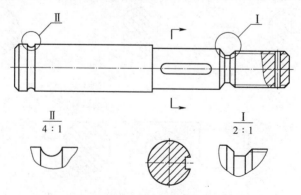

图 4-2-37　局部放大图（一）

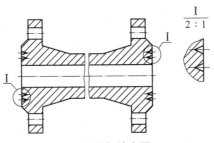

图 4-2-38　局部放大图（二）

2. 简化画法

简化画法是在视图、剖视和剖面等画法的基础上，对机件上某些特殊结构和结构上的某些特殊情况，通过简化图形（包括省略和简化投影等）和省略视图等办法来表示，在便于看图的前提下，达到简化画图的目的。规定如下：

1）对于机件上的肋、轮辐及薄壁等结构，如按纵向剖切，这些结构都不画剖面符号，而用粗实线将它与其邻接部分分开；若按横向剖切，则这些结构需要画剖面符号。如图 4-2-39（a）所示。

2）当零件回转体上均匀分布的肋、轮辐、孔等结构不处于剖切平面上时，可将这些结构旋转到剖切平面上画出，且对均布孔只需详细画出一个，其余只画出轴线即可。如图 4-2-39（b）所示。

3）在需要表示位于剖切平面前面的机件结构时，这些结构按假想投影的轮廓线用双点画线绘制。如图 4-2-39（c）所示。

4）当需要在剖视图的剖面中再作一次局部剖时，可采用剖中剖的方法表达，两个剖面的剖面线应同方向、同间隔，但要互相错开，并用引出线标注其名称，当剖切位置明显时，也可省略标注。如图 4-2-39（d）所示。

5）当机件具有若干相同的结构（如齿、槽等），并按一定规律分布时，只需画出几个完整的结构，其余用细实线连接，在图中标明该结构的总数。如图 4-2-39（e）所示。

6）若干直径相同且呈规律分布的孔（如圆孔、螺孔、沉孔等），可以仅画出一个或几个，其余只需用点画线画出其中心位置，在零件图中应注明孔的总数。如图 4-2-39（e）所示。

7）当图形不能充分表达平面时，可用如图 4-2-39（f）所示的平面符号（相交的两细实线）表示。

8）圆柱形法兰或类似零件上均匀分布的孔可用如图 4-2-39（g）所示的方法（由机件外向该法兰端面方向投影）表示。

9）在不至于引起误解时，对于对称机件的视图可只画一半或四分之一，并在对称中心线的两端画出两条与其垂直的平行细实线。如图 4-2-39（h）所示。

10）当机件上较小的结构或斜度等已在一个图形中表示清楚时，其他图形可简化或省略。如图 4-2-39（i）所示。

11）与投影面倾斜角度小于或等于 30° 的圆或圆弧，其投影可用圆或圆弧代替。如图 4-2-39（j）所示。

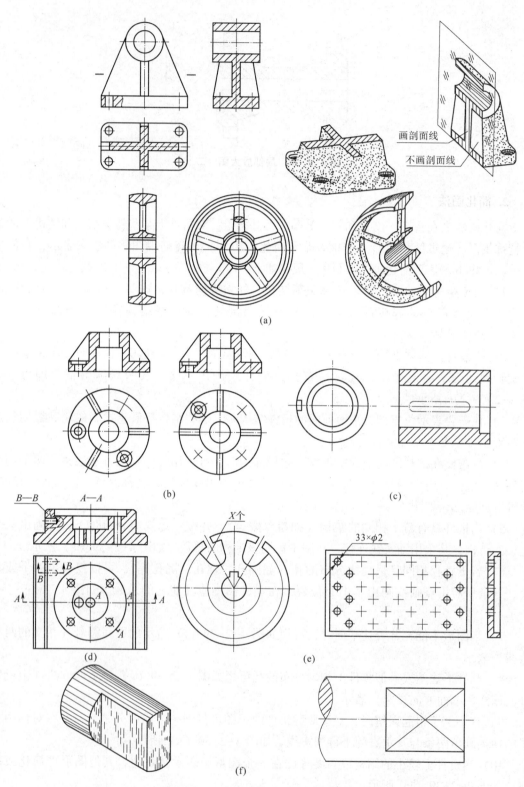

画剖面线

不画剖面线

（a）

（b）   （c）

B—B   A—A

X个

33×φ2

（d）   （e）

（f）

图 4-2-39 简化画法和其他规定画法

（a）肋板、轮辐剖视画法；（b）均布的肋、轮辐、孔等结构；（c）剖切平面前的结构；

（d）剖中剖画法；（e）按一定规律分布的若干相同的结构；（f）平面表示法

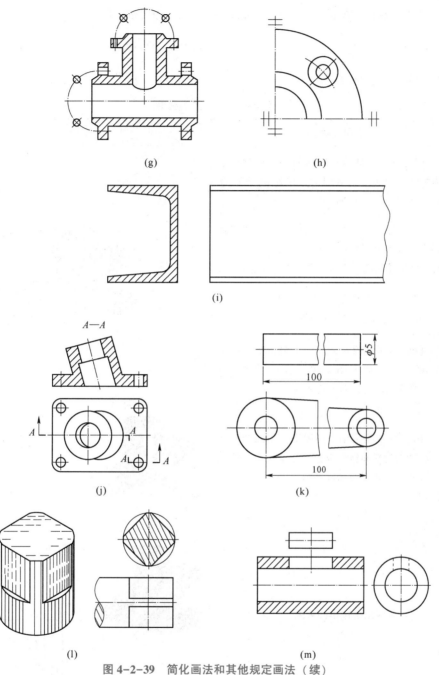

图 4-2-39　简化画法和其他规定画法（续）

（g）法兰或类似零件上均匀分布的孔；（h）对称画法；（i）较小的结构或斜度简化画法；

（j）倾斜角度小于或等于30°的圆或圆弧画法；（k）折断画法；（l）较小的结构简化或省略；

（m）零件上对称结构的局部视图

12）对于一些较长的机件，当沿其长度方向的形状一致或按一定规律变化时，允许断开画出，但标注尺寸时仍按实际大小标注。如图 4-2-39（k）所示。

13）机件上较小的结构，当在一个图形中已表示清楚时，其他图形可简化或省略。如图 4-2-39（l）所示。

项目四　机件的基本表示法

14）零件上对称结构的局部视图，可按如图 4-2-39（m）所示的方法绘制。

■ **任务实施**

任务实施单见表 4-2-2。

表 4-2-2　任务实施单

方法和步骤		图示
分析座体内外结构形状	（1）长方体底板：尺寸为 66×40×8；四周倒圆角为 R6；另有四个直径为 φ6 的圆柱孔，其定位尺寸为 54、28	
	（2）底板上方有一个直径为 φ28 的垂直圆筒，其中分别有 φ12 和 φ20 的阶梯圆柱通孔，圆筒上还有一个直径为 φ8 的前后通孔	
	（3）机件左侧有一个 φ20 的水平圆筒（内孔直径为 φ13）与垂直圆筒相交	
	（4）水平圆筒左侧有一个腰形板，其前后各有一个 φ8 的孔，腰形板中间有一个 φ13 的孔与垂直圆筒内孔相通	
确定表达方案	（1）主视图采用全剖视图，用两个互相平行的剖切平面将底板上的孔及垂直圆筒上的阶梯孔、腰形板和水平圆筒上的通孔表达清楚	 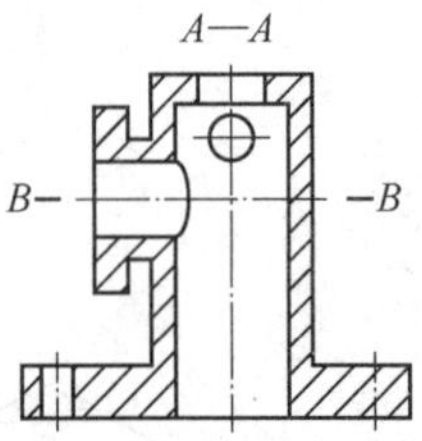
	（2）俯视图采用半剖视图	 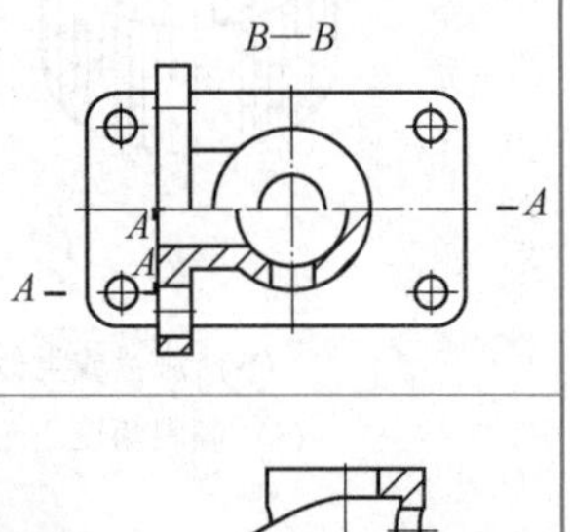
	（3）左视图采用半剖视图	 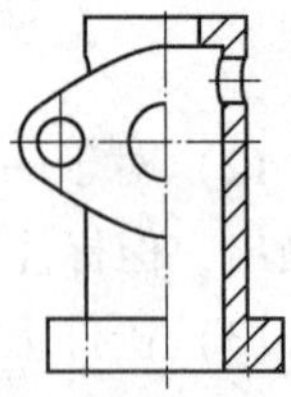

方法和步骤		图示
绘制完成各剖视图	根据尺寸与方位对应关系绘制座体的各剖视图，如图所示	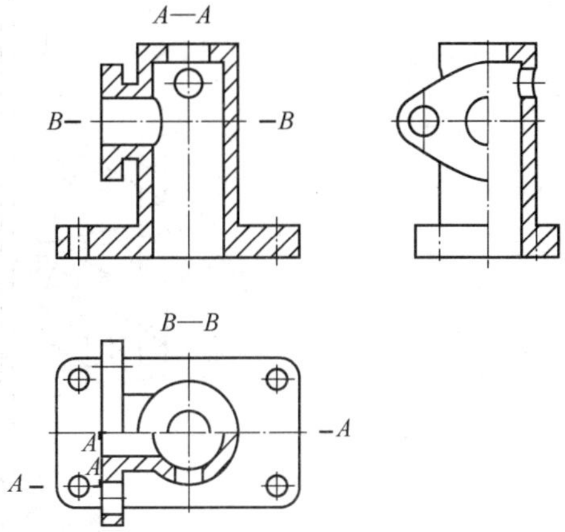 $A—A$ $B—$ $—B$ $B—B$ $A—$ $—A$ $A—$ 座体剖视图的绘制步骤
注意事项	（1）将视图改画成剖视图时，首先画外形轮廓，其次画剖切面后的可见轮廓线，最后画剖面线。 （2）在剖视图中，凡是在剖视部分表达清楚了的结构，虚线可省略不画。 （3）同一机件的剖面线应一致	

■ 拓展知识

第三角画法简介。

我国的国家标准规定，机械图样优先采用第一角画法，国际上大多数国家也如此。但有些国家（如英国、美国、日本、加拿大等）主要采用第三角画法。随着国际间技术交流和协作的日益增加，要对第三角画法有充分的了解。

1. 第一角和第三角画法的异同

三个投影面垂直相交，把空间分为八个分角，图 4-2-40 所示为 I 、 II 、 III 、 IV 四个分角。第一角画法和第三角画法虽然都是采用正投影法，但物体放置的位置不同。

（1）第一角画法

将物体放置于第一分角内进行投影，并使物体处于观察者与投影面之间，保持着人—物体—投影面（视图）的关系。

（2）第三角画法

将物体放置于第三分角内进行投影，并使物体处于观察者与物体之间，保持着人—投影面（视图）—物体的关系。

第一角画法的三视图名称及配置已在项目二中讲述，图 4-2-41（a）所示为其三视图。第三角画法的三视图是：前视图（由前向后，在 V 面上的投影）、顶视图（由上向下，在 H 面上的投影）、右视图（由右向左，在 W 面上的投影），三视图的配置如图 4-2-41（b）所示。

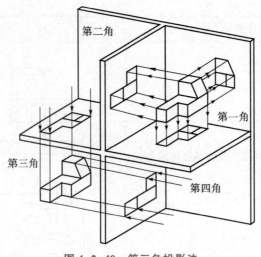

图 4-2-40　第三角投影法

第三角画法中，三视图之间的关系与第一角画法一致。但由于第三角画法三视图的位置改变了，所以视图与机件的前后方位关系也发生了变化，即以前视图为基准，顶、右视图中靠近前视图的一方为机件的前方，远离前视图的一方为后方，如图 4-2-41（b）所示。

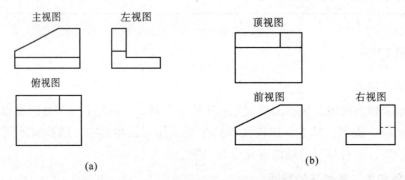

图 4-2-41　第一角与第三角三视图画法的比较

（a）第一角画法；（b）第三角画法

2. 第三角画法的六个基本视图

将机件放置于六个投影面体系中，用正投影法分别向六个基本投影平面投影，除上述三个视图之外，还得到后视图（由后向前投影）、底视图（由下向上投影）、左视图（由左向右投影）。第三角投影的形成如图 4-2-42 所示，六个基本视图的配置如图 4-2-43 所示。

3. 第一角和第三角画法的标记

第一角画法和第三角画法都是国际标准化组织（ISO）所规定的通用画法，第一角画法称为 E 画法，第三角画法称为 A 画法。为了区分采用的是哪种画法，规定采用图形的识别符号，如图 4-2-44 所示，该符号绘制在图样标题栏中专设的格内。采用第三角画法时，必须画出第三角画法识别符号；采用第一角画法，必要时也应画出其识别符号。

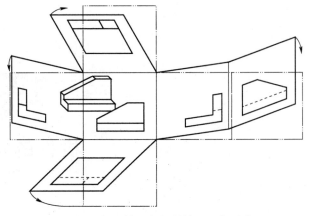

图 4-2-42　第三角投影的展开和形成

顶视图

左视图　　　　前视图　　　　右视图　　　　后视图

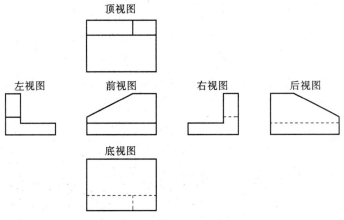

底视图

图 4-2-43　第三角画法基本视图的配置

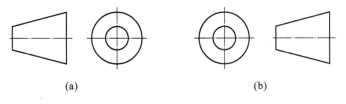

(a)　　　　　　　　　　　　　　　　(b)

图 4-2-44　第一角和第三角画法的识别符号

（a）第一角画法识别符号；（b）第三角画法识别符号

项目五

机件的特殊表示法

机械设备中广泛使用的螺栓、螺钉、螺母、垫圈、键、销和滚动轴承等零部件，其结构、尺寸等各方面都已标准化，称为标准件。齿轮、弹簧等部分结构和尺寸标准化的零部件，称为常用件。为提高产品质量、降低生产成本、提高生产效率，标准件和常用件一般由专门厂家采用专门生成设备进行大批量生产。对于标准件和常用件，为了简化作图，国家制定了统一、简化、协调、优化的标准，规定了特殊表示法。本项目主要介绍标准件和常用件的基本知识、规定画法、标注和查表方法。

✓ 知识目标

1. 了解螺纹的形成和螺纹要素，掌握螺纹的规定画法。
2. 熟练掌握常用螺纹紧固件连接的画法。
3. 掌握键、销连接及滚动轴承和直齿圆柱齿轮的规定画法。

✓ 能力目标

1. 能够正确绘制常用螺纹紧固件连接图。
2. 能看懂常用螺纹的标记代号。
3. 能正确绘制直齿圆柱齿轮啮合图。

✓ 素养提升

国家标准对标准件和常用件制定了特殊表示法，项目学习中不断强调标准件、常用件的规定画法，突出遵守标准的重要性，明确只有遵守制图国家标准，方可绘制规范图样，才能真正让工程图样成为工程界的通用"技术语言"，实现通用性。同样，在日常生活中只有自觉遵守法律法规，在工作岗位上遵章守法，才能维护和促进社会的和谐发展。螺栓、螺母等标准件在产品中不是主要零件，却对产品的装配质量和安全性等起到了决定作用，从而延展引入螺丝钉精神。作为社会的普通一员，应做好每一份平凡的本职工作，争做永不生锈的螺丝钉，让小小的螺丝钉在工作岗位中熠熠发光，为社会的发展做出应有贡献。

❈ 任务一　绘制螺栓连接图

■ 任务导入

选择合适的螺栓、螺母和垫圈连接如图 5-1-1 所示的两零件，按比例画法绘制螺栓连接图。

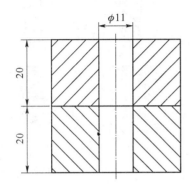
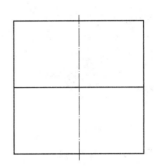
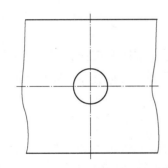

图 5-1-1　完成螺栓连接图

■ 任务分析

螺栓、螺母、垫圈是标准件，其结构、形状均已标准化。因此要完成此项任务，需掌握螺纹、螺纹紧固件及螺纹紧固件连接的规定画法。

■ 知识链接

一、螺纹

1. 螺纹的形成

形成螺纹的方法很多，图 5-1-2 所示为车床上加工内、外螺纹的示意图，工件做等速旋转运动，刀具沿工件轴向做等速直线运动，其合成运动使切入工件的刀尖在工件表面切制出螺纹。在零件上制出内螺纹，一般是先在工件上钻孔，再用丝锥攻制而成，如图 5-1-3 所示。加工不通孔时，在孔底会形成一个约 120°（实际为 118°）的锥坑。

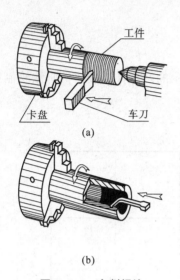

(a)

(b)

图 5-1-2　车削螺纹
（a）车外螺纹；（b）车内螺纹

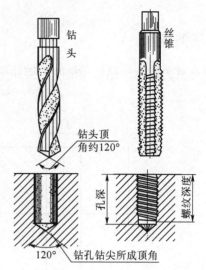

图 5-1-3　用丝锥攻制内螺纹

2. 螺纹的基本要素

螺纹的基本要素包括公称直径、牙型、线数、螺距和旋向，即螺纹五要素。内外螺纹旋合时，五要素必须相同，其中牙型、公称直径和螺距是决定螺纹最基本的三要素。凡是三要素符合国标规定的，则称为标准螺纹，设计时应尽量选用标准螺纹。

（1）螺纹牙型

螺纹牙型指沿螺纹轴线剖切所得到的断面轮廓形状。螺纹的牙型一般有三角形、梯形、锯齿形和矩形等。螺纹凸起部分的顶端称为牙顶，螺纹沟槽的底部称为牙底，如图 5-1-4 所示。

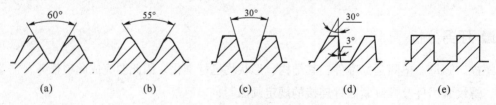

图 5-1-4　常见的螺纹牙型
（a）普通螺纹（M）；（b）管螺纹（G 或 R）；（c）梯形螺纹（Tr）；（d）锯齿形螺纹（B）；（e）矩形螺纹

（2）螺纹的直径

1）大径（公称直径）d、D：大径是指与外螺纹牙顶或内螺纹牙底重合的假想圆柱的直径，是螺纹上的最大直径。管螺纹指管子的通径。

2）小径 d_1、D_1：小径是指与外螺纹牙底或内螺纹牙顶重合的假想圆柱的直径，是螺纹上的最小直径。

3）中径 d_2、D_2：中径是指经过牙型上沟槽和凸起宽度相等处所作的假想圆柱的直径，它是控制螺纹精度的主要参数之一，如图 5-1-5 所示。

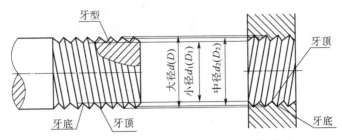

图 5-1-5　常见内、外螺纹各部位名称及代号

（3）螺纹的线数

螺纹的线数指螺纹制件上分布的螺纹条数，一般有单线（单头）、双线或多线（多头）之分。线数用 n 表示。沿一条螺旋线形成的螺纹为单线螺纹，沿两条或两条以上螺旋线形成的螺纹为双线或多线螺纹。如图 5-1-6 所示。

（4）螺距、导程

相邻两牙在中径线上对应两点间的轴向距离称为螺距，用 P 表示；同一条螺旋线上相邻两牙在中径线上对应两点间的轴向距离称为导程，用 P_h 表示，如图 5-1-6 所示。

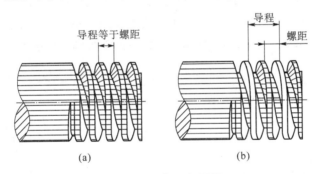

（a）　　　　　　　　　（b）

图 5-1-6　螺距与导程

（a）单线螺纹；（b）双线螺纹

螺距与导程、线数的关系为

$$螺距＝导程/线数$$

用符号表示为

$$P＝P_h/n$$

（5）旋向

螺纹旋向分为左旋和右旋。外螺纹按顺时针方向旋进的螺纹称右旋螺纹，按逆时针方向旋进的螺纹称为左旋螺纹。也可将螺纹竖起来看，如图 5-1-7 所示，按左（或右）手螺旋定则来判别其旋向。

3. 螺纹的规定画法

根据国家标准规定，在图样上绘制螺纹按规定画法作图，而不必采用真实画法。国家标准 GB/T 4459.1—2000《机械制图　螺纹及螺纹紧固件表示

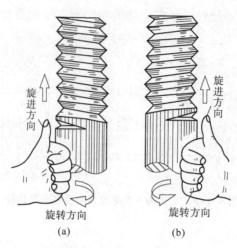

图 5-1-7　螺纹的旋向

(a) 左旋（LH）；(b) 右旋（RH）

法》规定了内、外螺纹及连接的画法。

（1）外螺纹的画法

1）在非圆视图上，螺纹的大径和螺纹终止线用粗实线绘制，小径用细实线绘制，并应画到倒角处。通常小径按大径的 0.85 倍绘制。如图 5-1-8（a）所示。

2）在反映圆的视图上，螺纹的大径用粗实线画整圆，小径用细实线画约 3/4 圆，轴端的倒角圆省略不画，如图 5-1-8（a）所示。管螺纹的剖视画法如图 5-1-8（b）所示。

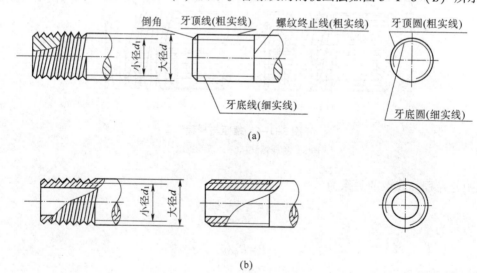

图 5-1-8　外螺纹的规定画法

(a) 视图画法；(b) 剖视画法

（2）内螺纹的画法

1）在非圆视图上，一般画成全剖视图，螺纹的大径用细实线绘制，小径用粗实线绘制，小径尺寸计算同外螺纹，如图 5-1-9（a）所示。在绘制不通孔时，应画出螺纹终止线和钻孔深度线，钻孔顶角为 120°，剖面线画到粗实线为止，如图 5-1-9（b）所示。

2）在反映圆的视图上，螺纹的小径用粗实线画整圆，大径用细实线画约 3/4 圆，倒角圆省略不画，如图 5-1-9（b）所示。

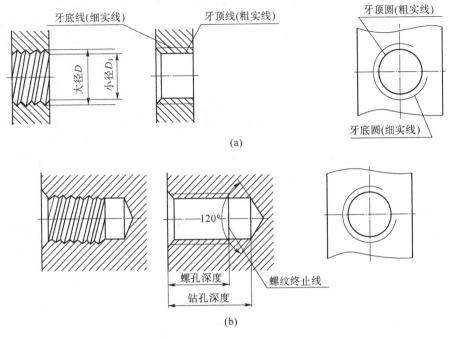

图 5-1-9　内螺纹的规定画法

（a）通孔画法；（b）盲孔画法

（3）内外螺纹旋合的画法

内外螺纹连接时，常采用全剖视图，其旋合部分按外螺纹绘制，其余部分按各自的规定画法绘制。实心螺杆通过轴线剖切时按不剖处理，如图 5-1-10 所示。

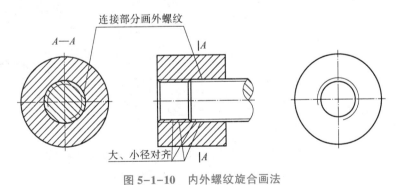

图 5-1-10　内外螺纹旋合画法

4. 螺纹的标注

由于螺纹采用了简单的规定画法，为此应在图样上按规定格式标注螺纹的标记，以区别螺纹的种类。表 5-1-1 所示为常见标准螺纹的标记及其图样上的标注示例。

表 5-1-1　标准螺纹的标记及其标注示例

项目	螺纹示例	特征代号	牙型示意图	标注示例
连接螺纹	普通螺纹	M	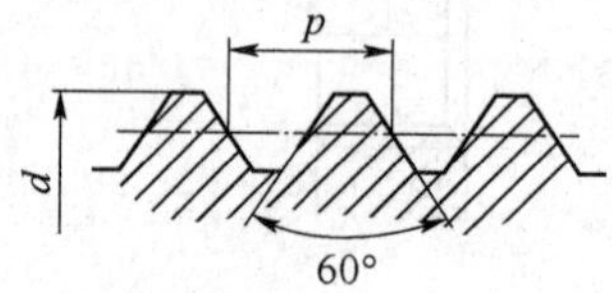	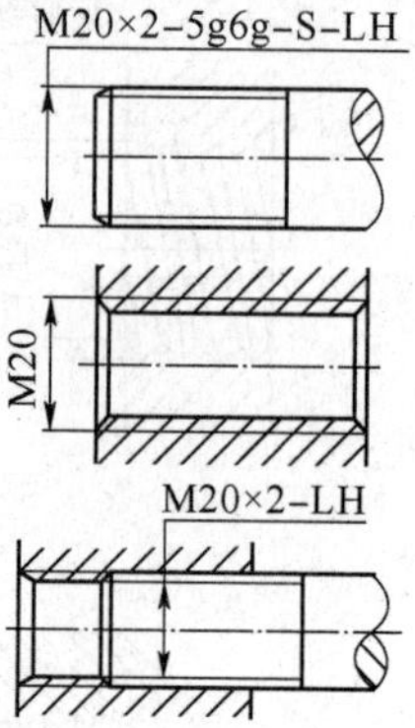
连接螺纹	55°非密封管螺纹	G	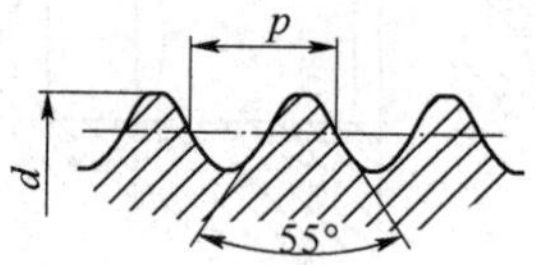	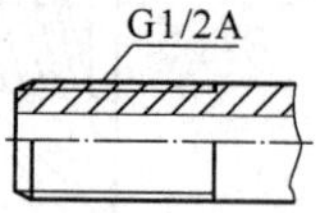
连接螺纹	55°非密封管螺纹 圆锥外螺纹	R_1、R_2	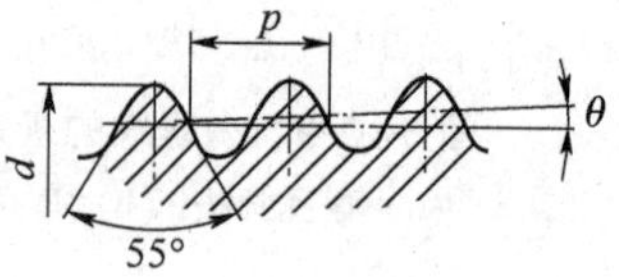	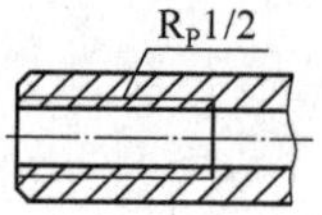
连接螺纹	55°非密封管螺纹 圆锥内螺纹	R_c		
连接螺纹	55°非密封管螺纹 圆柱内螺纹	R_p		
传动螺纹	梯形螺纹	Tr	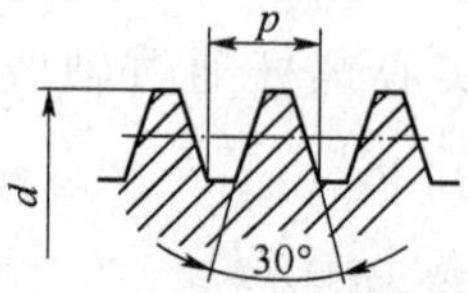	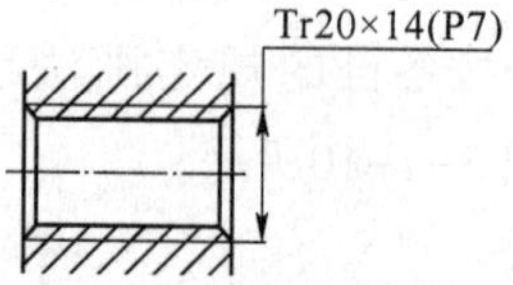
传动螺纹	锯齿形螺纹	B	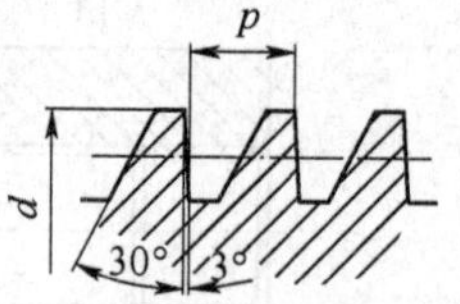	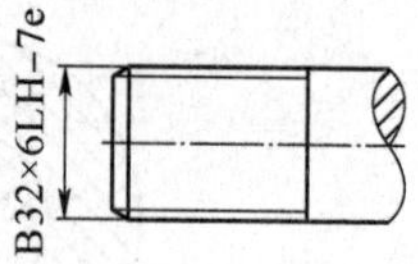

1）普通螺纹的标注：由螺纹代号、螺纹公差带代号和螺纹旋合长度代号三部分组成。

螺纹代号：特征代号 公称直径 × 螺距 旋向 － 螺纹公差带代号：中径公差带代号 顶径公差带代号 － 旋合长度代号

普通螺纹的特征代号用“M”表示。粗牙普通螺纹用“M”和公称直径表示，不必标注螺距；细牙普通螺纹必须标注螺距；右旋螺纹不必标注旋向；左旋螺纹需在尺寸规格之后加注字母“LH”。旋合长度分为短、中、长，代号分别是 S、N、L。若是中等旋合长度，则代号 N 可省略，特殊需要时，可注明旋合长度的数值。如图 5-1-11 所示。

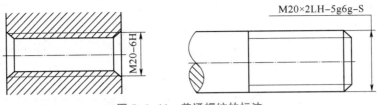

图 5-1-11 普通螺纹的标注

2）梯形螺纹的标注：由螺纹代号、公差带代号及旋合长度代号组成。

| 特征代号 | 公称直径 | × | 导程（螺距代号 P 和数值） | 旋向代向 | 中径公差带代号 | 旋合长度代号 |

螺纹代号

梯形螺纹的特征代号用"Tr"表示，左旋时标注"LH"，右旋不标注；公差带为中径公差带；旋合长度分为中（N）、长（L）两组。如图 5-1-12 所示。

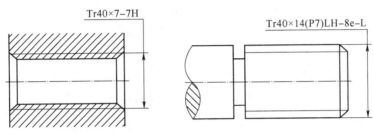

图 5-1-12　梯形螺纹的标注

3）管螺纹的标注：常用的管螺纹分为 55°密封管螺纹和 55°非密封管螺纹。

密封管螺纹标记格式为：| 特征代号 | 尺寸代号 | 旋向代号 |

非密封管螺纹标记格式为：| 特征代号 | 尺寸代号 | 公差等级代号 | — | 旋向代号 |

密封管螺纹特征代号：R_p 圆柱内螺纹，R_c 圆锥内螺纹，R_2 与圆锥内螺纹配合的圆锥外螺纹。非密封管螺纹代号为 G。如图 5-1-13 所示。

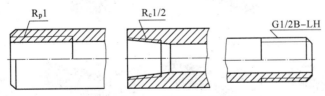

图 5-1-13　管螺纹的标注

4）锯齿形螺纹的标注：格式完全与梯形螺纹相同。

锯齿形螺纹的特征代号用"B"表示，其余各项的含义与标注方法均同梯形螺纹。如图 5-1-14 所示。

举例：

螺纹之所以可连接，是因为螺纹具有一定的自锁性。普通螺纹不具有密封性，加辅料也不能密封。而管螺纹辅以密封带料后可以密封。在螺纹连接连接中：试分析生活中常见的矿泉水瓶盖为什么密封性很好。如图 5-1-15 所示，根据图示分析矿泉水瓶盖是如何连接和密封的。

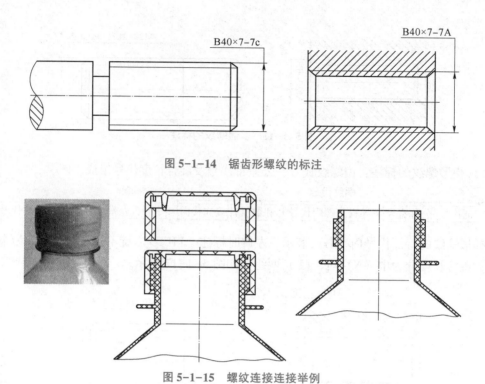

图 5-1-14　锯齿形螺纹的标注

图 5-1-15　螺纹连接连接举例

二、螺纹紧固件

运用内外螺纹旋合起连接紧固作用的零件，称为螺纹紧固件。

1. 螺纹紧固件及其标记

螺纹紧固件的种类很多，常用的有螺栓、双头螺柱、螺钉、螺母和垫圈等，如图 5-1-16 所示。

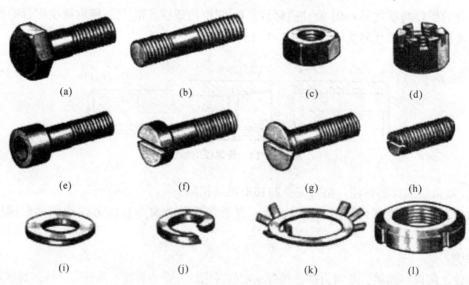

图 5-1-16　常用的螺纹紧固件直观图

（a）六角头螺栓；（b）双头螺柱；（c）六角螺母；（d）六角开槽螺母；（e）内六角圆柱头螺钉；（f）开槽圆柱头螺钉；（g）开槽沉头螺钉；（h）紧定螺钉；（i）垫圈；（j）弹簧垫圈；（k）圆螺母用止动垫圈；（l）圆螺母

表 5-1-2 所示为常用紧固件的标记，需要时可由标记从标准中查得各部分尺寸。

表 5-1-2　常用螺纹紧固件的规定标记

名称及标准编号	标记形式	标记示例	说明
六角头螺栓 （GB/T 5782—2000）	名称 标准编号 螺纹代号×长度	螺栓 GB/T 5782 M12×50	螺纹规格 d = M12，公称长度 l = 50 mm的六角头螺栓（不包括头部）
双头螺柱 （GB/T 897~900—1988）		螺柱 GB/T 898 M12×40	螺纹规格 d = M12，公称长度 l = 40 mm的双头螺柱（不包括旋入端）
开槽沉头螺钉 （GB/T 68—2000）		螺钉 GB/T 68 M10×40	螺纹规格 d = M10，公称长度 l = 40 mm的开槽沉头螺钉（不包括头部）
开槽锥端紧定螺钉 （GB/T 71—1985）		螺钉 GB/T 71 M5×12	螺纹规格 d = M5，公称长度 l = 12 mm的开槽锥端紧定螺钉
Ⅰ型六角螺母 （GB/T 6170—2000）	名称 标准编号 螺纹代号	螺母 GB/T 6170 M16	螺纹规格 D = M16 的 Ⅰ 型六角螺母
A 级平垫圈 （GB/T 97.1—2002）	名称 标准编号 公称尺寸—性能等级	垫圈 GB/T 97.1 16—200 HV	公称尺寸 d = 16，性能等级为200 HV 倒角型，不经表面处理的 A 级平垫圈
标准型弹簧垫圈 （GB/T 93—1987）	名称 标准编号 规格	垫圈 GB/T 93 20	规格（螺纹大径）为 20 mm 的标准 型弹簧垫圈

2. 螺纹紧固件的画法

画螺纹紧固件视图，可先从标准中查出各部分尺寸，然后按规定画出。但为提高作图速度，通常按螺纹公称直径 d 的一定比例绘出，如图 5-1-17 所示。

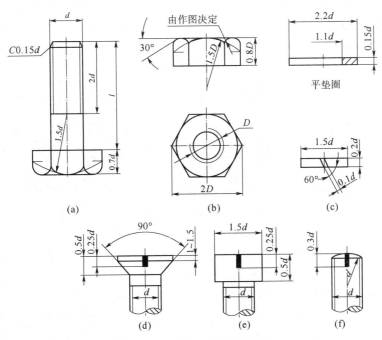

图 5-1-17　紧固件的比例画法

（a）螺栓；（b）螺母；（c）弹簧垫圈；（d）开槽沉头螺钉；（e）开槽圆柱头螺钉；（f）紧定螺钉

3. 螺纹紧固件的连接画法

常用螺纹紧固件的连接形式有螺栓连接、双头螺柱连接和螺钉连接。

（1）螺栓连接

螺栓连接适用于两个不太厚并能钻成通孔的零件连接，如图 5-1-18（a）所示。连接前，先在两被连接件上钻出通孔，直径一般取 $1.1d$，然后将螺栓从一端插入孔中，另一端加上垫圈，最后拧紧螺母。

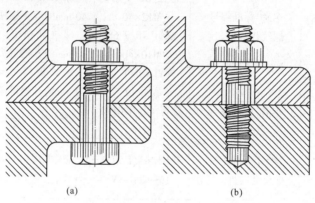

(a) (b)

图 5-1-18 螺栓连接和双头螺柱连接直观图

（a）螺栓连接直观图；（b）双头螺柱连接直观图

1）比例画法：根据螺纹公称直径（d、D），按与其近似的比例关系计算出各部分尺寸后作图，常用于画连接图。螺栓头部因 30° 倒角而产生截交线，此截交线为双曲线，作图时常用圆弧近似代替。螺栓连接的比例画法如图 5-1-19 所示。公称长度 $l=\delta_1+\delta_2+h+m+a$，$\delta_1$、$\delta_2$ 为被连接件的厚度，h 为垫圈厚度，m 为螺母厚度，a 为螺栓伸出螺母的长度。h、m 均以 d 为参数按比例或查表画出，$a\approx(0.2\sim0.3)d$。根据公式算出的结果还需从相应的螺栓公称长度系列中选取与它相近的标准值。螺栓连接的比例画法如图 5-1-19 所示。

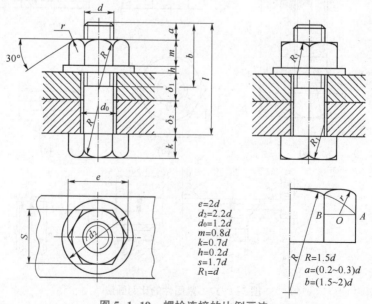

$e=2d$
$d_2=2.2d$
$d_0=1.2d$
$m=0.8d$
$k=0.7d$
$h=0.2d$
$s=1.7d$
$R_1=d$

$R=1.5d$
$a=(0.2\sim0.3)d$
$b=(1.5\sim2)d$

图 5-1-19 螺栓连接的比例画法

2）查表画法：根据螺栓标记，在相应的标准中查得各有关尺寸后作图。

3）简化画法：如图5-1-20所示。

4）绘制螺栓连接图，应注意：

①被连接两零件上的孔径比螺栓直径大，两表面不接触，不接触的相邻表面或两相邻表面基本尺寸不同，需要画两条轮廓线；两零件接触时，接触面只画一条轮廓线。

②剖视图中，剖切面通过螺纹连接件的轴线时，螺栓、螺母、垫圈等标准件均按不剖切画出，两相邻零件的剖面线倾斜方向应相反，而同一零件在各视图中的剖面线必须相同。连接零件的接触面（投影图上为线）画到螺栓大径处。

③螺纹终止线必须画到垫圈之下、被连接两零件接触面的上方。

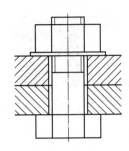

图5-1-20　螺栓连接的简化画法

（2）双头螺柱连接

双头螺柱连接常用于被连接件之一太厚而不能加工成通孔，或因拆装频繁不宜采用螺钉连接的情况。连接前，先在较厚的零件上加工出螺孔，在另一较薄的零件上加工出通孔，然后将双头螺柱的一端旋紧在螺孔内，另一端穿过带通孔的被连接件，套上垫圈，旋紧螺母，如图5-1-18（b）所示。

1）比例画法：根据螺纹公称直径（d、D），按与其近似的比例关系计算出各部分尺寸后作图。其常用于画连接图。

公称长度：

$$l=\delta_1+h+m+a$$

式中：δ_1——通孔连接件的厚度，弹簧垫圈的槽宽$=0.1d$；

　　　h——垫圈厚度；

　　　m——螺母厚度；

　　　a——螺柱伸出螺母的长度，$a\approx(0.2\sim0.3)d$。

根据公式算出的结果，还需从相应的螺柱标准长度系列中选取与它相近的值；螺柱旋入端长度b_m与被连接件的材料性能有关，如图5-1-21所示。螺柱连接的比例画法如图5-1-22所示。

2）查表画法：根据螺栓标记，在相应的标准中查得各有关尺寸后作图。

3）简化画法：如图5-1-23所示。

图5-1-21　螺柱的比例画法

4）绘制双头螺柱连接图，应注意：

①旋入端的螺纹终止线与螺纹孔口端面平齐，表示旋入端全部拧入，足够拧紧。

②弹簧垫圈用作防松，外径比普通垫圈小，开槽的方向应是阻止螺母松动的方向，画成与水平线成60°向左上倾斜的两条线（或一条加粗线）。

③旋入端长度 b_m 与螺孔的材料相关，以确保连接可靠，其中钢和青铜 $b_m=d$、铸铁 $b_m=$ 1.25 d~1.5d、铝 $b_m=2d$。

（3）螺钉连接

螺钉按用途可分为连接螺钉和紧定螺钉两种。螺钉连接中较薄的被连接的零件为通孔，较厚的加工出螺纹孔，不用螺母，直接将螺钉穿过通孔拧入螺孔中，如图 5-1-24 所示。其中，拧入螺孔端与螺柱连接相似，穿过通孔端与螺栓连接相似。

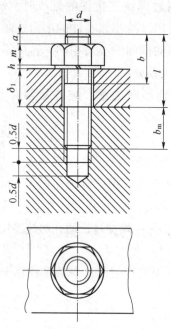

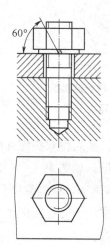

图 5-1-22　螺柱连接的比例画法　　　　图 5-1-23　螺柱连接的简化画法

1）紧定螺钉连接图。

紧定螺钉常用于将轴、轮固定在一起，即先在轮毂的适当部位加工出螺孔，然后将轮、轴装配在一起，以螺孔导向，在轴上钻出锥坑，最后拧入紧定螺钉，限制其产生轴向移动，如图 5-1-25 所示。

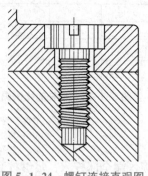

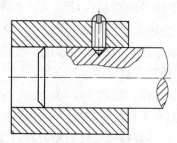

图 5-1-24　螺钉连接直观图　　　　　　图 5-1-25　紧定螺钉连接

2）比例画法：公称长度 $l \geqslant \delta + b_m$，δ 为通孔连接件的厚度，b_m 为旋入端长度，根据被连接件的材料性能选取（同双头螺柱）。计算出的结果还需从相应的标准长度系列中选取与它相近的值。

螺钉根据头部形状不同有许多型式，图 5-1-26 所示为几种常见螺钉连接的比例画法。

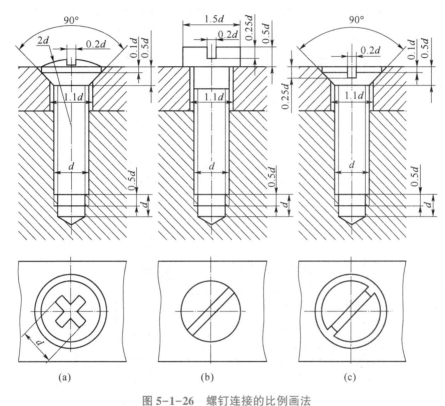

图 5-1-26　螺钉连接的比例画法
（a）十字槽半沉头螺钉；（b）开槽圆柱头螺钉；（c）开槽沉头螺钉

3）绘制螺钉连接图时应注意以下几项：

①终止线画在两零件接触面以上，表示螺钉有拧紧余地。螺钉上螺纹部分的长度约为 $2d$。

②螺钉头部与沉孔间有间隙，画两条轮廓线。

③螺钉头部的起子槽，平行于轴线的视图放正，画在中间位置，垂直于轴线的视图规定画成与中心线成 45°，且向螺纹拧紧方向倾斜；当起子槽宽很窄时，也可用加粗的粗实线 $2b$（b 表示粗实线宽度）简化表示 45°斜槽。

■ 任务实施

任务实施单见表 5-1-3。

表 5-1-3　任务实施单

方法和步骤		图示
查阅标准记录标准件的标记	（1）根据图 5-1-1 任务给定的孔径 $\phi 11$，查表选择合适的螺纹公称直径 M10。 （2）根据被连接件厚度，计算螺栓的长度。计算公式为 $$l=\delta_1+\delta_2+h+m+(0.3\sim0.5)d$$ 计算后，查表，取 $l=55$ mm。 （3）参照螺栓等标准件的标记示例写出螺栓、螺母、垫圈的标记，如图所示	螺栓GB/T 5782 M10×55 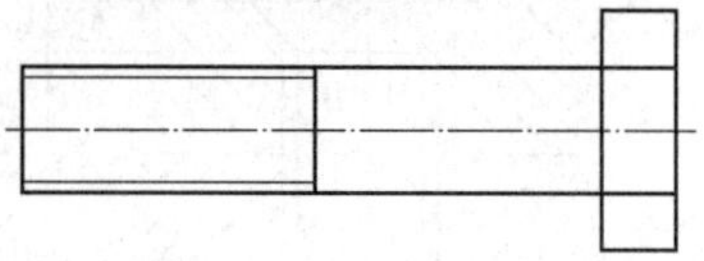 螺母GB/T 41 M10 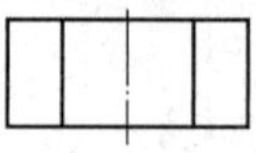　　垫圈GB/T 97.1 10 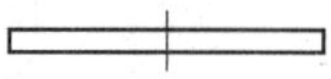
绘制螺栓连接图	（1）从螺母特征图（俯视图）开始绘制。 （2）根据主、俯视图长对正和螺栓、螺母、垫圈等的高度尺寸，按照比例画法，绘制完成螺栓连接全剖的主视图。 （3）依据三视图的尺寸与方位对应关系绘制左视图的外形图。 （4）整理图线，完成螺栓连接三视图的绘制，如图所示	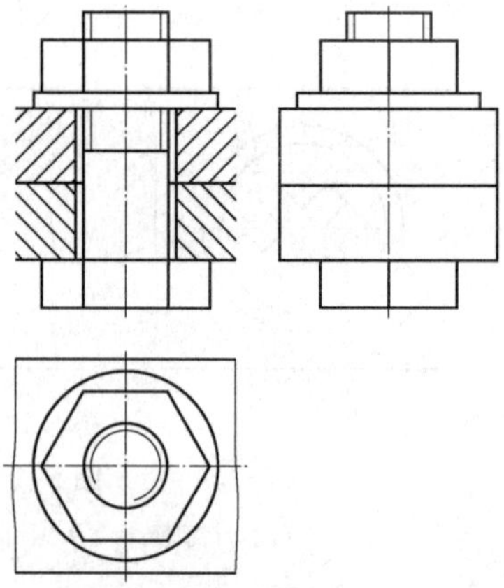 螺栓连接三视图
注意事项	（1）被连接两零件上的孔与螺栓外表面是不接触的，必须画两条轮廓线；当两零件接触时，接触面只画一条轮廓线。 （2）剖视图中，剖切面通过螺纹连接件的轴线时，均按不剖绘制；相邻零件的剖面线倾斜方向应相反，而同一零件在各视图中的剖面线必须相同。 （3）螺纹终止线必须超出被连接两零件的接触面且靠近垫圈绘制	

✳ 任务二　绘制齿轮零件图

■ 任务导入

已知直齿圆柱齿轮齿数 $z=34$，模数 $m=5$ mm，齿顶圆直径 $d_a=180$ mm，轮毂及轮缘的倒角为 $C1$，轮毂上下居中，辐板厚 14 mm，辐板上六个均布孔中心圆直径为 $\phi 90$ mm。要求根据图 5-2-1 所示齿轮直观图，绘制齿轮零件图并标注尺寸。

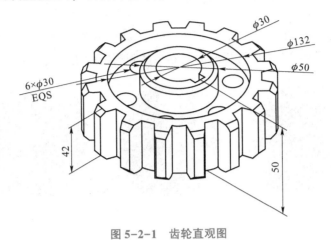

图 5-2-1　齿轮直观图

■ **任务分析**

齿轮是常用件，其轮齿部分的参数已实现了标准化。要完成齿轮的绘图工作，必须掌握直齿圆柱齿轮的基本参数、轮齿各部分的尺寸关系及直齿圆柱齿轮的规定画法。

■ **知识链接**

一、齿轮的基本知识

齿轮是机械传动中应用非常广泛的一种传动件，它可以用来传递动力和运动，并具有改变转速和方向的功能。

依据两啮合齿轮轴线在空间的相对位置不同，常见的齿轮传动可分为以下三种形式，如图 5-2-2 所示。

1）圆柱齿轮：用于平行两轴之间的传动。

2）圆锥齿轮：用于相交两轴之间的传动。

3）蜗轮与蜗杆：用于交叉两轴之间的传动。

根据齿轮齿廓形状又可分渐开线齿轮、摆线齿轮和圆弧齿轮。

(a)　　　　　　　　　　(b)　　　　　　　　　(c)

图 5-2-2　齿轮传动

（a）圆柱齿轮；（b）圆锥齿轮；（c）蜗轮与蜗杆

二、圆柱齿轮

圆柱齿轮的轮齿有直齿、斜齿和人字齿三种，如图 5-2-3 所示。由于直齿圆柱齿轮应用较广，故任务主要介绍直齿圆柱齿轮的基本参数和规定画法。

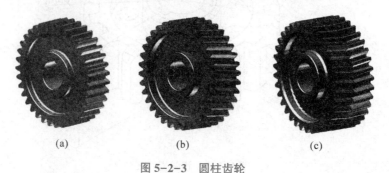

(a)　　　　　　　　　(b)　　　　　　　　　(c)

图 5-2-3　圆柱齿轮

（a）直齿圆柱齿轮；（b）斜齿圆柱齿轮；（c）人字齿圆柱齿轮

1. 直齿圆柱齿轮各部分名称及有关参数

（1）齿顶圆 d_a

通过轮齿顶部的圆称为齿顶圆。

（2）齿根圆 d_f

通过轮齿根部的圆称为齿根圆。

（3）分度圆 d

齿轮设计和加工时计算尺寸的基准圆称为分度圆，它位于齿顶圆和齿根圆之间，是一个约定的假想圆。

（4）节圆 d'

两齿轮啮合时，位于连心线 O_1O_2 上的两齿廓接触点 C，称为节点；分别以 O_1、O_2 为圆心，O_1C、O_2C 为半径所作的两个相切的圆称为节圆。

（5）齿高 h

轮齿在齿顶圆与齿根圆之间的径向距离称为齿高。齿高 h 分为齿顶高 h_a、齿根高 h_f 两段（$h=h_a+h_f$）：

1）齿顶高 h_a：齿顶圆与分度圆之间的径向距离。

2）齿根高 h_f：齿根圆与分度圆之间的径向距离。

（6）齿距 p

分度圆上相邻两齿廓对应点之间的弧长称为齿距。对于标准齿轮，分度圆上齿厚 s 与槽宽 e 相等，故 $p=s+e=2s=2e$，或 $s=e=p/2$。

（7）齿数 z

齿数即轮齿的个数，它是齿轮计算的主要参数之一。

（8）模数 m

由于分度圆周长 $\pi d=pz$，所以 $d=pz/\pi$，令 $p/\pi=m$，则 $d=mz$。模数以 mm 为单位。

模数是设计、制造齿轮的重要参数。由于参数 m 与齿距 p 成正比，而 p 决定了轮齿的大小，所以 m 的大小反映了轮齿的大小。模数大，轮齿就大，在其他条件相同的情况下，齿轮的承载能力也就大；反之承载能力就小。此外，模数相等的两个齿轮才能成对配合。加工齿轮也须选用与齿轮模数相同的刀具，因而模数又是选择刀具的依据。

为了便于设计和制造，减少加工齿轮的刀具数量，国家标准对齿轮模数作了统一的规定，其值如表 5-2-1 所示。

表 5-2-1　标准模数　　　　　　　　　　　　　　　　　　　　　　　　　　mm

第一系列	0.5, 0.6, 0.8, 1, 1.25, 1.5, 2, 2.5, 3, 4, 5, 6, 8, 10, 12, 16, 20, 25, 32, 40, 50
第二系列	0.9, 1.75, 2.25, 2.75,（3.25）, 3.5,（3.75）, 4.5, 5.5,（6.5）, 7, 9,（11）, 14, 18, 22, 28,（30）, 36, 45
注：在选用模数时，应优先采用第一系列，其次是第二系列。括号内的模数尽可能不采用	

（9）压力角 α

如图 5-2-4 所示，轮齿在分度圆上啮合点 C 的受力方向（即渐开线齿廓曲线的法线方向）与该点的瞬时速度方向（分度圆的切线方向）所夹的锐角 α 称为压力角。我国规定的标准压力角 $\alpha=20°$。

（10）中心距 a

两圆柱齿轮轴线之间的最短距离称中心距。装配准确的标准齿轮，其中心距为

$$a=\frac{d_1}{2}+\frac{d_2}{2}=\frac{1}{2}(z_1+z_2)$$

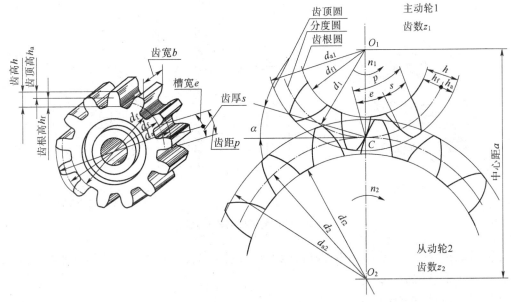

图 5-2-4　圆柱齿轮各部分名称和代号

2. 标准直齿圆柱齿轮各部分的尺寸与模数的关系

标准直齿圆柱齿轮各部分的尺寸都是根据模数来确定的，计算公式见表5-2-2。

表5-2-2 直齿圆柱齿轮各部分的尺寸关系

名称及代号	公式
模数 m	$m = p/\pi = d/z$
齿顶高 h_a	$h_a = m$
齿根高 h_f	$h_f = 1.25m$
齿高 h	$h = h_a + h_f$
分度圆直径 d	$d = mz$
齿顶圆直径 d_a	$d_a = d + 2h_a = m(z+2)$
齿根圆直径 d_f	$d_f = d - 2h_f = m(z-2.5)$
齿距 p	$p = \pi m$
中心距 a	$a = (d_1 + d_2)/2 = m(z_1 + z_2)/2$

3. 直齿圆柱齿轮的画法

国家标准对齿轮的轮齿部分画法有以下规定：在投影为圆的视图中，分别用齿顶圆、分度圆和齿根圆表示；在非圆视图中，分别用齿顶线、分度线和齿根线表示。

（1）单个齿轮的画法

1）国家标准规定，表示齿轮一般用两个视图或者用一个视图和一个局部视图。还规定在剖视图中，当剖切平面通过齿轮的轴线时，轮齿一律按不剖处理，此时，齿根线用粗实线画出，如图5-2-5所示。

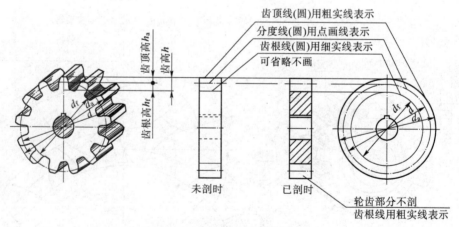

图5-2-5 直齿圆柱齿轮的画法

2）对于斜齿和人字齿，还需在外形图上画出三条与齿形线方向一致的细实线，表示齿向和倾角，如图5-2-6所示。

（2）啮合齿轮的画法

画齿轮啮合图时，必须注意啮合区的画法。国家标准中对齿轮啮合画法规定如下：

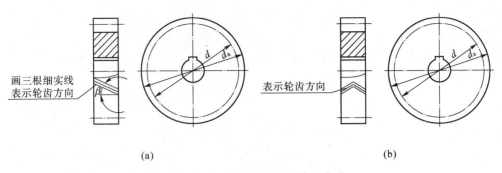

图 5-2-6 斜齿与人字齿的表示方法

（a）斜齿；（b）人字齿

1）在垂直于圆柱齿轮轴线的投影面的视图中，两节圆应相切；啮合区内的齿顶圆均用粗实线绘制，如图 5-2-7（a）的左视图所示；也可省略不画，如图 5-2-7（b）的左视图所示。齿根圆全部不画。

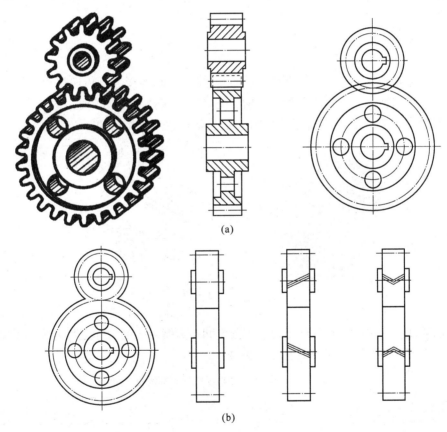

图 5-2-7 圆柱齿轮的啮合画法

2）在平行于齿轮轴线的投影面的视图（非圆视图）中，当采用剖视且剖切平面通过两齿轮的轴线时，在啮合区将一个齿轮的轮齿粗实线绘制，另一个齿轮的轮齿被遮挡的部分用虚线绘制，虚线也可以省略，如图 5-2-7（a）所示。

当不采用剖视而用外形视图表示时，啮合区的齿顶不需要画出，节线用粗实线绘制；非啮合区的节线仍用细点画线绘制，齿根线均不画出，如图 5-2-7（b）所示。

3）两齿轮啮合区放大图，如图 5-2-8 所示。齿顶与齿根之间应有 $0.25m$ 的间隙（可夸大画出），且规定从动轮的齿顶线画虚线，也可省略不画。

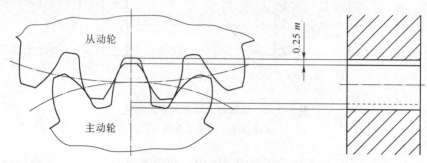

图 5-2-8　两齿轮啮合区放大图

三、键和销

1. 键及其连接

（1）作用、种类及标记

键主要用于轴和轴上零件（如齿轮、带轮）间的周向连接，以传递扭矩。如图 5-2-9 所示，在被连接的轴上和轮毂孔中制出键槽，先将键嵌入轴上的键槽内，再对准轮毂孔中的键槽（该键槽是穿通的槽），将它们装配在一起，便可达到连接目的。

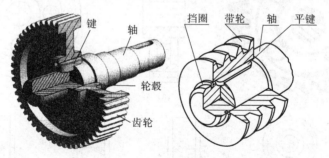

图 5-2-9　键连接

键是标准件，常用的键有普通平键、半圆键和钩头楔键。键的标记由名称、规格、国标编码三部分组成，各种键及其标记见表 5-2-3。

表 5-2-3　键的结构形式及其标记示例和说明

名称	图例	标记及说明
普通平键		标记：键 $b \times L$ GB/T 1096—1979 普通平键以两侧为工作面，因此其两侧和键槽的配合较紧，键的顶面与轮毂底面之间留有间隙

名称	图例	标记及说明
半圆键		标记：键 $b×d$ GB/T 1099—1979 半圆键和普通平键连接的作用和原理相似，半圆键常用于载荷不大的传动轴上
钩头楔键		标记：键 $b×L$ GB/T 1565—1979 钩头楔键的上、下两面是工作面，工作时靠摩擦力来传递扭矩。由于同轴度差，因此钩头楔键用于精度要求不高、载荷平稳和低速的场合

（2）键连接的画法

采用普通平键连接时，要在轴、轮的接触面处各开一键槽，将键嵌入。键的两侧面是工作面，因此它的两侧面应与轴、轮毂的键槽两侧面紧密接触，键的顶面为非工作面，应与轮毂键槽的顶面留有一定的间隙。

轴上、轮毂上的键槽是标准结构要素，它的尺寸应根据轴径查阅相应标准。如图 5-2-10（a）所示，轴的直径 $d=28$ mm，从键槽标准中查得，键槽宽 $b=8$ mm，轴的键槽深 $d-t=28-4=24$（mm），毂的键槽深 $d=28+3.3=31.3$（mm）。普通平键连接的画法如图 5-2-10（b）所示。

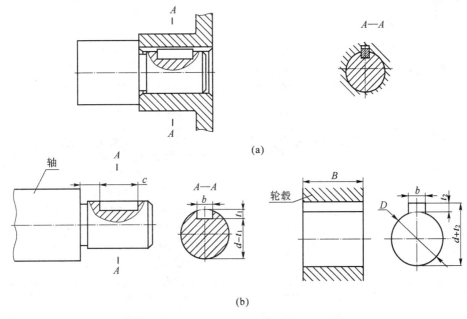

（a）

（b）

图 5-2-10　普通平键连接的画法

（a）普通平键连接画法；（b）轴上键槽和轮毂上键槽画法

图 5-2-11 所示为半圆键连接画法。半圆键的工作面也是两侧面，连接情况与平键相似。

图 5-2-12 所示为钩头楔键连接画法。钩头楔键的顶部有 1：100 的斜度，连接时沿轴向将键打入键槽内，直至打紧为止。因此键的上、下两面为工作面，两侧面为非工作面。

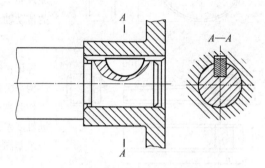

图 5-2-11　半圆键连接画法

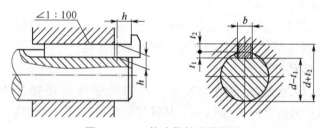

图 5-2-12　钩头楔键连接画法

2. 销及其连接

（1）作用、种类及标记

销是标准件，常用的销有圆柱销、圆锥销与开口销等。圆柱销与圆锥销主要用于零件之间的连接和定位；开口销用于防止连接螺母松动或固定其他零件。

销的标记内容与键的标记类似，各种销的标记见表 5-2-4。

表 5-2-4　销的结构形式及其标记示例和说明

名称	图例	标记及说明
圆柱销		标记：销 GB/T 119.1 8×30 公称直径 $d=8$ mm、长度 $l=30$ mm、材料 35 钢、热处理硬度 28～38 HRC、表面氧化处理的 A 型圆柱销
圆锥销		标记：销 GB/T 117 A10×60 公称直径 $d=10$ mm、长度 $l=60$ mm、材料 35 钢、热处理硬度 28～38 HRC、表面氧化处理的 A 型圆锥销

名称	图例	标记及说明
开口销		标记：销 GB/T 91 5×50 公称直径 $d = 5$ mm、长度 $l = 50$ mm、材料为低碳钢、不经表面处理的开口销

（2）销连接的画法

圆柱销与圆锥销的连接画法如图5-2-13（a）和图5-2-13（b）所示。

圆柱销或圆锥销的装配要求较高，销孔一般要在被连接零件装配后同时加工。这一要求需在相应的零件图上注明。锥销孔的公称直径指小端直径，标注时应采用旁注法，如图5-2-13（c）所示。锥销孔加工时按公称直径先钻孔，再选用定值铰刀扩铰成锥孔。

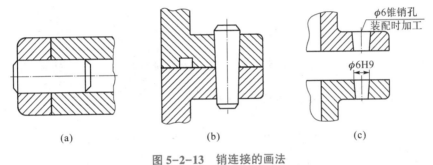

（a）　　　　　　　　　　（b）　　　　　　　　　　（c）

图 5-2-13　销连接的画法

（a）圆柱销连接；（b）圆锥销连接；（c）锥销孔尺寸注法

四、滚动轴承

1. 作用、结构、种类及标记

滚动轴承是用作支承传动轴的标准件，如图5-2-14所示。滚动轴承由于具有结构紧凑、摩擦阻力小、能量损耗少等优点，因而被广泛使用。

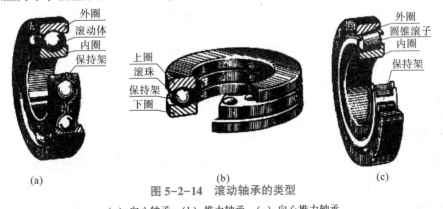

（a）　　　　　　　　　　（b）　　　　　　　　　　（c）

图 5-2-14　滚动轴承的类型

（a）向心轴承；（b）推力轴承；（c）向心推力轴承

按可承受载荷的方向，滚动轴承分为以下三类，如图 5-2-14 所示。

1）向心轴承：主要承受径向载荷，如深沟球轴承。

2）推力轴承：只承受轴向载荷，如圆锥滚子轴承。

3）向心推力轴承：既可承受径向载荷，又可承受轴向载荷。

滚动轴承是标准部件，因此不必画出其零件图，只需根据需要确定型号即可。

滚动轴承的型号常用四位数字的代号表示，从右至左第一、二位数字表示轴承内径代号，第三位数字表示轴承直径系列，第四位数字表示轴承类型，具体内容见表 5-2-5。

滚动轴承的标记形式为：轴承　数字代号　国标编号

例 5-1　轴承 206　GB 273.3—1988

该标记表示轴承内径 $d=6×5=30$，2 表示轻系列、深沟球轴承。

例 5-2　轴承 7315　GB 273.1—1987

该标记表示轴承内径 $d=15×5=75$，3 表示中系列，7 表示圆锥滚子轴承。

表 5-2-5　滚动轴承代号意义

从右至左		第四位数	第三位数	第一、二位数
数字代表的意义		轴承类型	直径系列	轴承内径
代号	0	深沟球轴承		当代号为 00、01、02、03 时，轴承的内径分别为 $d=10$、12、15、17；当代号为 04 以上时，轴承内径 $d=$ 数字×5，例如，09 为 $d=9×5=45$
	1	调心球轴承	特轻	
	2	圆柱滚子轴承	轻	
	3	调心滚子轴承	中	
	4	滚针轴承	重	
	5	螺旋滚子轴承	轻	
	6	角接触球轴承	中	
	7	圆锥滚子轴承	特轻	
	8	推力球轴承	超轻	
	9	推力滚子轴承	超轻	

2. 滚动轴承的画法

当需要在装配图中表达滚动轴承的主要结构时，只需根据滚动轴承的代号，在附表中查出外径 D、内径 d 和宽度 B 等几个主要尺寸，按规定画法画出即可。常用滚动轴承的比例画法见表 5-2-6。

表 5-2-6 常用滚动轴承的规定画法

轴承类型	深沟球轴承 60000 型 GB/T 276—2000	圆锥滚子轴承 30000 型 GB/T 297—2000	推力球轴承 50000 型 GB/T 301—2000
结构形式			
规定画法			
特征画法			

五、弹簧

弹簧是一种储存能量的零件，具有功和能转换的特性，可用来减震、压紧与复位、调节和测力等。其主要特点是当外力去除后，可立即恢复原状。

弹簧的种类很多，如图 5-2-15 所示。本部分只介绍圆柱螺旋压缩弹簧的有关画法。

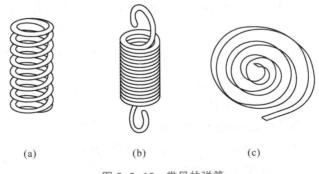

(a) (b) (c)

图 5-2-15 常见的弹簧

(a) 压缩弹簧（Y）；(b) 拉伸弹簧（L）；(c) 蜗卷弹簧

1. 圆柱螺旋压缩弹簧各部分名称及尺寸计算

图 5-2-16 所示为圆柱螺旋压缩弹簧的参数及画法。

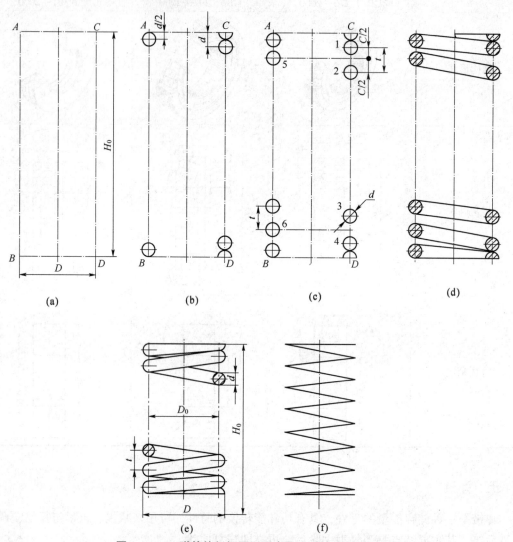

图 5-2-16　弹簧的剖视图画图步骤和弹簧的各种画法

（a）以中径 D 和 H_0 作矩形 $ABDC$；（b）根据簧丝直径 d 画出支承圈；（c）根据节距 t 画出有效圈；（d）按右旋作簧丝剖面的切线，校核并加深，画剖面线；（e）弹簧的视图画法；（f）弹簧的示意图画法

（1）簧丝直径 d

制造弹簧用的金属丝的直径。

（2）弹簧外径 D_2、内径 D_1、中径 D

1）弹簧外经 D_2：弹簧的最大直径。

2）弹簧内径 D_1：弹簧的最小直径，$D_1 = D_2 - 2d$。

3）弹簧中径 D：弹簧的平均直径，$D = (D_2 + D_1)/2 = D_2 - d = D_1 + d$。

（3）支承圈数 n_2、有效圈数 n、总圈数 n_1

为了使弹簧工作平稳、端面受力均匀，制造时需将弹簧每一端的 3/4～5/4 圈并紧磨平，这些并紧磨平的圈不参加工作，仅起支承作用，称为支承圈。支承圈数 n_2 一般为 1.5、2、2.5，常用 2.5 圈。其余保持相等节距的圈数，称为有效圈数。支承圈数与有效圈数之和称为总圈数，即 $n_1 = n + n_2$。

（4）节距 t

相邻两有效圈上对应点间的轴向距离。

（5）自由高度 H_0

未受载荷时的弹簧高度（或长度）：

$$H_0 = n \cdot t + (n_2 - 0.5) d$$

式中：$n \cdot t$——有效圈的自由高度；

$(n_2 - 0.5) d$——支承圈的自由高度。

（6）展开长度 L

制造弹簧时所需金属丝的长度，按螺旋线展开可得：

$$L \approx n_1 \sqrt{(\pi D_2)^2 + t^2} \approx \pi D_2 n_1$$

（7）旋向

螺旋弹簧分为右旋和左旋两种。

2. 螺旋弹簧的规定画法

（1）单个弹簧的画法

1）无论支承圈的圈数有多少，均可按 2.5 圈的形式绘制。

2）在非圆视图上，各圈的轮廓应画成直线。

3）当弹簧有效圈数大于 4 圈时，可只画两端的 1~2 圈，中间各圈可省略不画，且允许适当缩短图形的长度。

4）弹簧均可画成右旋，但对左旋弹簧，无论是画成左旋还是右旋，均必须加注"左"字。

弹簧的剖视图画图步骤和弹簧的各种画法如图 5-2-16 所示。

（2）装配图中弹簧的画法

1）被弹簧挡住的结构一般不画出，可见部分应从弹簧的外轮廓线或从弹簧钢丝断面的中线画起，如图 5-2-17（a）所示。

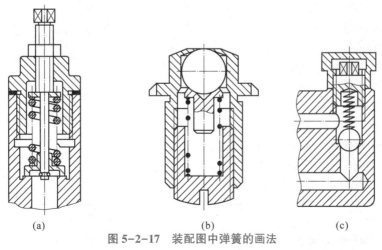

图 5-2-17　装配图中弹簧的画法

（a）弹簧后面被遮挡的结构画法；（b）簧丝涂黑表示；（c）簧丝示意画法

2）当弹簧钢丝直径≤2 mm 时，其断面可以涂黑，而且不画各圈的轮廓线，如图 5-2-17（b）所示。

3）当弹簧钢丝直径≤2 mm 时，允许采用示意画法，如图 5-2-17（c）所示。

■ 任务实施

任务实施单见表 5-2-7。

表 5-2-7　任务实施单

	方法和步骤	图示
计算并查阅标准，确定标准模数 m	（1）数出齿数 z。 （2）测量齿顶圆直径 d_a。 （3）确定模数 m。根据 $d_a = m(z+2)$，可以得出 $m = d_a/(z+2)$，算出模数后，与标准模数核对，选取接近的标准模数，如图（a）所示	$z=34$，$m=5$ 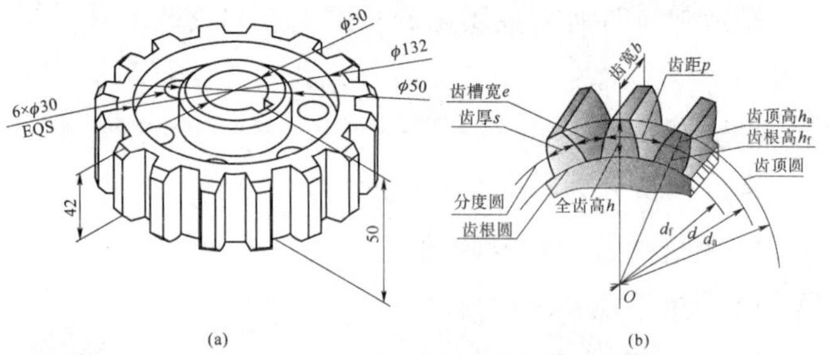 （a）　　　　（b） 齿轮直观图和齿轮各部分名称图 齿顶圆直径 $d_a = 180$ mm，测量轮毂及轮缘的倒角为 $C1$，轮毂长度为 50 mm，并上下居中，辐板厚 14 mm，辐板上六个均布孔直径为 $\phi30$ mm，六个均布孔中心圆直径为 $\phi90$ mm，齿轮的齿宽 b 为 42 mm
计算、测量各部分尺寸	（1）根据标准模数和齿数，按表 5-2-2 中的公式计算出 d、d_a、d_f。 （2）测量齿轮的其他部分尺寸，如图（b）所示	
绘制齿轮零件工作图	（1）先画投影为圆的左视图。由 $d=mz$，用细点画线画分度圆；再根据齿顶高，用粗实线画齿顶圆；绘制轴孔，查表得键槽尺寸，绘制轮毂键槽；绘制辐板上六个均布孔等。 （2）绘制齿轮主视图。根据主、左视图高平齐，依据测量尺寸轮毂长度为 50 mm 并上下居中，辐板厚 14 mm，齿轮的齿宽 b 为 42 mm，绘制主视图。用粗实线分别绘制齿顶线和齿根线，用细点画线绘制分度线。 （3）整理图线，完成作图，标注尺寸，如图所示	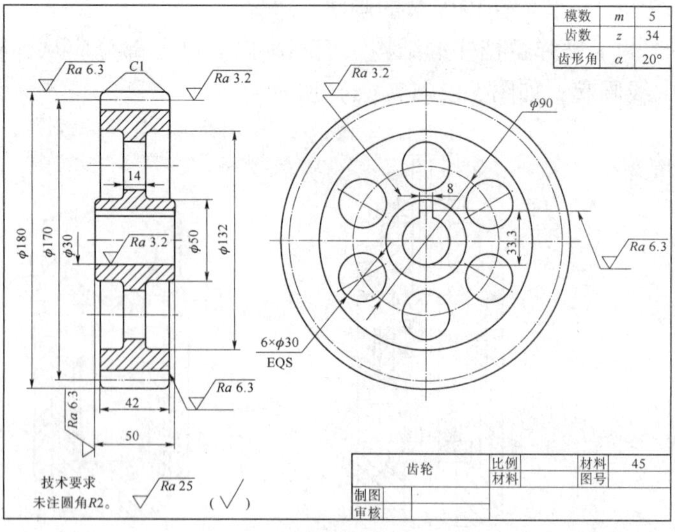 齿轮零件工作图

方法和步骤	图示
注意事项	（1）测绘齿轮时，应注意奇数齿轮齿顶圆直径的测量方法（偶数直接测量，奇数时先测量孔径后测量孔壁到齿顶的距离。） （2）计算后的模数应标准化，不能将计算数值随意圆整。齿轮轮毂上的键槽尺寸应查表取标准值。 （3）当剖切平面通过齿轮的轴线时，轮齿一律按不剖绘制

项目五

机件的特殊表示法

项目六

零件图的识读与绘制

零件是组成机器（或部件）的最基本单元。任何机器或部件都是由若干零件按照一定的装配和连接关系组装而成的。图 6-0-1 所示为铣刀头部件的装配轴测图，构成这一装配体的有座体、主轴、V 带轮、端盖等若干个零件。根据零件在机器或部件中的作用和使用的频率，一般可分为标准件、常用件和一般零件三类，如螺纹紧固件及键、销、滚动轴承等标准件，这些零件的结构、尺寸、技术要求和画法等已全部标准化，设计时不必画出它们的零件图，只是根据需要，按规格到市场上选购或到标准件厂家订购；而齿轮、蜗轮蜗杆、弹簧等常用件，国家标准对这些零件的部分结构、要素等进行了标准化，在设计时必须按规定画出其零件图。除标准件、常用件以外的其他零件即为一般零件，本项目主要讨论的是这类零件图的绘制方法，了解零件图的作用和内容，掌握正确标注零件图上的尺寸、技术要求及零件上常见工艺结构的作用、画法和尺寸注法；掌握识读零件图的方法和步骤，为学习后续装配图打好坚实基础。

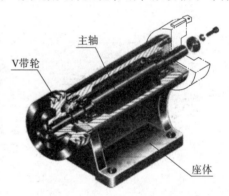

主轴
V 带轮
座体

图 6-0-1　铣刀头的装配轴测图

✓ 知识目标

1. 了解零件图的作用和内容。
2. 掌握零件图的绘制方法。
3. 掌握零件图上尺寸标注的合理性。
4. 掌握零件上常见结构的作用、画法和注法。
5. 掌握识读零件图的方法和步骤。

✓ 能力目标

1. 能够正确分析四类典型零件的结构特点，并确定其表达方案。
2. 能够正确标注零件图中的尺寸和技术要求。
3. 能够读懂中等复杂程度的零件图。

从零件的表达方案选择和尺寸标注等方面延展，培养学生专心细致、一丝不苟的工作作风；从合理选用粗糙度，以及如何从降低产品加工成本、提高生产效率等方面延展，粗糙度的选用还需要考虑使用环境、加工工艺等各种因素，最终培养学生达到满足循环利用、节能环保的要求，以达到可持续发展的目的；从尺寸公差和几何公差等技术要求方面延展，保证产品质量的稳定性，明确技术产品（如机器、房屋、武器等）的核心竞争力在于质量，技术产品都和图样息息相关，只有严把图样质量关，才能生产出高质量的产品，进而培养学生产品质量至上、追求卓越和精益求精的工匠精神。而作为社会的普通一员，只要精心打磨，不断提升自身价值，一定会成为社会有用之才；从零件图尺寸基准的合理选择方面延展，培养学生在做任何事情、考虑任何问题时，均应从全局出发，兼顾彼此，不能以自我为中心，不顾及他人是否方便、感受如何。只有这样才能维护社会秩序的稳定，促进社会和谐发展。

✳ 任务一　识读与绘制轴套类零件图

■ 任务导入

如图 6-1-1 所示，识读齿轮轴，用 A4 图纸按 2∶1 的比例绘制该零件图，并标注尺寸。

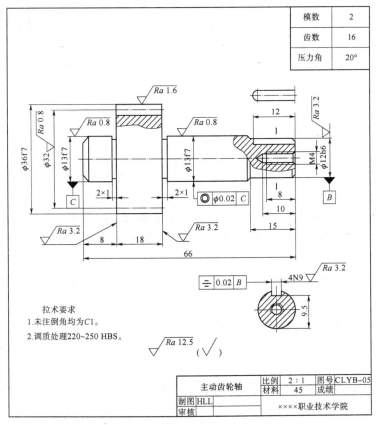

图 6-1-1　主动齿轮轴零件图

■ 任务分析

识读如图 6-1-1 所示零件图中的尺寸和图形，了解零件的名称、用途、材料和数量等，明确组成零件各部分结构形状的特点、功用，以及它们之间的相对位置，分析零件各部分的定形尺寸、各部分之间的定位尺寸及各方向尺寸的主要基准，熟悉零件的主要技术要求。

■ 知识链接

一、零件图概述

1. 零件图的作用

任何机器或设备，都是由若干个零件按一定要求装配而成的，制造机器时必须先制造出全部零件。零件图是表示零件结构、大小及技术要求的图样，它是制造、检验零件的依据，是设计和生产部门的重要技术文件。

如图 6-1-2 所示的齿轮油泵轴测图，齿轮油泵是液压设备，是机器润滑、供油系统中的一个部件，它体积小、传动平稳，是依靠一对齿轮相互啮合转动来工作的。它由泵体、齿轮轴、透盖和带轮等十多种零件组成。图 6-1-1所示即是其中的主动齿轮轴的零件图。

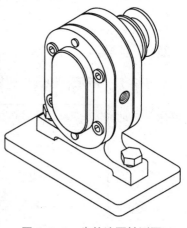

2. 零件图的内容

一张完整的零件图一般应包括以下几项内容（见图 6-1-1）。

（1）一组视图

用以完整、清晰地表达零件的结构和形状。可以采用视图、剖视图、断面图等各种表达方法。

图 6-1-2 齿轮油泵轴测图

（2）完整的尺寸

用以正确、完整、清晰、合理地表达零件各部分的大小和各部分之间的相对位置关系。

（3）技术要求

用以表示或说明零件在加工、检验过程中所需的要求，如尺寸公差、形状和位置公差、表面结构、材料、热处理、硬度及其他要求。技术要求常用符号或文字来表示。

（4）标题栏

标准的标题栏由更改区、签字区、其他区、名称及代号区组成。一般填写零件的名称、材料标记、阶段标记、质量、比例、图样代号、单位名称以及设计、制图、审核、工艺、标准化、更改、批准等人员的签名和日期等内容。

二、零件图的视图选择

零件图的视图选择，应在分析零件结构形状、加工方法，以及它在机器中所处位置等基础上，选用适当的表达方法，以最少数量的视图，正确、完整、清晰、简明地表达出零件各组成部分的内外结构形状，便于标注尺寸和技术要求，且绘图简便。总之，零件的表达方案应便于阅读和绘制。视图选择包括零件主视图的选择及视图数量和表达方法的选择。

1. 主视图的选择

主视图是一组图形的核心，其选择得是否合理，不但直接关系到零件结构形状表达得清楚与否，而且关系到其他视图的数量和位置的确定，影响到读图和画图的方便。选择主视图时既要确定零件的位置，又要确定投射方向。选择主视图所依据的原则如下：

（1）显示形体特征的原则

无论结构怎样复杂的零件，总可以将它分解成若干个基本体，主视图应较明显或较多地反映出这些基本体的形状及其相对位置关系。图 6-1-3 所示为确定机床尾架主视图投影方向的比较，由图可知，如图 6-1-3（a）所示的表达效果显然比图 6-1-3（b）所示的表达效果要好得多，即在主视图上应尽可能多地展现零件各组成部分的内外结构形状及它们之间的相对位置关系。

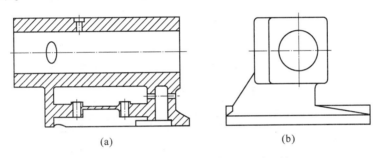

（a）   （b）

图 6-1-3　确定主视图投影方向的比较

（a）尾架全剖；（b）尾架端面外形视图

（2）零件合理位置的原则

当零件主视图的投射方向确定以后，还需确定主视图的位置。所谓主视图的位置，即零件的摆放位置，一般分别从以下几个原则来考虑。

1）加工位置。

一般按零件加工时在机床上的装夹位置作为主视图的位置。回转体类零件主要在车床和磨床上加工，因此不论工作位置如何，一般均将轴线水平放置画主视图，以方便工人加工时图、物直接对照。如图 6-1-4 所示。

2）工作位置。

主视图的选择，应尽量符合零件在机器或设备上的安装和工作时的位置，以便于读图时将零件和整台机器或设备联系起来，想象零件工作状态及其功用，有利于装配图的读图和画图。同时，在装配时，也便于直接对照图样进行装配。

3）自然安放平稳位置。

当加工位置各不相同，工作位置又不固定时，可将零件自然安放平稳的位置作为其主视图的位置。

4）便于画图的位置。

有些零件的工作位置是倾斜的，若选工作位置为主视图，则画图很不方便。此类零件一

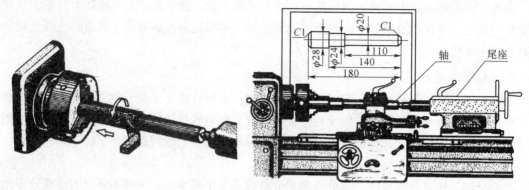

图 6-1-4　轴类零件的加工位置

般应选放正的位置为主视图。如图 6-1-5（b）所示汽车的机油泵，安装时其主体是倾斜的，泵体零件的主视图选择了主体放正的位置，如图 6-1-5（a）所示。

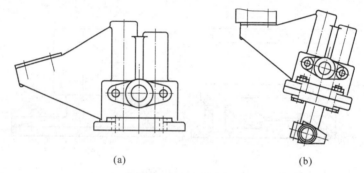

（a）　　　　　　　　　　　　　　（b）

图 6-1-5　倾斜安装的零件应考虑便于画图的位置
（a）泵体主视图；（b）泵体工作位置

主视图的选择，应根据具体情况进行分析，从有利于看图的方向出发，在满足形体特征原则的前提下，尽可能多地反映零件内外结构形状与它们之间的相对位置关系，充分考虑零件的工作位置和加工位置，并照顾习惯画法。此外，还应兼顾其他视图的选择，考虑视图的合理布局，充分利用图幅。

2. 其他视图的选择

一个零件需要多少视图才能表达清楚，只能根据零件的具体情况分析确定。考虑的一般原则是：在保证充分表达零件结构形状的前提下，尽可能使零件的视图数目为最少，应使每一个视图都有其表达的重点内容，具有独立存在的意义。

一般在选择好主视图后，还应选择适当数量的其他视图与之配合，才能将零件的结构形状完整、清晰地表达出来。一般应优先考虑选用左、俯视图，然后再考虑选用其他视图。

总之，零件的视图选择是一个比较灵活的问题。在选择时，一般应多考虑几种方案，加以比较后，力求用较好的方案表达零件。通过多画、多看、多比较、多总结，不断实践，才能逐步提高表达能力。

画零件图时应尽量采用国家标准允许的简化画法作图，以提高绘图效率。

在实际中生产的零件，其结构形状是多种多样的，根据零件在机器或部件中的作用不同，可以大致分为轴套类、轮盘类、叉架类和箱体类等四类典型零件。本任务介绍轴套类零件图的识读与绘制。

3. 轴套类零件

（1）结构分析

轴套类零件的基本形状是同轴回转体，在轴上通常有键槽、销孔、螺纹退刀槽、倒圆等结构。此类零件主要是在车床或磨床上加工的。如图 6-1-1 所示的主动齿轮轴即属于轴套类零件。

（2）主视图选择

轴套类零件的主视图按其加工位置选择，一般按水平位置放置，这样既可把各段形体的相对位置表示清楚，同时又能反映出轴上轴肩和退刀槽等结构。

（3）其他视图的选择

轴套类零件主要结构形状是回转体，一般只画一个主视图。确定了主视图后，由于轴上各段形体的直径尺寸是在其数字前加注符号"ϕ"表示，因此不必画出其左（或右）视图。对于零件上的键槽、孔等结构，一般可采用局部视图、局部剖视图、移出断面和局部放大图。如图 6-1-1 所示。

三、零件图的尺寸标注

1. 尺寸基准

零件图尺寸标注既要保证设计要求又要满足工艺要求，首先应当正确选择尺寸基准。所谓尺寸基准即标注尺寸的起始点，是指确定零件上几何元素位置的一些点、线、面。

（1）设计基准和工艺基准

根据零件的结构和设计要求而确定的基准为设计基准，根据零件加工、测量要求而确定的基准为工艺基准。如图 6-1-6 所示的轴类零件，以其轴线作为径向设计基准，而以右端面作为轴向设计基准。在加工时，由于车削每段长度的最终位置都是以右端面为起点来测量的，所以右端面又是工艺基准，以便于加工测量。

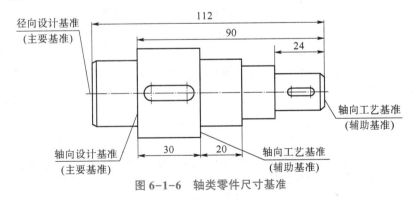

图 6-1-6 轴类零件尺寸基准

（2）选择基准的原则

选择基准时，应尽可能使设计基准与工艺基准一致，以减少两个基准不重合而引起的尺寸误差。当工艺基准与设计基准不一致时，应以保证设计要求为主，将重要尺寸从设计基准注出，辅助基准从工艺基准注出，以便加工测量。通常选作基准的部位有回转体的轴线，零件对称平面、安装连接底面、定位台肩面、主要接触面等，不能选作基准面的有铸锻毛糙面、自由面（非接触面）等。

2. 尺寸标注形式

由于零件设计、工艺不同，尺寸基准选择也不同，相应产生三种尺寸标注形式。

（1）基准型尺寸标注（也称并列尺寸）

统一基准，减少尺寸间的影响，如图6-1-7（a）所示。

（2）连续型尺寸标注（也称串联尺寸）

基准不统一，尺寸间相互影响，误差积累大，容易超差，如图6-1-7（b）所示。

（3）综合型尺寸标注

综合型尺寸标注是上述两种尺寸标注形式的综合，其将误差积累到不标尺寸的尺寸环（开口环），这种选用较多，如图6-1-7（c）和图6-1-7（d）所示。

综上所述，尺寸要求严格时选用基准型，不严格时选用连续型，要求多种时选用综合型。

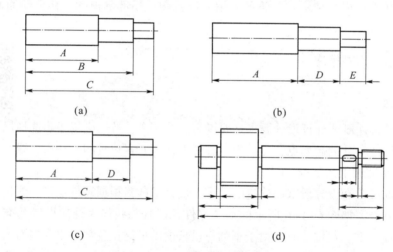

图6-1-7　尺寸标注形式

（a）基准型；（b）连续型；（c）综合型；（d）综合型

3. 合理标注尺寸的基本原则

在零件图上合理地标注尺寸，除了根据设计要求和工艺要求正确选择尺寸基准外，还应遵循以下原则。

（1）重要尺寸应直接标注

重要尺寸从主要基准直接标注可避免加工误差的积累，保证尺寸精度。如图6-1-8（a）所示中轴承孔的中心高 32 ± 0.08 是影响轴承座工作性能的重要尺寸，应直接以底面为基准标注出，而不能代之为8和24间接得出中心高，如图6-1-8（b）所示。因为在加工零件过程中，尺寸总会有误差，如果标注8和24，由于每个尺寸都会有误差，两个尺寸加在一起就会有累积误差，因此不能保证设计要求。同样轴承座底板上两个孔的中心距40也应直接标注。

（2）避免出现封闭的尺寸链

如图6-1-9（a）所示，一组首尾相连的链状尺寸称为尺寸链，组成的各个尺寸称为尺寸

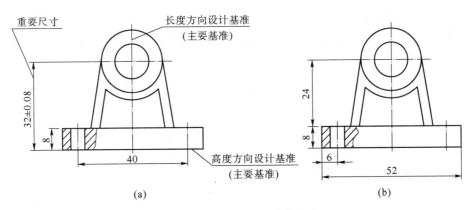

图 6-1-8　重要尺寸应直接标注

（a）正确；（b）错误

链的组成环。将轴的总长和各段长度都注上尺寸，形成首尾相接、一环接一环的封闭的链状尺寸，称为封闭尺寸链。零件在加工过程中各段尺寸总会有误差，若将尺寸注成封闭的尺寸链，则保证了各段的尺寸精度，但不能保证总长的尺寸精度；保证了总长的尺寸精度，便不能保证每一段的尺寸精度。因此，在一般情况下都应避免将尺寸标注成封闭的尺寸链。在图 6-1-9（b）中，选择一段不重要的尺寸空出来不注，该段尺寸称为开环，这样各段尺寸的加工误差都累积在开环上，既保证了设计的要求，又便于加工。

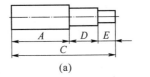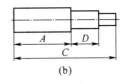

图 6-1-9　避免注成封闭的尺寸链

（a）错误；（b）正确

（3）考虑零件加工、测量和制造的要求

1）考虑加工看图和加工方便。

不同加工方法所用尺寸分开标注，便于看图加工，如图 6-1-10（a）所示即为将车削与铣削所需要的尺寸分开标注。为方便零件的加工，标注轴段的长度尺寸应该包含槽宽尺寸，如图 6-1-10（b）所示。

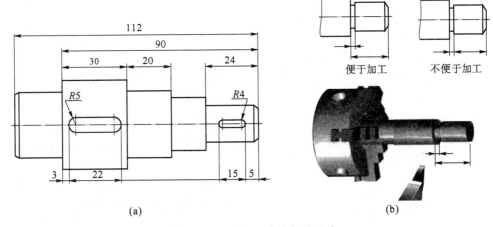

便于加工　　不便于加工

（a）　　　　　　　　　　　　（b）

图 6-1-10　按加工方法标注尺寸

2）考虑测量方便。

尺寸标注有多种方案，但要注意所注尺寸是否便于测量，如图 6-1-11 所示结构。

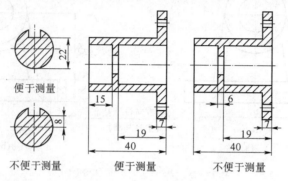

图 6-1-11　尺寸标注要便于测量

4. 常见孔的尺寸标注

零件上常见孔的尺寸标注见表 6-1-1。

表 6-1-1　常见孔（螺纹孔、光孔、沉孔）的尺寸注法

结构类型		旁 注 法	普 通 注 法	说 明
螺纹孔	通孔	3×M6 EQS　　3×M6 EQS	3×M6 EQS	"EQS"为均布孔的缩写词。三个相同的螺纹通孔均匀分布，公称直径 D = M6，螺纹公差为 6H（省略未注）
	不通孔（盲孔）	3×M6▼10 ▼12EQS　　3×M6▼10 ▼12EQS	3×M6	"▼"为深度符号。三个相同的螺孔盲孔（不通孔）均匀分布，公称直径 D = M6，螺纹公差为 6H（省略未注），钻孔深为 12 mm，螺孔深为 10 mm
光孔	圆柱孔	4×ϕ4▼10　　4×ϕ4▼10	4×ϕ4	四个规格相同的孔，直径为 ϕ4 mm，孔深为 10 mm
	锥销孔	锥销孔ϕ5 配作　　锥销孔ϕ5 配作	锥销孔ϕ5 配作	"配作"是指该孔与相邻零件的同位锥销孔一起加工。"ϕ5"是指与其相配的圆锥销的公称直径（小端直径）

结构类型		旁 注 法	普 通 注 法	说 明
沉孔	锥形沉孔	6×φ6.6 ⌵φ13×90°	90° φ13 6×φ6.6	"⌵"为埋头孔符号。该孔为安装开槽沉头螺钉所用。六个规格相同的孔，直径为φ6.6 mm，沉孔锥顶角为90°，大口直径为φ13 mm
	柱形沉孔	4×φ6.6 ⌴φ11▽3	φ11 3 4×φ6.6	"⌴"为沉孔符号（与锪平孔符号相同）。该孔为安装内六角圆柱头螺钉所用，承装头部的孔深应注出。四个规格相同的孔，直径为φ6.6 mm，柱形沉孔直径为φ11 mm，沉孔深为3 mm
	锪平沉孔	4×φ6.6 ⌴φ13	φ13 4×φ6.6	"⌴"锪平孔符号。锪孔只需锪出圆平面，一般锪平到不出现毛面为止，故深度不注。四个规格相同的孔，直径为φ6.6 mm，锪平直径为φ13 mm

四、零件图上的技术要求

零件图上除了有表达零件结构形状与大小的一组视图和尺寸外，还应标注出零件在制造和检验中所要达到的技术要求。零件图的技术要求涉及面较广，这里主要介绍表面结构、极限与配合、几何公差的基本知识和标注方法。

1. 表面结构的表示法

（1）表面结构的评定参数

评定表面结构的参数分为 R 轮廓（粗糙度参数）、W 轮廓（波纹度参数）和 P 轮廓（原始轮廓参数）三种。每组参数由不同的评定方法进行评定，各参数代号见表6-1-2～表6-1-4。目前在生产中主要用 R 轮廓的幅度参数 Ra（a 表示轮廓的算术平均偏差）和 Rz（z 表示轮廓的最大高度）来评定表面结构，使用时优先选用参数 Ra。本部分主要介绍与 R 轮廓（粗糙度轮廓）参数有关的概念术语和表示法。

表 6-1-2　根据 GB/T 3505 定义的轮廓参数代号

轮廓类型	幅度参数		间距参数	混合参数	曲线和相关参数
	峰谷值	平均值			
R 轮廓（粗糙度参数）	Rp, Rv, Rz, Rc, Rt	Ra, Rq, Rsk, Rku	Rsm	$R\Delta q$	$Rmr(c)$　$R\delta c$ Rmr
W 轮廓（波纹度参数）	Wp, Wv, Wz, Wc, Wt	Wa, Wq, Wsk, Wku	Wsm	$W\Delta q$	$Wmr(c)$　$W\delta c$ Wmr
P 轮廓（原始轮廓参数）	Pp, Pv, Pz, Pc, Pt	Pa, Pq, Psk, Pku	Psm	$P\Delta q$	$Pmr(c)$　$P\delta c$ Pmr

表 6-1-3　根据 GB/T 18618 定义的图形参数代号

类型	参数
粗糙度轮廓（粗糙度图形参数）	R, Rx, AR
波纹度轮廓（波纹图形参数）	W, Wx, AW, Wte

表 6-1-4　基于 GB/T 18778.2 和 GB/T 18778.3 的支承率曲线参数代号

类型		参数
基于线性支承率曲线	根据 GB/T 18778.2 的粗糙度轮廓参数（滤波器根据 GB/T 18778.1 选择）	Rk　Rpk　Rvk　$Mr1$　$Mr2$
	根据 GB/T 18778.2 的粗糙度轮廓参数（滤波器根据 GB/T 18618 选择）	Rke　$Rpke$　$Rvke$　$Mr1e$　$Mr2e$
基于概率支承率曲线	粗糙度轮廓（滤波器根据 GB/T 18778.1 选择）	Rpq　Rvq　Rmq
	原始轮廓滤波 λ_s	Ppq　Pvq　Pmq

（2）表面结构符号及其参数值的标注方法

给出表面结构要求时，应标注其参数代号和相应数值，并包括要求解释的以下四项重要信息：

——三种轮廓（R、W、P）中的一种；

——轮廓特征；

——满足评定长度要求的取样长度的个数；

——要求的极限值。

1）表面结构的图形符号及其含义（见表 6-1-5）。

表 6-1-5　表面结构的图形符号极其含义（GB/T 131—2006）

符号名称	符号	含义及其说明
基本图形符号	✓	表示未指定工艺方法的表面，仅用于简化代号的标注，当通过一个注释解释时可单独使用，没有补充说明时不能单独使用

符号名称	符号	含义及其说明
扩展图形符号		要求去除材料的图形符号。 表示用去除材料方法获得的表面，如通过机械加工（车、锉、钻、磨……）的表面，仅当其含义是"被加工并去除材料的表面"时可单独使用
扩展图形符号		不允许去除材料的图形符号。 表示不去除材料方法获得的表面，如铸、锻等。也可用于保持上道工序形成的表面，不管这种状况是通过去除材料还是不去除材料形成的
完整图形符号	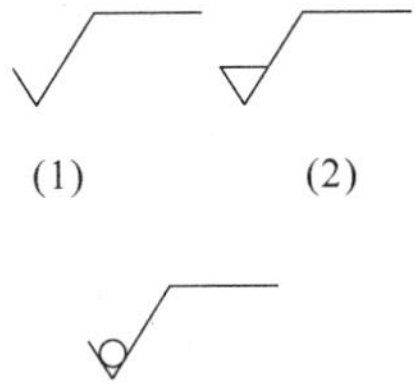 （1）　　（2） （3）	用于标注表面结构特征的补充信息。（1）、（2）、（3）符号分别用于"允许任何工艺""去除材料""不去除材料"方法获得的表面标注
工件轮廓各表面的图形符号	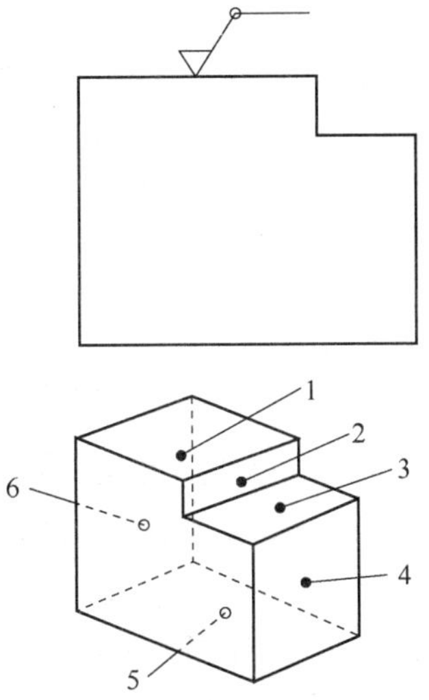	工件轮廓各表面的图形符号。 当在图样某个视图上构成封闭轮廓的各表面有相同的表面结构要求时，应在完整符号上加一圆圈，标注在图样中工件的封闭轮廓线上。如果标注会引起歧义时，各表面应分别标注。左图符号是指对图形中封闭轮廓的六个面的共同要求（不包括前后面）

2）表面结构完整图形符号的组成和画法。

为了明确表面结构要求，除了标注表面结构参数和数值外，必要时应标注补充要求，补充要求包括传输带、取样长度、加工工艺、表面纹理及方向、加工余量等。表面粗糙度符号画法如图 6-1-12（a）所示，在完整符号中对表面结构的单一要求和补充要求应注写在如图 6-1-12（b）所示的指定位置。

在图 6-1-12 中：

a、b——注写两个或多个表面结构要求。

c——注写加工方法、表面处理、涂层或其他加工工艺要求等。

d——注写所要求的表面纹理和纹理的方向。

e——注写所要求的加工余量，以毫米为单位给出数值。

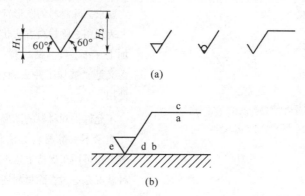

(a)

(b)

图 6-1-12　表面结构符号的画法和补充要求的注写

（a）表面粗糙度符号画法；（b）表面结构补充要求的注写位置

（3）表面结构要求在图样中的标注方法

1）表面结构符号不应倒着标注，也不应向左侧标注。总的原则是表面结构的注写和读取方向与尺寸的注写和读取方向一致。遇到这种情况时应采用指引线标注，如图 6-1-13 所示。

2）在不致引起误解时，允许将表面结构要求注写在尺寸线上。如图 6-1-14 所示。

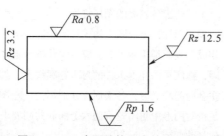

图 6-1-13　表面结构要求的注写方向

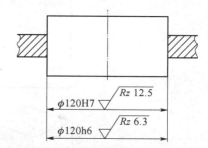

图 6-1-14　表面结构要求的注写方法

3）表面结构要求可标注在几何公差框格的上方，如图 6-1-15 所示。

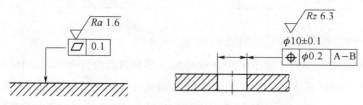

图 6-1-15　表面结构要求的注写方法

4）表面结构符号可以用带箭头或黑点的指引线引出标注。需要指出的是，对于标注在轮廓线以内的指引线，其端部不带箭头而带圆点，如图 6-1-16 所示。

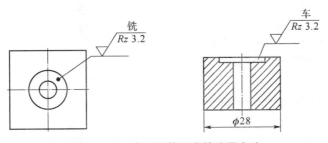

图 6-1-16　表面结构要求的注写方法

5）圆柱和棱柱表面的表面结构要求只标注一次，当每个棱柱表面有不同的表面结构要求时，应分别单独标注，如图 6-1-17 所示。

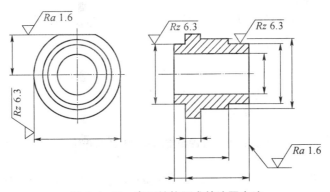

图 6-1-17　表面结构要求的注写方法

6）当工件的部分表面或全部表面有相同的表面结构要求时，其代号一律标注在图样标题栏附近。不论哪种情况都不必标注"其余"字样。

（4）表面结构的简化注法

1）如果在工件的多数（包括全部）表面有相同的表面结构要求，则其表面结构要求可统一标注在图样的标题栏附近。此时（除全部表面有相同要求的情况外），表面结构要求的符号后面应有：

①在圆括号内给出无任何其他标注的基本符号，如图 6-1-18 所示。

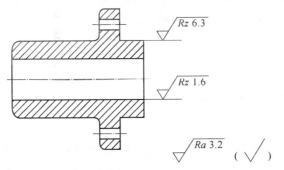

图 6-1-18　大多数表面有相同表面结构要求的简化注法（一）

②在圆括号内给出不同的表面结构要求，如图 6-1-19 所示。

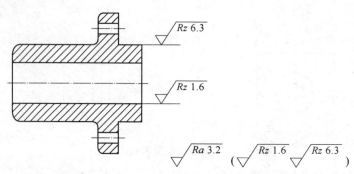

图 6-1-19　大多数表面有相同表面结构要求的简化注法（二）

2）多个表面有共同要求的注法。

①可用带字母的完整符号，以等式的形式，在图形或标题栏附近，对有相同表面结构要求的表面进行简化标注，如图 6-1-20 所示。

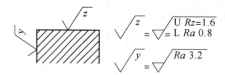

图 6-1-20　在图纸空间有限时的简化注法

②用表面结构基本符号和扩展符号，以等式的形式给出对多个表面共同的表面结构要求，如图 6-1-21 所示。

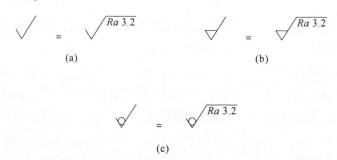

(a) (b)

(c)

图 6-1-21　用表面结构基本符号和扩展符号以等式的形式标注

（a）未指定工艺方法的多个表面结构要求的简化注法；（b）去除材料的多个表面结构要求的简化注法；
（c）不允许去除材料的多个表面结构要求的简化注法

2. 极限与配合

（1）极限与配合的基本概念

1）零件的互换性。

在一批相同的零件中任取一个，无须修配便可装配到机器上，并能满足使用要求的性质，称为零件的互换性。

2）基本术语。

①公称尺寸：由图样规范确定的理想形状要素的尺寸，如图 6-1-22 中的 $\phi 50$。

②上极限尺寸：零件实际尺寸所允许的最大值，如孔 $\phi50.007$，轴 $\phi50$。

③下极限尺寸：零件实际尺寸所允许的最小值，如孔 $\phi49.982$，轴 $\phi49.984$。

④上极限偏差：上极限尺寸减其公称尺寸的代数差。孔的上极限偏差代号为 ES，如孔 $\phi50$ 的上极限偏差为 $+0.007$；轴的上极限偏差代号为 es，如轴 $\phi50$ 的上极限偏差为 0。

⑤下极限偏差：下极限尺寸和其公称尺寸的代数差。孔的下极限偏差代号为 EI，如孔 $\phi50$ 的下极限偏差为 -0.018；轴的下极限偏差代号为 ei，如轴 $\phi50$ 的下极限偏差为 -0.016。

⑥公差：允许尺寸的变动量，公差等于上极限尺寸和下极限尺寸的差，为正值，即 $+0.007-(-0.018)=0.025$。

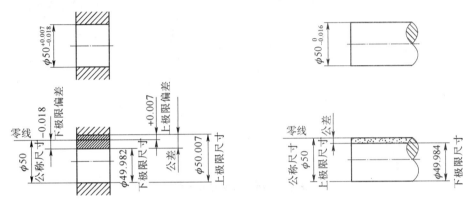

图 6-1-22　尺寸公差基本术语

⑦公差带图：用零线表示基本尺寸，上方为正，下方为负，用矩形的高度表示尺寸的变化范围（公差），矩形的上边代表上偏差，下边代表下偏差，靠近零线的偏差为基本偏差，这样的图形叫公差带图。如图 6-1-23 所示。

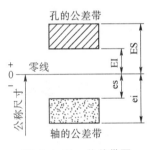

图 6-1-23　公差带图

3）标准公差和基本偏差系列。

①标准公差：由国家标准规定的用来确定公差带大小的标准化数值，其大小由两个因素决定，一个是公差等级，另一个是公称尺寸。国家标准（GB/T 1800）将公差等级分为 20 个等级，分别为 IT01，IT0，IT1，IT2，IT3，…，IT17，IT18。其中 IT01 精度最高，IT18 精度最低。

②基本偏差：确定公差带相对零线的位置，它可以是上极限偏差或下极限偏差（一般指靠近零线的那个偏差）。轴和孔的基本偏差系列代号各有 28 个，用字母或字母组合表示，孔的基本偏差代号用大写字母表示，A~H 为下极限偏差，J~ZC 为上极限偏差，JS 对称于零线，其基本偏差为（$+IT/2$）或（$-IT/2$）；轴的基本偏差代号用小写字母表示，a~h 为上极限偏差，j~zc 为下极限偏差，js 对称于零线，其基本偏差为（$+IT/2$）或（$-IT/2$），如图 6-1-24 所示。基本偏差决定公差带在零线上下的位置，标准公差决定公差带的高度（大小）。

4）配合类别。

公称尺寸相同且相互结合的孔和轴的公差带之间的关系称为配合。根据机器的设计要求、工艺要求和实际生产的需要，国家标准将配合分为三类：间隙配合、过盈配合和过渡配合，如图 6-1-24 所示。

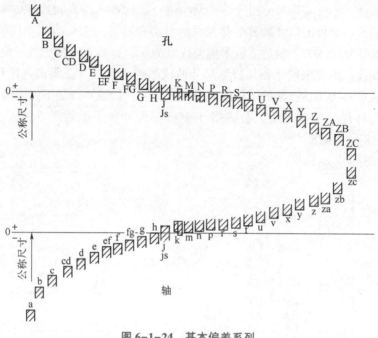

图 6-1-24　基本偏差系列

　　①间隙配合：孔的最小尺寸大于或等于轴的最大尺寸，且配合至少有最小间隙，如转动轴与不动孔零件的配合。如图 6-1-25（a）所示。

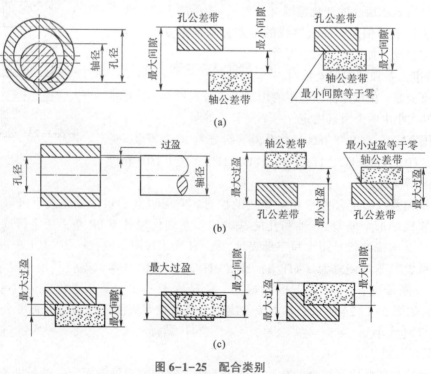

图 6-1-25　配合类别

（a）间隙配合；（b）过盈配合；（c）过渡配合

②过盈配合：孔的最大尺寸小于轴的最小尺寸，且配合至少有最小过盈，如火车轮与轴的配合，过盈量大的采用外力都不能将其分开。如图 6-1-25（b）所示。

③过渡配合：孔的尺寸大于或小于轴的尺寸少许，配合有最大间隙或最大过盈，介于上述两种配合之间，如轴承内圈与轴、轴承外圈轴与轴承座套孔的配合。如图 6-1-25（c）所示。

举例：

图 6-1-26 所示为生活中常见的老虎钳，观察钳轴转与不转，判别钳轴与两只钳脚分别属于哪种配合。钳轴与一只钳脚件固定不转是过盈配合，与另一只钳脚件可小间隙转动为间隙配合。

图 6-1-26　配合类别举例

5）配合的基准制

公称尺寸相同的孔和轴装配在一起，可以形成不同的配合。为了便于零件的设计、制造及降低成本和统一基准件的极限偏差，从而达到减少零件加工定值刀具和量具的规格数量，实现配合的标准化，我们将其中一种零件作为基准件，其基本偏差固定，通过改变另一种非基准件的基本偏差来获得各种不同性质配合的制度称为配合制。国家标准规定了两种配合基准制度：基孔制（H）和基轴制（h），如图 6-1-27 所示。

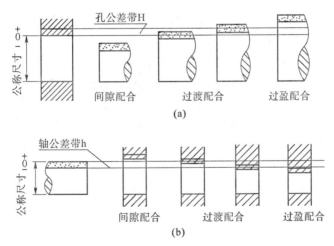

图 6-1-27　基准制配合示意图

（a）基孔制；（b）基轴制

①基孔制：基本偏差为一定的孔的公差带，与不同基本偏差的轴的公差带构成各种配

合的制度。基孔制是以孔为基准孔，选择轴，如图6-1-27（a）所示。基孔制的孔为基准孔，以代号"H"表示。基孔制配合中的轴称为配合件，如轴承内孔与轴的配合就属于基孔制。

②基轴制：基本偏差为一定的轴的公差带，与不同基本偏差的孔的公差带构成各种配合的制度。基轴制是以轴为基准，选择孔，如图6-1-27（b）所示。基轴制的轴为基准轴，以代号"h"表示。基轴制配合中的孔称为配合件，如轴承外圈直径与箱体孔的配合就属于基轴制。

在配合代号中有"H"者为基孔制配合，有"h"者为基轴制配合。由于轴的圆柱表面容易加工，固定孔的公差带可相应减少刀具、量具的规格，有利于生成和降低成本，因此，一般情况下优先采用基孔制。但要注意：对同一根光轴，一般不应该有两种配合制度。

在基轴制（基孔制）中，轴（孔）的基本偏差代号a~h（A~H），用于间隙配合；基本偏差代号j~zc（J~ZC），用于过渡配合和过盈配合。

（2）偏差代号的标注

在零件图中线性尺寸的偏差有三种标注形式，如图6-1-28所示，只标注公差带代号，即公差带代号注法（用于大批量生成），如图6-1-28（a）所示；只标注上下偏差，即极限偏差注法（适合于单件或小批量生成），如图6-1-28（b）所示；既标注偏差代号又标注上下偏差，即双注法，如图6-1-28（c）所示。

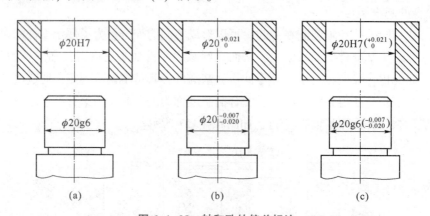

图6-1-28　轴和孔的偏差标注

（a）公差带代号注法；（b）极限偏差注法；（c）双注法

标注极限偏差值时应注意：

1）上偏差注在基本尺寸的右上方，下偏差与基本尺寸注在同一底线上。

2）偏差数字比基本尺寸数字小一号。

3）上、下偏差小数点须对齐，小数点后的位数须相同。若位数不同，则以数字"0"补齐。

4）若偏差为"零"，则用数字"0"标出，不可省略。

5）若上、下偏差数值相同，则在基本尺寸的后面注上"±"符号，再注写一个与基本尺寸数字等高的偏差值，如图6-1-29所示。

图6-1-29　极限偏差值的注写方法

在装配图上一般只标注配合代号，配合代号用分数表示，分子为孔的偏差代号，分母为轴的偏差代号，如图 6-1-30（a）所示。与标准部件轴承配合时，只标注非标准件的孔或轴公差带代号，如图 6-1-30（b）所示。

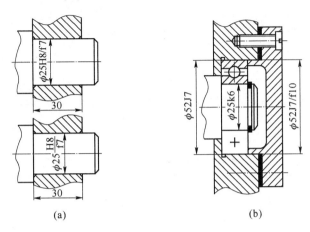

（a） （b）

图 6-1-30 装配图中配合偏差的标注

（a）标注配合代号；（b）与标准部件配合时只标注非标准件的公差带代号

3. 几何公差

经过加工的零件表面，不但会有尺寸误差，而且还会有形状和位置误差。对于精度要求较高的零件，要规定其表面形状和相互位置的公差，简称几何公差。

（1）几何公差种类

几何公差的项目和符号见表 6-1-6。

表 6-1-6 几何公差的项目和符号

公差类型	几何特征	符号	有无基准
形状公差	直线度	—	无
	平面度	▱	无
	圆度	○	无
	圆柱度	⌀	无
	线轮廓度	⌒	无
	面轮廓度	⌓	无
方向公差	平行度	//	有
	垂直度	⊥	有
	倾斜度	∠	有
	线轮廓度	⌒	有
	面轮廓度	⌓	有

续表

公差类型	几何特征	符号	有无基准
位置公差	位置度	⊕	有或无
	同心度（用于中心点）	◎	有
	同轴度（用于轴线）	◎	有
	对称度	=	有
	线轮廓度	⌒	有
	面轮廓度	⌓	有
跳动公差	圆跳动	↗	有
	全跳动	↗↗	有

（2）几何公差的标注方法

1）几何公差框格。

在图样中，通常用公差框格标注几何公差，几何公差框格用细实线绘制，由两格或多格组成，公差框格应水平放置。框格中的主要内容从左到右按以下次序填写：公差特征项目符号；公差值及有关附加符号；基准符号及有关附加符号。

框格的高度应是框格内所书写字体高度的两倍。框格的宽度应是：第一格等于框格的高度；第二格应与标注内容的长度相适应；第三格以后各格须与有关字母的宽度相适应，如图 6-1-31（a）所示。

注：如果公差带为圆形或圆柱形，则公差值前应加注符号"ϕ"；如果公差带为圆球形，则公差值前应加注"$S\phi$"。

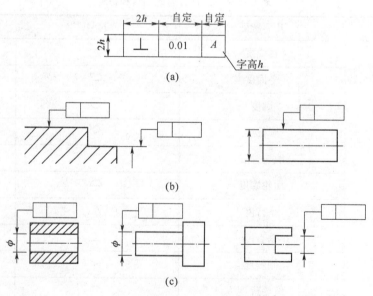

图 6-1-31　几何公差框格和被测要素标注的注意事项

（a）几何公差框格；（b）被测要素为轮廓线或轮廓面；（c）被测要素为轴线、中心面和球心等中心要素

2）被测要素。

在图样中标注几何公差时，用指引线连接被测要素和公差框格。指引线引自框格的任意一侧，终端带一箭头。框格通常用细实线绘制，高度是两个字体高度，在图样上水平放置。

①被测要素为轮廓线或轮廓面即被测要素为表面或线时，指引线箭头应明显与尺寸线错开，如图 6-1-31（b）所示。

②被测要素为轴线、中心面和球心等中心要素时，指引线箭头应与尺寸线对齐，如图 6-1-31（c）所示。

3）基准

与被测要素相关的基准用一个大写字母表示，字母水平地标注在基准方格内，与一个涂黑的或空白的三角形相连以表示基准。如图 6-1-32 所示。

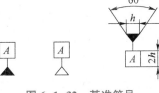

图 6-1-32　基准符号

①基准要素为轮廓线或轮廓面时，符号连线应明显与尺寸线错开，如图 6-1-33（a）所示。

②基准要素为轴线、中心面、球心等中心要素时，指引线箭头应与尺寸线对齐，如图 6-1-33（b）所示。

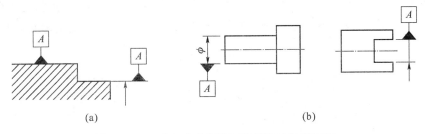

(a)　　　　　　　　　　　　　　　　(b)

图 6-1-33　几何公差基准要素标注的注意事项

（a）基准要素为轮廓线或轮廓面；（b）基准要素为轴线、中心面等中心要素

（3）几何公差标注示例

在技术图样中几何公差应采用框格形式标注，必要时也允许在技术要求中用文字说明。图 6-1-34 和图 6-1-35 所示为几何公差标注示例。

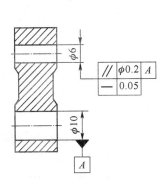

图 6-1-34　几何公差标注示例（一）

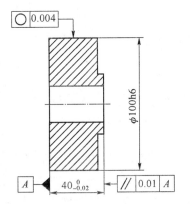

图 6-1-35　几何公差标注示例（二）

$\boxed{// \; \phi0.2 \; A}$：表示 $\phi6$ mm 圆柱孔轴心线相对 $\phi10$ mm 圆柱孔轴心线的平行度公差为 $\phi0.2$ mm。

$\boxed{- \; 0.05}$：表示 $\phi6$ mm 圆柱孔轴心线的直线度公差为 0.05 mm。

$\boxed{\bigcirc \; 0.004}$：表示 $\phi100h6$ 圆柱面的圆度公差为 0.004 mm。

$\boxed{// \; 0.01 \; A}$：表示零件右端面相对左端面的平行度为公差为 0.01 mm。

五、零件上常见的工艺结构

零件的结构形状设计，既要考虑它在机器（或部件）中的作用，又要考虑加工制造的可能及是否方便。因此，在画零件图时，应该使零件的结构既能满足使用上的要求，又使其制造加工方便合理，满足工艺要求，即考虑加工是否方便、合理和经济而设计的零件结构，称为零件的工艺结构。

机器上的绝大部分零件是铸造件，而且要进行机械加工，下面介绍一些常见的铸造和机械加工对零件结构的工艺要求。

1. 铸造工艺结构

（1）铸件壁厚

铸件的壁厚不均匀时，冷却速度不同。厚壁处的冷却速度慢，结晶收缩时没有足够的金属液来补充，易形成缩孔或产生裂纹。所以铸件壁厚应尽量均匀或厚薄逐渐过渡，如图 6-1-36 所示。

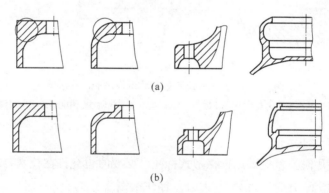

(a)

(b)

图 6-1-36 铸件壁厚
（a）错误；（b）正确

（2）拔模斜度

为了便于从砂型中取出模样，一般都将模样沿起模方向做成一定的斜度（一般为1∶20的斜度），叫作拔模斜度，如图 6-1-37 所示。在零件图上一般都不画出拔模斜度，如有特殊要求，则可在技术要求中说明。

（3）铸造圆角

在铸件毛坯各表面的相交处，都有铸造圆角，如图 6-1-38 所示，这样既便于起模，又能防止在浇铸时铁水将砂型转角处冲坏，还可避免铸件在冷却时产生裂纹或缩孔。铸造圆角半径在图上一般不注出，而标注在技术要求中。铸件毛坯底面（作安装面）常须经切削加工，这时铸造圆角被削平，如图 6-1-38 所示。

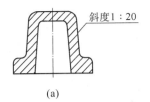

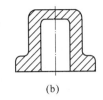

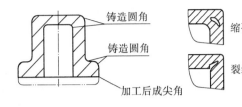

(a)

(b)

图 6-1-37 拔模斜度

（a）画斜度；（b）不画斜度

图 6-1-38 铸造圆角

2. 机械加工工艺结构

（1）倒角和倒圆

为了便于装配，在轴或孔的端部常常加工出倒角。为了避免在热处理中产生裂纹，在轴肩的根部加工成圆角过渡形式，即为圆角。图 6-1-39 所示为倒角、倒圆的尺寸注法。在不致引起误解时，零件图上的 45°倒角可省略不画，其尺寸可简化成如图 6-1-40 所示标注。

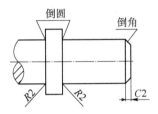

图 6-1-39 倒角、倒圆的注法

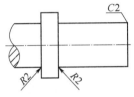

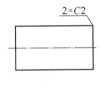

图 6-1-40 45°倒角的简化注法

（2）退刀槽和砂轮越程槽

在车削和磨削时为便于退刀或使砂轮可稍越过被加工表面，常在加工面的末端预先车出退刀槽或砂轮越程槽，其尺寸可按"槽宽×槽深"或"槽宽×直径"的形式来标注，如图 6-1-41 所示。但当槽的结构比较复杂时，可画出局部放大图来标注尺寸。

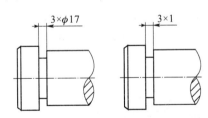

图 6-1-41 退刀槽和砂轮越程槽的标注

（3）凸台、沉孔和凹槽

为了使零件间接触良好，凡与其他零件接触的表面一般都要进行加工，但应尽量减小加工面积。因此在加工面处常做出凸台、沉孔和凹槽，如图 6-1-42 所示。

（4）钻孔

用钻头钻盲孔时，由于钻头顶部有 120°的圆锥面，所以盲孔总有一个 120°的圆锥面。此外，在扩孔时也有一个锥角为 120°的圆台面，如图 6-1-43 所示。钻孔时，应尽量使钻头垂直于孔的端面，否则易将孔钻偏或将钻头折断，因此画图时外平面应与孔的中心线垂直。

对于铸件可先加工表面，后钻孔。

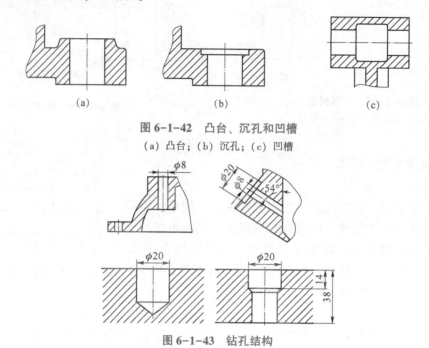

图 6-1-42　凸台、沉孔和凹槽
（a）凸台；（b）沉孔；（c）凹槽

图 6-1-43　钻孔结构

3. 零件图上圆角过渡的画法

铸件表面由于圆角的存在，使铸件表面的交线变得不明显，为了区分不同表面，规定在相交处仍然画出理论上的交线，但两端不与轮廓线接触，把这种不明显的交线叫过渡线并用细实线绘制，如图 6-1-44 所示。

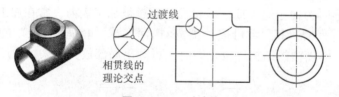

图 6-1-44　过渡线

图 6-1-45 所示为常见的几种过渡线画法。

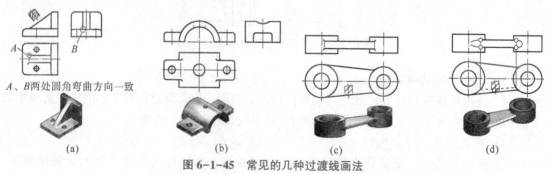

图 6-1-45　常见的几种过渡线画法
（a）三角肋板相交过渡线画法；（b）耳板相交过渡线画法；
（c）连接板方形断面相交过渡线画法；（d）连接板圆形断面相交过渡线画法

■ 任务实施

任务实施单见表6-1-7。

表6-1-7　任务实施单

读标题栏 概括了解	从图6-1-1标题栏可知，该零件名称为主动齿轮轴。从零件名称略知其用途，齿轮轴是用来传递动力和运动的，其材料为45号钢，比例为2∶1，属于轴类零件。初步由尺寸了解该零件属于较小的零件
分析 表达方案	轴套类零件主要结构形状是回转体，轴类零件多在车床和磨床上加工，主视图按加工位置原则选择，一般只画一个主视图。该主动齿轮轴的表达方案由主视图和移出断面图组成，轮齿和键槽部分作了局部剖
读视图 想形状	运用形体分析法，主视图（结合尺寸）已将齿轮轴的主要结构表达清楚了，其由几段不同直径的回转体组成，最大圆柱上制有轮齿，最右端圆柱上有一键槽，零件两端及轮齿两端有倒角，ϕ13h6圆柱体的端面处有砂轮越程槽。移出断面图用于表达键槽深度和进行有关标注。综合想象出如图所示主动齿轮轴结构 **主动齿轮轴的立体图**
读尺寸 定基准	主动齿轮轴中ϕ13的轴段用来安装在左右泵盖内孔中，径向尺寸的基准为齿轮轴的轴线。轮齿部分的右端面用于安装轴向定位，所以该右端面为轴向尺寸的主要尺寸基准；通过尺寸10、15和8等，可以得出零件的右端面为轴向的第一辅助尺寸基准；根据尺寸18，得出齿轮轴轮齿部分的左端面为轴向尺寸的另一辅助基准。键槽长度12、尺寸15、齿轮宽度18等为轴向的重要尺寸，已直接注出。
读技术要 求拟工艺	两个ϕ13f7圆柱面、轴键槽侧两面及齿轮分度圆处有配合要求，尺寸精度较高，相应的表面粗糙度要求也较高，Ra的上限值分别为0.8 μm、1.6 μm和3.2 μm。对键槽提出了对称度要求。对热处理、倒角、未注表面粗糙度等提出了文字说明要求。由尺寸公差和表面粗糙度可知，加工ϕ13f7圆柱面需精车或磨削加工。
综合归纳	综合以上几方面的分析，对主动齿轮轴的作用、结构形状、尺寸大小、主要加工方法及加工中的主要技术要求等，便有了较清楚的认识，了解到这一零件的完整结构，从而真正看懂主动齿轮轴零件图，即可得出主动齿轮轴的总体结构

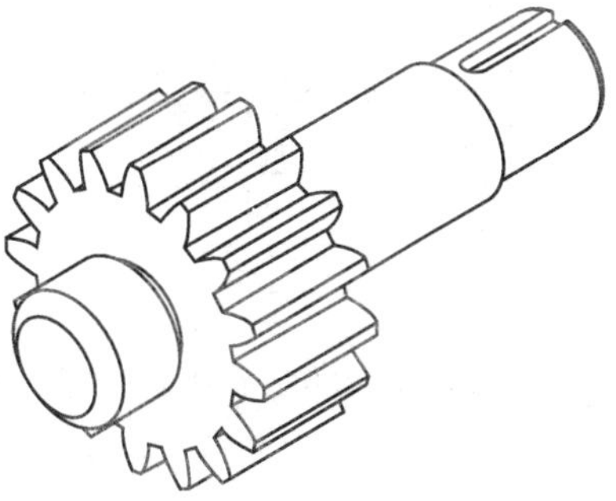

■ 拓展知识

引用企业实际生产图样，如图 6-1-46 所示，适时了解企业标准和企业图纸标准，了解、分析企业轴套类零件工程图样。试分析其视图、尺寸基准、尺寸和技术要求等。

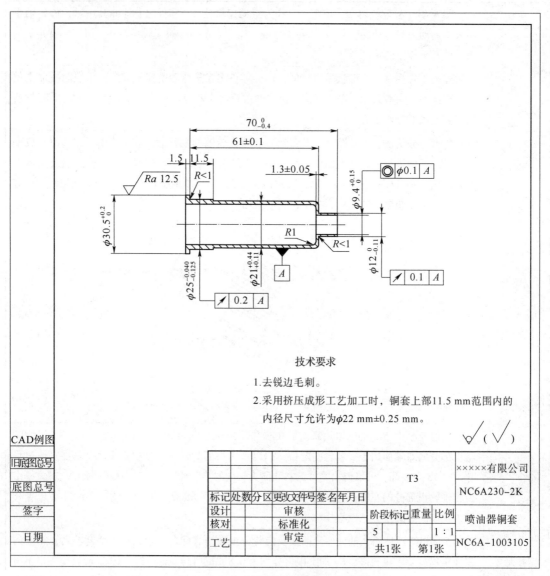

技术要求

1. 去锐边毛刺。

2. 采用挤压成形工艺加工时，铜套上部 11.5 mm 范围内的内径尺寸允许为 $\phi22$ mm±0.25 mm。

CAD例图								T3				××××有限公司
旧底图总号												NC6A230-2K
底图总号												
签字	标记	处数	分区	更改文件号	签名	年月日						喷油器铜套
	设计			审核			阶段标记	重量	比例			
	核对			标准化			5		1 : 1			
日期	工艺			审定			共1张	第1张				NC6A-1003105

图 6-1-46 企业轴套类零件工程图样

❀ 任务二 识读与绘制轮盘类零件图

■ 任务导入

如图 6-2-1 所示，识读泵盖，用 A3 图纸按 2 : 1 的比例绘制该零件图，并标注尺寸。

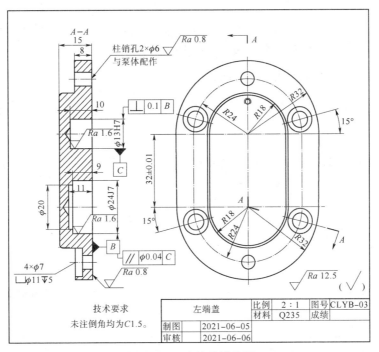

图 6-2-1　左端盖零件图

■ 任务分析

识读图 6-2-1 所示零件图中的尺寸和图形，从标题栏了解零件的名称、用途、材料和数量等，分析视图，明确轮盘类零件的结构形状及特点、功用，以及盖类零件各个孔的名称、作用，分析零件各部分的定形尺寸、各部分之间的定位尺寸及各方向尺寸的主要基准，熟悉零件的主要技术要求等。

■ 知识链接

一、轮盘类零件的视图选择

1. 结构分析

轮盘类零件包括端盖、泵盖、阀盖和齿轮等，这类零件的基本形体一般为回转体或其他几何形状的扁平的盘状体，通常还带有各种形状的凸缘、均布的圆孔和肋等局部结构。轮盘类零件的作用主要是轴向定位、防尘和密封，如图 6-2-1 所示的泵盖。

2. 主视图选择

轮盘类零件的毛坯有铸件或锻件，机械加工以车削为主，主视图一般按加工位置水平放置，但有些较复杂的盘盖，因加工工序较多，故主视图也可按工作位置画出。如图 6-2-1 所示的泵盖就是按工作位置画出，为了表达零件内部结构，主视图常取全剖视。

3. 其他视图的选择

轮盘类零件一般需要两个或两个以上基本视图表达，除主视图外，为了表示零件上均布的孔、槽、肋、轮辐等结构，还需选用一个端面视图（左视图或右视图），如图 6-2-1 中所示就增加了一个左视图，主要表达零件的外形轮廓和孔等结构的相对位置及分布情况。此外，为了表达细小结构，有时还常采用局部放大图。

二、轮盘类零件的尺寸标注及技术要求

1. 尺寸标注方面

1）宽度和高度方向的主要基准是回转轴线，长度方向的主要基准一般是经过加工并有较大面积的接触面或配合面，即经过加工的大端面。

2）定形尺寸和定位尺寸都比较明显，尤其是在圆周上分布的小孔的定位圆直径是这类零件的典型定位尺寸，多个小孔一般采用如"4×ϕ7EQS"所示的形式标注，EQS（均布）就意味着等分圆周，如果均布很明显，则 EQS 也可不加标注。

3）内外结构形状应分开标注。

2. 技术要求方面

1）有配合的内、外表面的表面粗糙度参数值较小；用于轴向定位的端面，表面粗糙度较小。

2）有配合的孔和轴的尺寸公差较小；与其他运动零件相接触的表面应有平行度、垂直度的要求。热处理、刷漆、圆角等不便直接在零件图上注出，可以用文字加以说明。

■ **任务实施**

任务实施单见表 6-2-1。

表 6-2-1　任务实施单

读标题栏概括了解	从图 6-2-1 标题栏可知，该零件名称为左端盖。从零件名称略知其用途，端盖零件的作用主要是轴向定位、防尘和密封，其材料为 Q235，比例为 2∶1，属于轮盘类零件
分析表达方案	轮盘类零件的主要结构形状是回转体，一般采用 2 个基本视图。该左端盖表达方案由主视图和左视图组成，端盖主视图是采用两个相交的剖切平面剖得的全剖视图，主要表达盖子上面 2 个柱销定位孔与 4 个连接用的沉孔的深度和端盖的厚度；左视图采用外形画法，主要表达 2 个柱销孔和 4 个沉孔等结构的相对位置及分布情况
读视图想形状	运用形体分析法，由主视图和左视图得出端盖结构，主要由长圆形的连接板和较小的长圆形凸缘组成，由左视图可以看到，其上下各加工一个柱销通孔（与泵体配作），四周均布 4 个连接用的沉孔。综合想象出如图所示左端盖结构 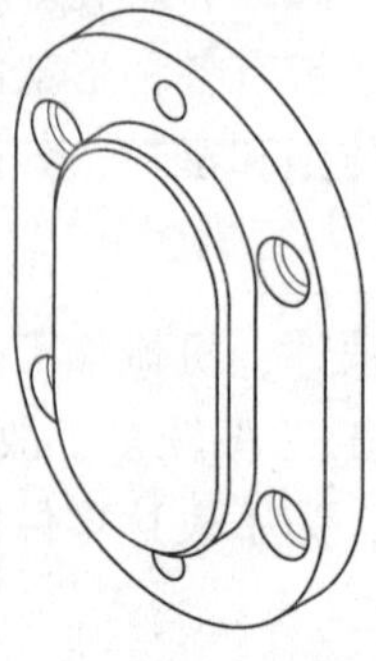 左端盖的立体图

读尺寸定基准	轮盘类零件在标注尺寸时，通常选用轴孔的轴线作为高度方向的主要尺寸基准。主视图中 ϕ13H7 轴孔的轴线为高度方向主要基准。为了准确定位，高度方向还有一个辅助基准，即 ϕ24J7 轴孔的轴线，由此标注出角度 15°，确定安装孔 4×ϕ7 的位置。 在长度方向上，当端盖与泵体连接时，是以端盖的右端面与泵体结合的，因此，长度方向应以端盖的右端面为主要基准，标出"8"和"15"等尺寸确定端盖的厚度。 在宽度方向上，因为泵盖为前后对称结构，所以，应以通过轴线的前后对称面为主要基准
读技术要求拟工艺	图 6-2-1 中共有 5 个地方标注了粗糙度符号，总共 3 种粗糙度要求，其中表面最光滑的是柱销孔和连接板接触面即端盖的右端面，其次是 2 个轴孔，最后是其余表面。两个轴孔尺寸精度要求较高，相应的表面粗糙度要求也较高，Ra 的上限值分别为 0.8 μm、1.6 μm 和 12.5 μm 。对两个轴孔均分别提出了垂直度和平行度要求。对未注倒角和表面粗糙度等提出了文字说明要求。由尺寸公差和表面粗糙度可知，右端面需磨削加工，两个柱销孔应该与泵体同钻、铰配作
综合归纳	综合以上几方面的分析，对端盖的作用、结构形状、尺寸大小、主要加工方法及加工中的主要技术要求等，便有了较清楚的认识，了解到这一零件的完整结构，从而真正看懂左端零件图，即可得出端盖的总体结构

■ 拓展知识

引用企业实际生产图样，如图 6-2-2 所示，适时了解企业标准和企业图纸标准，了解、分析企业轮盘类零件工程图样。试分析其视图、尺寸基准、尺寸和技术要求等。

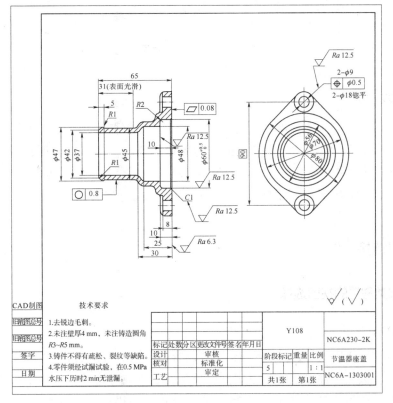

图 6-2-2 企业轮盘类零件工程图样

项目六 零件图的识读与绘制

❋ 任务三　识读与绘制叉架类零件图

■ 任务导入

如图 6-3-1 所示，识读托架，用 A3 图纸按 1∶1 的比例绘制该零件图，并标注尺寸。

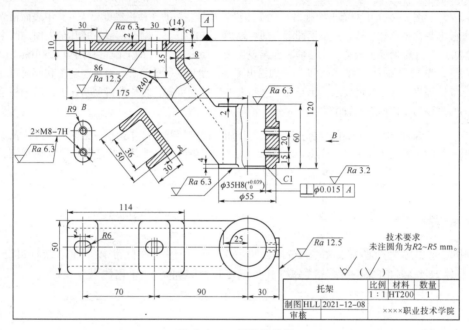

图 6-3-1　托架零件图

■ 任务分析

识读如图 6-3-1 所示零件图中的尺寸和图形。从标题栏了解零件的名称、用途、材料和数量等，分析视图，明确叉架类零件的结构形状及特点、功用，以及该零件各个孔的名称、作用，分析零件各部分的定形尺寸、各部分之间的定位尺寸及各方向尺寸的主要基准，明确该零件的三个组成部分（工作部分、连接部分和支承部分），熟悉零件的主要技术要求等。

■ 知识链接

一、叉架类零件的视图选择

1. 结构分析

叉架类零件包括拨叉、连杆、支架、摇臂和杠杆等，一般在机器中起支承、操纵调节和连接等作用。该类零件多数形状不规则，外形结构比内腔复杂，且整体结构复杂多样，形状差异较大，多为铸造或锻造成毛坯，再经过必要的机械加工而成。这类零件通常由支承部分、工作部分和连接部分组成，常带有倾斜结构和凸台、凹坑、圆孔、螺孔等结构。如图 6-3-1 所示托架就属于叉架类零件。

2. 主视图选择

叉架类零件常用两个以上基本视图表达其主要结构。由于这类零件加工工序较多，加工位置经常变化。因此，主视图应按零件的工作位置或自然安放位置选择，并选取最能反映形状特征的方向作为主视图的投影方向。内部结构通常采用全剖视图或局部剖视图表达，倾斜结构用斜视图或斜剖视图表达，连接部分（一般为支承板、肋板、轮辐等）用断面图表达。

3. 其他视图的选择

由于该类结构形状较复杂，故常采用两个或两个以上基本视图，并根据结构特点辅以断面图、斜视图、局部视图表达，对内部结构形状可采用局部剖视。

二、叉架类零件的尺寸标注及技术要求

1. 尺寸标注方面

1）长度、宽度、高度方向的主要基准一般为孔的中心线、轴线、对称平面和较大的加工平面。

2）定位尺寸较多，要注意能否保证定位的精度。一般要标注出孔中心线（或轴线）间的距离，或孔中心线（轴线）到平面的距离、平面到平面的距离。

3）定形尺寸一般采用形体分析法标注尺寸，便于制作模样；内、外结构形状要注意保持一致；起模斜度、圆角也要标注出来。

2. 技术要求方面

叉架类零件精度要求较高的是工作部位，即支承部分和支承孔，这种结构往往有较高的尺寸精度和表面粗糙度，有热处理、刷漆和圆角等要求，不便直接在零件图上注出，可以用文字加以说明。

■ 任务实施

任务实施单见表 6-3-1。

表 6-3-1　任务实施单

读标题栏概括了解	从图 6-3-1 中标题栏可知，该零件叫托架，在机器中起着支承零部件的作用，其材料为 HT200，比例为 1∶1，属于叉架类零件
分析表达方案	该零件经多道工序加工而成，主视图按零件的工作位置或自然安放位置选择，采用主、俯两个基本视图、一个局部视图和一个移出断面图。由于其在工作时处于倾斜位置，加工位置又不确定，所以主视图将其放平，以反映托架形状特征的方向作为主视图的投影方向。主视图采用两处局部剖，主要表达外形和各种孔的深度位置及支承和工作部分的凸台高度等；俯视图采用外形视图表达工作部分凸台的外形和支承部分的外形等；移出断面图用于表达其连接部分形状；B 向局部视图表达油泵凸台的真实形状和螺孔的分布与形状

续表

读视图 想形状	运用形体分析法，由主视图和俯视图得出托架的结构，其主要由三个组成部分即工作部分、连接部分和支承部分组成，由主、俯视图可以看到工作部分矩形凸缘上挖切了两个长圆形通孔；由主、俯视图及 *B* 向局部视图和移出断面图可以明确支承部分主体为圆筒，右端长圆形的凸缘上加工两个螺纹通孔；连接部分的结构形状由移出断面图表达。综合想象出如图所示的托架结构 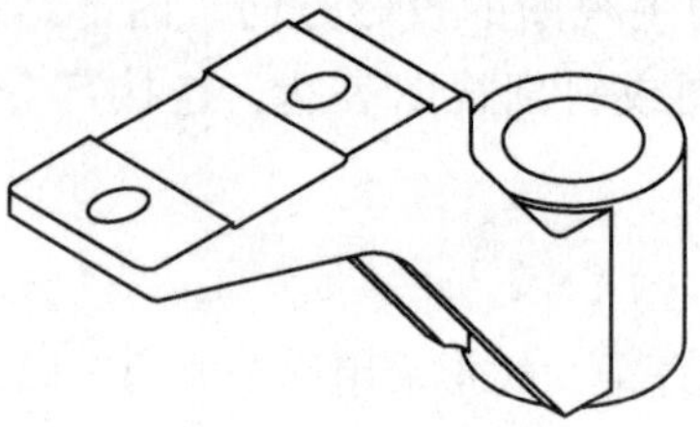 托架的立体图
读尺寸 定基准	主视图中 ϕ35H8 轴孔的轴线为长度方向的主要基准。高度方向应以托架的底面为主要基准，标出"20"和"15"尺寸为确定凸台上螺孔的位置。 在宽度方向上，因为托架为前后对称结构，所以应以通过轴线的前后对称面为主要基准
读技术要 求拟工艺	图 6-3-1 中共有 8 个地方标注了粗糙度符号，总共 4 种粗糙度要求，其中表面最光滑的是 ϕ35H8 轴孔，其次是支承部分圆筒上下面、工作部分的接触面和右端小凸台两个螺孔，再次是工作部分两个长圆孔和零件的右端面，最后是其余表面。ϕ35H8 轴孔和两个螺孔尺寸精度要求较高，相应的表面粗糙度要求也较高，*Ra* 的上限值分别为 3.2 μm、6.3 μm、12.5 μm 和非加工毛坯面。对 ϕ35H8 轴孔提出了垂直度要求。对未倒角和表面粗糙度等提出了文字说明要求。由尺寸公差和表面粗糙度可知，顶面经铣削加工，ϕ35H8 孔可经镗削加工
综合归纳	综合以上几方面的分析，对托架的作用、结构形状、尺寸大小、主要加工方法及加工中的主要技术要求等，便有了较清楚的认识，了解到这一零件的完整结构，从而真正看懂托架零件图，即可得出托架的总体结构

■ 拓展知识

引用企业实际生产图样，如图 6-3-2 所示，适时了解企业标准和企业图纸标准，了解、分析企业叉架类零件工程图样。试分析其视图、尺寸基准、尺寸和技术要求等。

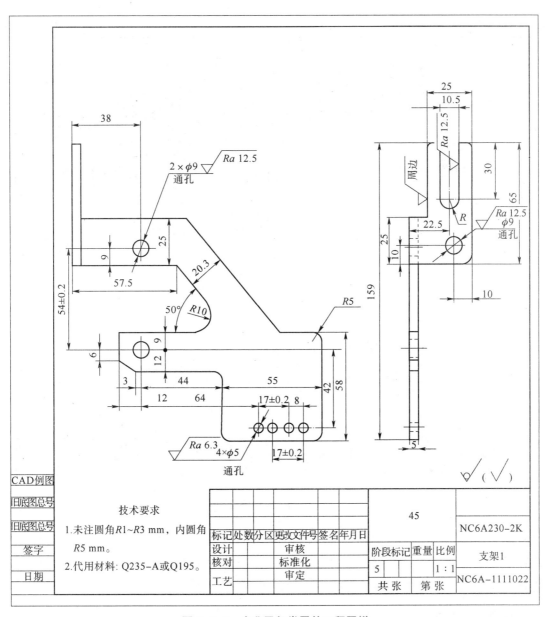

技术要求

1. 未注圆角 $R1\sim R3$ mm，内圆角 $R5$ mm。
2. 代用材料：Q235-A或Q195。

							45				NC6A230-2K
标记	处数	分区	更改文件号	签名	年月日						
设计			审核			阶段标记	重量	比例			支架1
核对			标准化			5		1∶1			
工艺			审定			共 张		第 张			NC6A-1111022

图 6-3-2　企业叉架类零件工程图样

任务四　识读与绘制箱体类零件图

■ **任务导入**

如图 6-4-1 所示，识读泵体，用 A3 图纸按 2∶1 的比例绘制该零件图，并标注尺寸。

■ **任务分析**

识读如图 6-4-1 所示泵体零件图中的尺寸和图形。从标题栏了解零件的名称、用途、

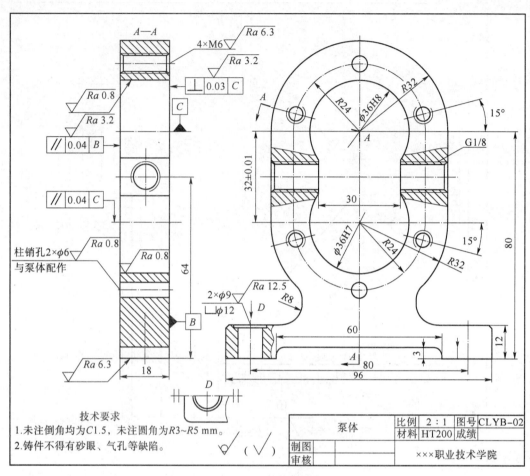

图6-4-1 泵体零件图

材料和数量等，分析视图，明确箱体类零件的结构形状及特点、功用，以及箱体类零件各个孔的名称、作用，分析零件各部分的定形尺寸、各部分之间的定位尺寸及各方向尺寸的主要基准，熟悉零件的主要技术要求等。

■ 知识链接

一、箱体类零件的视图选择

1. 结构分析

箱体类零件的内、外结构都很复杂，常用薄壁围成不同的空腔，箱体上还常有加强肋、安装孔、螺纹孔、支承孔、凸台、注油孔、放油孔和螺栓孔等结构。毛坯多为铸件，只有部分表面要经机械加工，因此，具有许多铸造工艺结构，如铸造圆角、起模斜度等。这类零件是机器或部件的主要零件之一，一般起支承、容纳和零件定位的作用。

2. 主视图选择

由于箱体类零件结构形状复杂，加工位置多变，因而常以工作位置或自然安放位置确定主视图位置，以最能反映其各组成部分形状特征及相对位置的方向作为主视图的投影方向。为了表达零件的内部结构，主视图常取全剖视。

3. 其他视图的选择

通常采用三个或三个以上基本视图，并根据箱体结构特点，选择合适剖视。当外形简单时常采用全剖，内外形状都较复杂时采用局部剖，对称时采用半剖。次要或较小结构，常采用局部剖和断面，有时还常采用局部放大图。

二、箱体类零件的尺寸标注及技术要求

1. 尺寸标注方面

1）长度、宽度、高度方向的主要基准为孔的中心线、轴线、对称面、安装面和较大的加工面。

2）箱体类零件的定位尺寸较多，各孔中心线（或轴线）间的距离要直接标注出来。

3）定形尺寸仍用形体分析法标注。

2. 技术要求方面

1）箱体重要的孔、表面一般有尺寸公差和几何公差的要求。

2）箱体重要的孔、表面的表面粗糙度参数值较小。

■ 任务实施

任务实施单见表 6-4-1。

表 6-4-1　任务实施单

读标题栏概括了解	从图 6-4-1 中标题栏可知，该零件为泵体，在机器中起着支承、包容、安装和固定其他零件的作用。其材料为 HT200，比例为 2∶1，属于箱体类零件。该零件的加工机床多变，主视图的位置与箱体的工作位置相同
分析表达方案	泵体属箱体类零件，一般采用三个或三个以上的基本视图。该泵体表达方案由主视图、左视图和 D 向局部视图组成，泵体主视图是采用两个相交的剖切平面剖得的全剖视图，主要表达泵体上面 2 个定位孔、4 个连接用的螺孔的深度、进油口（出油口）的形状和泵体的厚度等。左视图采用外形画法加 3 处局部剖，它反映了壳体的结构形状及齿轮与进、出油口在宽、高方向的相对位置，表达了 2 个定位孔和 4 个连接用的螺纹孔等结构的相对位置及分布情况、进油口和出油口形状与位置、安装孔的位置以及泵体内腔形状与壁厚。局部视图采用对称简化画法，用于表达泵体底板形状和安装孔形状与分布

读视图 想形状	运用形体分析法，由主视图和左视图得出泵体的结构，其主要由两部分组成，由主俯视图可以看到泵体上加工了两个用于定位的柱销通孔和四个用于连接的螺纹通孔，表达泵体厚度、油口形状与位置；由左视图可以明确泵体外形和腔体形状，表达进出油口深度、底板厚度、底板安装孔的深度。综合想象出如图所示泵体结构形状 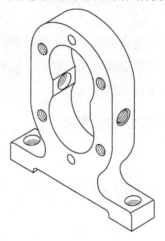 <div align="center">泵体的立体图</div>
读尺寸 定基准	箱体类零件的结构比较复杂，在标注尺寸时通常选择设计上有要求的轴线、重要安装面、接触面或者对称面为主要基准。 泵体在长度方向上是以左右对称面为主要基准；在宽度方向上，因为泵体为前后对称结构，所以应以通过轴线的前后对称面为主要基准，以此为基准而注出定位尺寸30；在高度方向上，由于泵体是以底板下表面为安装面，故以底板安装面为主要基准，以此为基准而注出定位尺寸80，同时考虑到加工和测量方便以及准确定位，再以主动轴轴孔的轴线为辅助基准，注出它与被动轴轴孔的中心距32
读技术要求 拟工艺	图6-4-1中共有9个地方标注了粗糙度符号，总共5种粗糙度要求，其中表面最光滑的是柱销孔和两个齿轮轴孔，其次是泵体的左右端面，再次是4个连接用的螺孔和安装底面，然后是底板安装孔，最后是其余表面。两个齿轮轴孔尺寸精度要求较高，相应的表面粗糙度要求也较高，分别为 $Ra0.8\ \mu m$、$Ra3.2\ \mu m$、$Ra6.3\ \mu m$、$Ra12.5\ \mu m$ 和非加工毛坯面。对两个轴孔均提出了平行度要求，对泵体左右两个端面分别提出了平行度和垂直度要求。对热处理、未注倒角和圆角及表面粗糙度等提出了文字说明要求，其中两个注销孔应该与泵盖同钻、铰配作
综合归纳	综合以上几方面的分析，对泵体的作用、结构形状、尺寸大小、主要加工方法及加工中的主要技术要求等，便有了较清楚的认识，了解到这一零件的完整结构，从而真正看懂泵体零件图，即可得出泵体的总体结构

■ 拓展知识

引用企业实际生产图样，如图6-4-2所示，适时了解企业标准和企业图纸标准，了解、分析企业箱体类零件工程图样。试分析其视图、尺寸基准、尺寸和技术要求等。

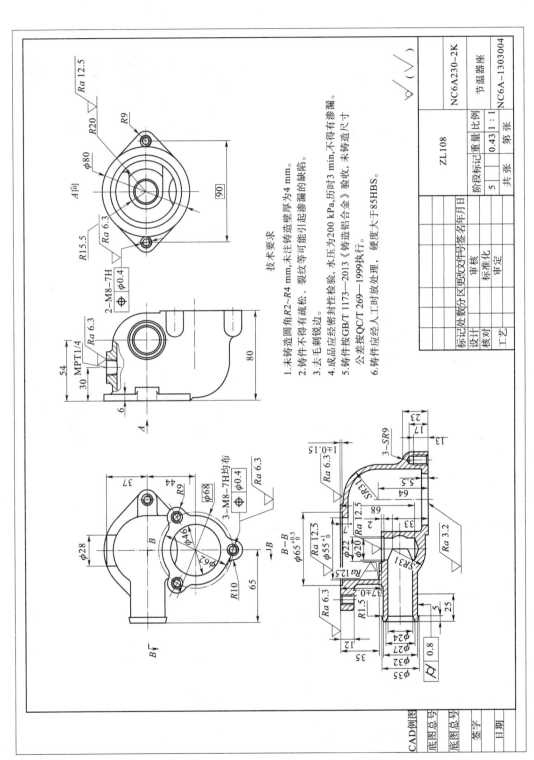

技术要求

1. 未铸造圆角R2~R4 mm,未注铸造壁厚为4 mm。
2. 铸件不得有疏松、裂纹等可能引起渗漏的缺陷。
3. 去毛刺锐边。
4. 成品应经密封性检验,水压为200 kPa,历时3 min,不得有渗漏。
5. 铸件按GB/T 1173—2013《铸造铝合金》验收,未铸造尺寸公差按QC/T 269—1999执行。
6. 铸件应经人工时效处理,硬度大于85HBS。

图6-4-2 企业箱体类零件工程图样

CAD例图				
底图总号				
底图总号				
签字				
日期				

标记	处数	分区	更改文件号	签名	年月日				
设计						ZL108		NC6A230-2K	
核对		审核				阶段标记	重量	比例	节温器座
工艺		标准化				5	0.43	1:1	
		审定				共 张	第 张		NC6A-1303004

项目七
装配图的识读与绘制

本项目主要了解装配图的作用、装配图的内容和装配图的画法，为的是正确识读装配图和绘制装配图。

✓ 知识目标

1. 了解装配图的概念和作用。
2. 了解装配图的基本内容。
3. 掌握识读、绘制装配图的方法和步骤。

✓ 能力目标

1. 能够读懂装配图，了解装配体的工作原理及装配关系。
2. 能够根据装配图拆画零件图。

✓ 素养提升

装配图是机器或部件在装配、调试、安装和维修时的重要技术文件。在学习装配体规定画法和特殊表达时，再次强调按国标规范画图的重要性，学习装配图知识的过程是进一步培养遵守国标意识和守法意识的过程，在学习装配图的装配工艺及配合精度时，会引入各种设备性能的介绍，并通过与国外设备性能的比较来激发爱国情怀，强化当代大学生的责任担当，培养学生的综合素质。

✹ 任务一　读齿轮油泵装配图

■ 任务导入

识读如图 7-1-1 所示齿轮油泵装配图。

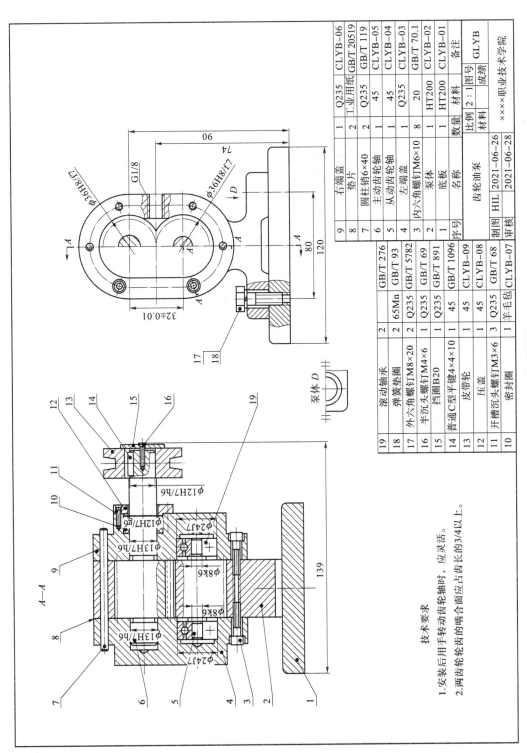

图 7-1-1 齿轮油泵

技术要求
1.安装后用手转动齿轮轴时，应灵活。
2.两齿轮轮齿的嘴合面应占齿长的3/4以上。

19		滚动轴承	2		GB/T 276	
18		弹簧垫圈	2	65Mn	GB/T 93	
17		外六角螺钉M8×20	2	Q235	GB/T 5782	
16		半沉头螺钉M4×6	1	Q235	GB/T 69	
15		挡圈B20	1	Q235	GB/T 891	
14		普通C型平键4×4×10	1	45	GB/T 1096	
13		皮带轮	1	45		CLYB-09
12		压盖	1	45		CLYB-08
11		开槽沉头螺钉M3×6	3	Q235	GB/T 68	
10		密封圈	1	羊毛毡		CLYB-07
9		右端盖	1	Q235		CLYB-06
8		垫片	2	工业用纸	GB/T 20519	
7		圆柱销6×40	2	Q235	GB/T 119	
6		主动齿轮轴	1	45		CLYB-05
5		从动齿轮轴	1	45		CLYB-04
4		左端盖	1	Q235		CLYB-03
3		内六角螺钉M6×10	8	20	GB/T 70.1	
2		泵体	1	HT200		CLYB-02
1		底板	1	HT200		CLYB-01
序号		名称	数量	材料		备注

齿轮油泵		比例	2：1	图号	GLYB
		材料		成绩	
制图	HIL	2021-06-26	××××职业技术学院		
审核		2021-06-28			

■ 任务分析

读装配图的目的是弄清楚机器或部件的性能、工作原理、装配关系和各零件的主要结构、作用以及拆装顺序等。

■ 知识链接

一、装配图的作用和内容

装配图通常是用来表达机器或部件的结构形状、工作原理和技术要求，以及零件、部件间装配关系的图样。在产品设计中，一般先根据产品的工作原理图画出装配图，然后再根据装配图进行零件设计，并画出零件图。在产品制造中，装配图是制定装配工艺规程、进行装配和检验的技术依据。在机器使用和维修时，也需要通过装配图来了解机器的工作原理和构造。

一张完整的装配图必须具备下列内容：

1. 一组视图

装配图上用一组图形完整、清晰、准确地表达出机器的工作原理、各零件的相对位置及装配关系、连接方式和重要零件的结构形状。

2. 必要的尺寸

装配图上标注出反映机器或部件的规格（性能）尺寸、零件之间的配合尺寸、外形尺寸、部件和机器的安装尺寸和其他重要尺寸等检验和安装时所需要的尺寸。

3. 技术要求

装配图上用符号或文字注写说明机器或部件在装配、检验、调试、使用等方面所必须满足的技术条件。

4. 零部件的序号、明细栏和标题栏

在装配图中，应对每个不同的零部件编写序号，并在明细栏中依次填写各个零件的名称、代号、数量和材料等内容。标题栏一般包括机器或部件的名称、比例、绘图及审核人员的签名等。

二、装配图中的规定画法和特殊表达方法

1. 装配图中的规定画法

（1）零件间接触面（或配合面）和非接触面的画法

两相邻零件的接触面或配合面只画一条轮廓线，如图 7-1-2 中的①所示；而对于未接触的两表面、非配合面（即基本尺寸不同），则要画两条轮廓线，如图 7-1-2 中的③所示；若间隙很小或狭小剖面区域，则可以夸大表示，如图 7-1-2 中的⑦所示。

（2）剖面线的画法

相邻两个或多个零件的剖面线应有区别，或者方向相反，或者方向一致但间隔不等，并相互错开，如图 7-1-2 中的④所示。在同一张装配图中，所有剖视图、断面图中同一零件

的剖面线方向、间隔和倾斜角度应一致，这样有利于找出同一零件的各个视图，想象其形状和装配关系。剖面区域厚度小于 2 mm 的图形可以以涂黑来代替剖面符号，如图 7-1-2 中的⑦所示。

（3）实心零件的画法

在装配图中，对于紧固件以及轴、连杆、球、键、销等实心零件，若按纵向剖切，且剖切平面通过其对称平面或轴线，则这些零件均按不剖绘制，如图 7-1-2 中的⑤所示。如果需要特别表明这些零件上的局部结构，如凹槽、键槽、销孔等，则可用局部剖视表示，如图 7-1-2 中的②所示。

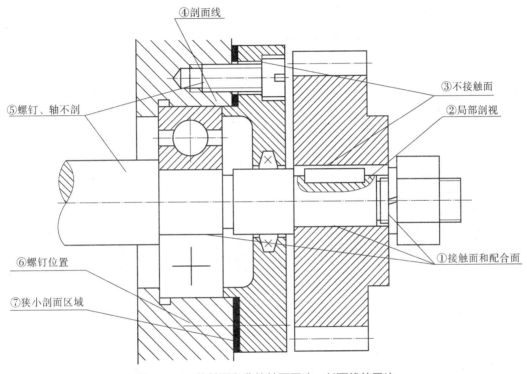

图 7-1-2　接触面和非接触面画法、剖面线的画法

2. 装配图的特殊画法

（1）拆卸画法

在装配图中，可假想沿某些零件的结合面剖切，即将剖切平面与观察者之间的零件剖掉后再进行投射，此时在零件结合面上不画剖面线，但被切部分（如螺杆、螺钉等）必须画出剖面线。

当装配体上某些零件，其位置和基本连接关系等在某个视图上已经表达清楚时，为了避免遮盖某些零件的投影或避免重复画图，在其他视图上可假想将这些零件拆去不画。当需要说明时，可在所得视图上方注出"拆去×××"字样。

（2）假想画法

部件中某些零件的运动范围和极限位置可用细双点画线画出其轮廓。如图 7-1-3 所示，用细双点画线画出了扳手的另一个极限位置。

对于与本部件有关但不属于本部件的相邻零、部件，可用细双点画线表示其与本部件的连接关系，如图 7-1-4 所示的转子油泵。

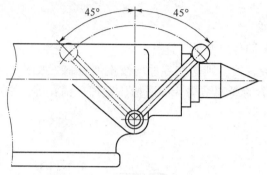

图 7-1-3　运动零件的极限位置

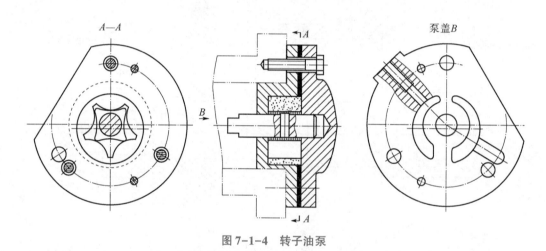

图 7-1-4　转子油泵

（3）单独表达某零件

在装配图上，如所选择的视图已将大部分零件的形状、结构表达清楚，但仍有少数零件的某些主要结构还未表达清楚时，可单独画出这些零件的视图或剖视图，但必须在所画视图上方注出该零件的视图名称，在相应视图附近用箭头指明投射方向，并注上同样的字母。如图 7-1-4 所示的转子油泵中的泵盖 B 向视图。

（4）展开画法

当轮系的各轴线不在同一平面内时，为了表示传动关系及各轴的装配关系，可假想用剖切平面按传动顺序沿它们的轴线剖开，然后将其展开画出剖视图，这种表达方法称为展开画法。

（5）夸大画法

凡装配图中直径、斜度、锥度或厚度小于 2 mm 的结构，如垫片、细小弹簧、金属丝等，可以不按实际尺寸画，允许在原来的尺寸上稍加夸大画出。实际尺寸大小应在该零件的零件图上给出。

3. 装配图的简化画法

（1）相同零、部件组的简化画法

对于重复出现且有规律分布的零、部件组，如螺纹连接零件组、油杯、油标等，可仅详细地画出一组或几组，其余只需用细点画线表示其位置即可，如图出 7-1-5（a）所示。

（2）零件上工艺结构的简化画法

零件的某些工艺结构，如小圆角、倒角、退刀槽、起模斜度等在装配图中允许不画；螺栓头部和螺母也允许按简化画法画出，如图 7-1-5（b）所示。

（3）带传动、链传动的简化画法

在装配图中，可用粗实线表示带传动中的带，如图 7-1-5（c）所示；用细点画线表示链传动中的链，如图 7-1-5（d）所示。

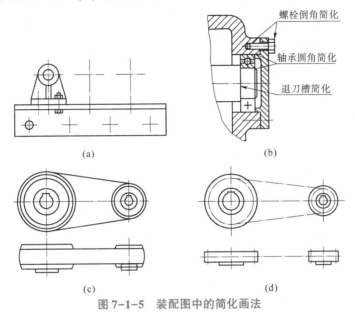

图 7-1-5　装配图中的简化画法

三、装配图的尺寸标注

装配图与零件图的作用不同，对尺寸标注的要求也不同。装配图是设计和装配机器（或部件）时用的图样，不是制造零件的直接依据。因此，装配图不必把零件制造时所需要的全部尺寸都标注出来，而只需标注一些必要的尺寸。

在装配图中，通常按尺寸作用的不同，大致可分为以下五大类。

1. 性能（规格）尺寸

性能尺寸表示装配体的工作性能或产品规格的尺寸。这类尺寸是设计、了解和选用产品的依据。

2. 装配尺寸

装配尺寸是用以保证机器（或部件）装配性能的尺寸。装配尺寸有两种：

（1）配合尺寸：表示两零件配合性质的尺寸，一般在尺寸数字后面都注明配合代号。

（2）相对位置尺寸：表示零件间或部件间比较重要的相对位置，是装配时必须保证的尺寸。

3. 安装尺寸

安装尺寸是表示零、部件安装在机器上或机器安装在固定基础上所需要的尺寸。

4. 外形尺寸

外形尺寸是表示装配体所占有空间大小的尺寸，即总长、总宽和总高尺寸。总体尺寸即该机器或部件在包装、运输和安装过程中所占空间的大小。

5. 其他重要尺寸

其他重要尺寸是指根据装配体的结构特点和需要，必须标注的尺寸，如运动件的极限位置尺寸、零件间的主要定位尺寸和设计计算尺寸等。

需要说明的是，上述五类尺寸之间不是孤立无关的，装配图上的某些尺寸有时兼有几种含义。此外，一张装配图中也不一定都具有上述五类尺寸。在标注尺寸时，必须明确每个尺寸的作用，对装配图没有意义的结构尺寸无须注出。

四、装配图中的零部件序号、明细栏和技术要求

1. 零、部件序号的编写原则

1）装配图中所有的零、部件都必须编写序号，并与明细栏中的序号一致。

2）装配图中一个零、部件只编写一个序号，同一张装配图中相同的零、部件应编写同样的序号。

3）装配图中的标准化组件（如油杯、滚动轴承、电动机等）可作为一个整体，只编写一个序号。

4）序号应按顺时针或逆时针方向顺次排列整齐。如在整个图上无法连续排列时，则应尽量在每个水平或垂直方向上顺次排列。

2. 序号的注写形式

1）在细实线的指引线端部画一水平线或圆（均为细实线），在水平线上或圆内注写序号，序号字高比图中所注尺寸数字大一号或大二号。

2）在指引线的另一端附近直接注写序号，序号字高应比图中尺寸数字大二号，如图7-1-7（a）所示。

3）在同一装配图中，编写序号的形式应保持一致。

3. 指引线的画法

1）指引线的引出端应从零、部件的可见轮廓内画一小圆点。当所指的部分内不便画圆点时（很薄的零件或涂黑的剖面），可在指引线的末端画出箭头，并指向该部分的轮廓，如图7-1-6（b）所示。

2）指引线相互不能相交，当通过有剖面线的区域时，指引线不应与剖面线平行；必要时，指引线可以画成折线，但只可曲折一次，如图7-1-6（b）所示。

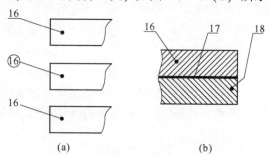

图7-1-6 序号的注写形式及指引线画法
（a）序号的注写形式；（b）指引线的画法

3）一组紧固件以及装配关系清楚的零件组，可以采用公共指引线，如图 7-1-7 所示。

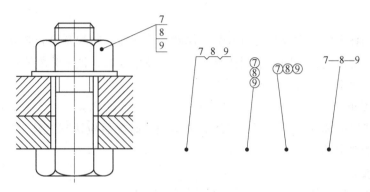

图 7-1-7 紧固件或零件组的序号形式

4. 明细栏

明细栏可按 GB/T 10609.2—1989 中推荐使用的规定格式绘制。明细栏一般由序号、代号、名称、数量、材料、重量、分区、备注等组成，也可按实际需要增加或减少。各工厂企业有时也有各自的标题栏、明细栏格式，本课程推荐的装配图作业格式如图 7-1-8 所示。

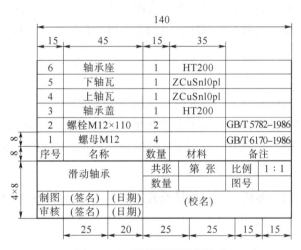

图 7-1-8 装配图明细栏格式

绘制和填写明细栏时应注意以下问题：

1）明细栏应配置在标题栏的上方，其分界线是粗实线，明细栏的外框竖线是粗实线，明细栏的横线和内部竖线均为细实线（包括最上一条横线）。

2）序号应自下而上顺序填写，以便发现漏编零件时可继续向上补填。如向上延伸位置不够时，可以在紧靠标题栏的左边位置自下而上延续。

3）当装配图中不能在标题栏的上方配置明细栏时，可作为装配图的续页按 A4 幅面单独给出明细栏，此时，其顺序应是自上而下延伸，还可连续加页，但应在明细栏的下方配制标题栏。

4）标准件的国标代号可写入备注栏。

5. 技术要求

装配图上的技术要求主要是针对该装配体的工作性能、装配及检验要求、调试要求及使用与维护要求所提出的，不同的装配体具有不同的技术要求。拟定装配体技术要求时，应具体分析，一般从以下三个方面考虑：

（1）装配要求

装配要求指装配体在装配过程中需注意的事项，装配后应达到的技术要求，如准确度、装配间隙、润滑要求等。

（2）检验要求

检验要求指对装配体基本性能的检验、试验、验收方法的说明等。

（3）使用要求

使用要求指对装配体的规格、参数及维护、保养的要求以及使用时的注意事项等。

上述各项技术要求，不是每张装配图都要全部注写，应根据具体情况而定。装配图技术要求一般采用文字注写在明细栏的上方或图纸下方的空位处。

五、识读装配图的方法和步骤

不同的工作岗位看图的目的是不同的，有的仅需要了解机器或部件的用途和工作原理；有的要了解零件的连接方法和拆卸顺序；有的要拆画零件图等。一般说来，应按以下方法和步骤识读装配图。

1. 概括了解

从标题栏和有关的说明书中，了解机器或部件的名称和大致用途；从绘图比例和外形尺寸中了解装配体的大小；从明细栏和图中的序号了解组成机器或部件的零件的名称、数量、材料以及标准件的规格；从视图数量及图形的复杂性初步判断装配体的复杂程度。

2. 分析视图，明确各视图表达的重点

了解各视图、剖视图和断面图的数量及表达的意图，明确视图的名称、剖切位置、投射方向，为下一步深入看图做好准备。

3. 分析传动路线和工作原理

一般可从图样中直接分析，当部件比较复杂时，需参考说明书。分析时，应从部件的传动入手，了解其工作原理。

4. 分析装配关系和连接方式

分析清楚零件之间的配合关系、连接方式和接触情况，能够进一步了解为保证实现部件的功能所采取的相应措施，以更加深入地了解部件。

5. 分析零件主要结构形状和用途

（1）应先看简单件，后看复杂件

将标准件、常用件及一看就懂的简单零件看懂后，再将其从图中"剥离"出去，然后集中精力分析剩下的为数不多的复杂零件。

（2）应依据剖面线划定各零件的投影范围

根据国家标准对剖面线的规定，先将复杂零件在各个视图上的投影范围及其轮廓弄清楚，可借助丁字尺、三角板、分规等绘图工具来对正投影关系。

（3）应读懂零件的主要结构形状，了解其用途

运用形体分析法并辅以线面分析法进行仔细分析，不仅要分析出零件的主要结构形状，还要考虑零件为什么要采用这种结构形状，以进一步分析该零件的作用。

（4）应仔细分析在装配图中表达不够完整的零件的结构形状

可先分析相邻零件的结构形状，根据它和周围零件的关系及其作用，再来确定该零件的结构形状。若有零件图，也可作为参考，以弄清零件的细小结构及其作用。

6. 归纳总结

在以上分析的基础上，还要对技术要求和标注的尺寸进行分析，并把部件的性能、结构、装配、操作和维修等几方面联系起来研究，进行归纳总结，这样对部件才能有一个全面的了解。

上述看图方法和步骤是为初学者看图时理出一个思路，各步骤可根据装配图的具体情况交替或穿插进行。

■ 任务实施

任务实施单见表 7-1-1。

表 7-1-1 任务实施单

了解部件	首先通过图 7-1-1 所示标题栏了解部件的名称（齿轮油泵），齿轮油泵是机器润滑、供油系统中的一个部件；从绘图比例和外形尺寸了解装配体的体积大小，要求传动平稳，保证供油，不能有渗漏；从明细栏和图中的序号了解组成部件的零件的名称、数量、材料以及标准件的规格，它由 19 种零件组成，其中有标准件 8 种。由此可知，这是一个较简单的部件
分析视图	齿轮油泵装配图共选用两个基本视图，主视图采用了全剖视 A—A，它将该部件的结构特点和零件间的装配关系、连接关系大部分表达出来。左视图采用了半剖视，它是沿左端盖 4 和泵体 2 的结合面剖切的，清楚地反映出齿轮泵的外部形状和齿轮的啮合情况，泵体与左、右端盖的连接，以及齿轮泵与机体的装配方式。局部剖则是用来表达油口，泵体 D 向局部视图用于表达装配体中最大零件泵体的底板外形与安装孔的分布位置
分析传动路线工作原理	分析时，应从部件的传动入手：动力从皮带轮 13 输入，当它按逆时针方向（从左视图上观察）转动时，通过键 14，带动主动齿轮轴 6 转动，再经过齿轮啮合带动从动齿轮轴 5，从而使后者做顺时针方向转动。传动关系清楚了，就可以分析出工作原理。当主动轮在泵体内逆时针方向转动时，带动从动轮顺时针方向转动，两齿轮啮合区右边的油被齿轮带走，形成负压，油池中的油就在大气压的作用下进入油泵的进油口。随着齿轮的转动，齿槽中的油不断沿箭头方向被带至左边的出油口把油压出，送至机器中需要润滑的部位。 凡属泵类、阀类部件都要考虑防漏问题。为此，该泵在泵体与端盖的结合处加入了垫片 8，并在主动齿轮轴 6 的伸出端用密封圈 10、压盖 12 和螺钉 11 加以密封

分析传动路线工作原理	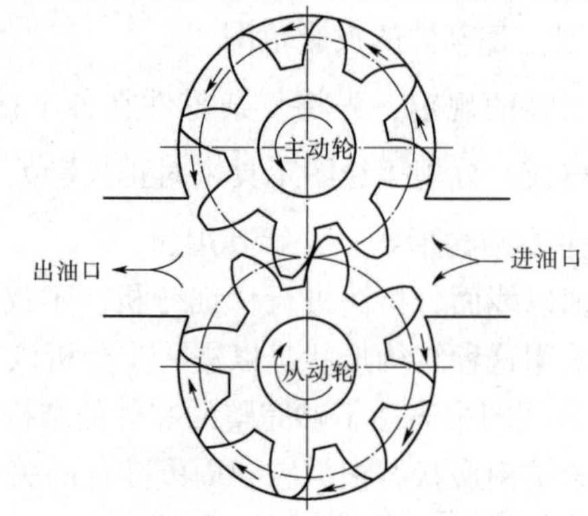 齿轮油泵工作原理示意图
分析装配关系	从图 7-1-1 中可以看出，它是采用以 2 个圆柱销定位、8 个螺钉紧固的方法将两个端盖与泵体牢靠地连接在一起。 　　皮带轮和主动齿轮轴的配合为 $\phi12H7/h6$，属基孔制过渡配合。这种轴、孔两零件间较紧密的配合，既便于装配，又有利于和键一起将两零件连成一体传递动力。主动齿轮轴 6 与左、右端盖的配合 $\phi13H7/h6$，为间隙配合，保证轴在孔中转动；从动齿轮轴 5 与轴承的配合 $\phi8k6$，为间隙配合，它采用了间隙配合中间隙为最小的方法，既保证轴在孔中转动，又可减小或避免轴的径向跳动。主动齿轮轴 6 与从动齿轮轴 5 的装配尺寸 32 ± 0.01 则反映出对两齿轮啮合中心距的要求
分析零件主要结构形状和用途	为了深入了解部件，还应进一步分析零件的主要结构形状和用途。 　　应先将标准件、常用件及一看就懂的简单零件（如圆柱销、轴承、键、螺栓、螺钉等）看懂后，再将其从图中"剥离"出去，然后集中精力分析剩下的为数不多的复杂零件。 　　再依据剖面线划定各零件的投影范围及剖面线方向和间隔，将复杂零件在各个视图上的投影范围及其轮廓弄清楚，如泵体与左、右端盖的剖面线方向的区别。 　　读懂装配图上的其他尺寸
综合归纳	在以上分析的基础上，还要对技术要求和标注的尺寸进行分析，并把部件的性能、结构、装配、操作、维修等几方面联系起来研究，进行归纳总结，这样对部件才能有一个全面的了解

任务二　绘制四通阀装配图

■ 任务导入

用 A4 图纸，按 1：1 绘制四通阀装配图。

■ 任务分析

依据四通阀的工作原理图、装配示意图及零件图，绘制四通阀的装配图，以此为例，说明绘制装配图的方法和步骤。

■ 知识链接

一、绘制装配示意图

图 7-2-1 与图 7-2-2 所示分别为四通阀的工作原理图和装配示意图，从图中可看出装配示意图和装配图的区别。

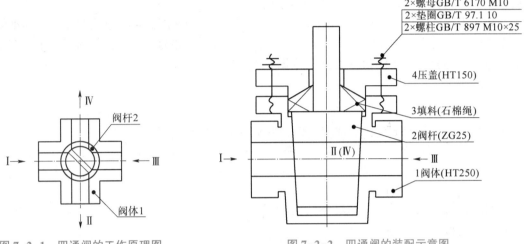

图 7-2-1　四通阀的工作原理图　　　　　　图 7-2-2　四通阀的装配示意图

装配示意图的绘制方法如下：

1）装配示意图是将装配图当作透明体进行绘制的，所以既可画出外部轮廓，又可画出内部结构，但和剖视图不同，其表达可不受前后层次的限制。

2）装配示意图是用规定代号及示意画法绘制的，各零件可按其外形和结构特点形象地画出大致轮廓；一些常用零件及构件的规定代号，可参阅国家标准《机械制图　机构运动简图用图形符号》（GB/T 4460—2013）绘制。

3）装配示意图一般只画一两个视图。绘制时一般尽量将所有零件都集中在一个视图上表达出来，实在无法表达时，才画出第二个图，但应与第一个图保持投影关系。

4）绘制装配示意图时，一般从主要零件和较大的零件入手，按装配顺序和零件的位置逐个画出示意图；两零件的接触面之间一般要留出间隙，以便区分零件，其与装配图的规定画法不同；各零部件之间大致符合比例，特殊情况可放大或缩小。

5）绘制装配示意图时，还可用涂色、加粗线条等手法，使其更形象。常采用展开画法和旋转画法。

6）图形画好后，还要编上零件序号，并注写零件名称和数量。

二、绘制装配图的方法和步骤

绘制装配图的过程是一次检验、校对零件的形状结构、尺寸标注和技术要求等的过程，如发现装配结构上有错误和不妥之处，可及时改正。

1. 了解部件

对部件进行仔细观察和分析，并研究有关资料，了解其用途、性能、工作原理、每个零件的作用及其装配关系、连接方式等。

2. 确定表达方案

（1）主视图的选择

一般按部件的工作位置放置，在此基础上，选择最能反映部件装配关系、工作原理和主要零件结构的方向作为主视图的投影方向。

（2）其他视图的选择

主视图确定之后，再考虑还有哪些装配关系、工作原理和主要零件结构没有表达清楚，然后根据需要选择其他视图，并确定相应的表达方法。

在表达方案确定以后，根据装配体的大小、复杂程度和视图数量确定绘图比例及图纸幅面；布图时，要考虑各视图间留出一定空档，以便注写尺寸和编写序号，图幅右下角应有足够的位置画标题栏、明细栏和注写技术要求。

3. 画图步骤

1）图面布局。画出图框，定出标题栏和明细栏位置，绘制各视图的主要基准线（通常是指主要轴线——装配干线、对称中心线、主要零件的基面或端面等）

2）逐层画出各视图。一般从主视图开始绘制，几个基本视图同时进行，先画主要部分，剖开的机件应直接画成剖开的形状；还应解决好零件装配时工艺结构、轴向定位、表面的接触关系及互相遮挡等问题。

3）画部件的次要部分，如密封圈、轴套等。

4）画细部结构，如螺钉、销、螺纹等。

5）检查校对底稿。对装配底稿图进行检查校对，如发现零件草图（包括尺寸）有错，尤其是装配尺寸有错，应及时纠正，确认无误后描深并画剖面线。

6）注写技术要求，编写零件序号，填写标题栏和明细表。

三、常见的装配工艺结构和装置

为了保证装配质量和装拆方便，使机器或部件达到规定的力学性能，在设计装配体时应考虑合理的装配工艺结构和常见装置，并在装配图上把这些结构正确地表示出来。

1. 工艺结构

1）为了避免装配时表面互相发生干涉，两零件接触时，在同一方向上（横向或竖向）只应有一对接触面，这样既可保证配合质量，使装配工作顺利，又给加工带来了方便，如图7-2-3所示。

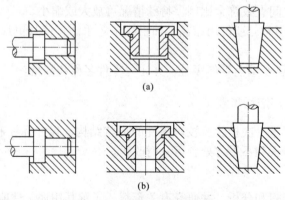

（a）

（b）

图 7-2-3　两零件的接触面
（a）正确；（b）不正确

2）两零件有一对相交成直角的表面接触时，在转角处应制出倒角、圆角或退刀槽等，以保证两零件表面接触良好，如图7-2-4所示。

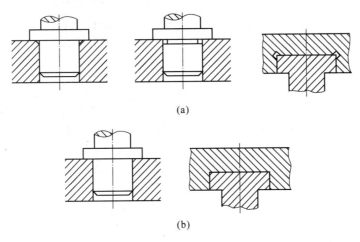

(a)

(b)

图7-2-4　直角接触面处的结构
(a) 正确；(b) 不正确

3）较长的接触平面或圆柱面应制出凹槽，以减少加工面积，保证接触良好，如图7-2-5所示。

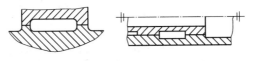

图7-2-5　较长接触面处的结构

4）在螺栓或螺钉等紧固件的连接中，被连接件的接触面应制成沉孔或凸台，且需经机械加工，这样既可减少加工面积，又可保证接触良好，如图7-2-6所示。

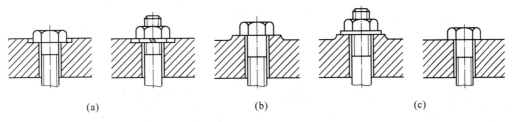

(a)　　　　　　　　　(b)　　　　　　　　　(c)

图7-2-6　紧固件与被连接件接触面的结构
(a) 沉孔；(b) 凸台；(c) 不正确

2. 注意装拆的方便与可能

1）滚动轴承若以轴肩或孔肩定位，则轴肩或孔肩的高度应小于轴承内圈或外圈的厚度，或在轴肩与孔肩上加工出放置拆卸工具的槽、孔等，以保证维修时便于拆卸，如图7-2-7所示。同理，在零件上加装衬套时，也要考虑拆卸的方便与可能。

2）用螺纹紧固件连接零件时，必须注意其活动空间，以便于装拆。一是要留出扳手空间，有转动的余地；二是要保证有装拆的空间，如图7-2-8所示。

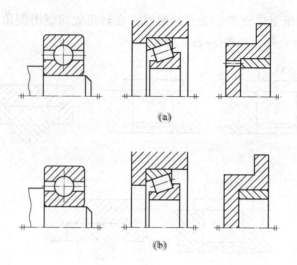

图 7-2-7　方便滚动轴承和套筒的装拆结构

（a）正确；（b）不正确

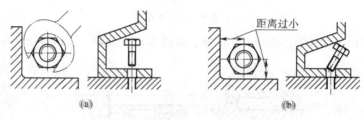

图 7-2-8　留出扳手空间和装拆空间

（a）正确；（b）不正确

3）在图 7-2-9（a）中，螺栓不便于装拆和拧紧，若在箱壁上开一手孔［见图 7-2-9（b）］或改用双头螺柱［见图 7-2-9（c）］，问题即可解决。

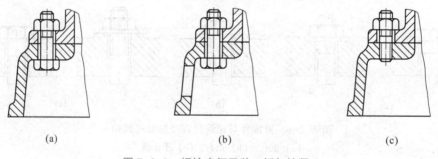

图 7-2-9　螺栓应便于装、拆与拧紧

（a）不合理；（b），（c）合理

3. 常见装置

（1）螺纹防松装置

为防止机器在工作中由于振动而将螺纹紧固件松开，常采用双螺母、弹簧垫圈、止动垫圈和开口销等防松装置，其结构如图 7-2-10 所示。

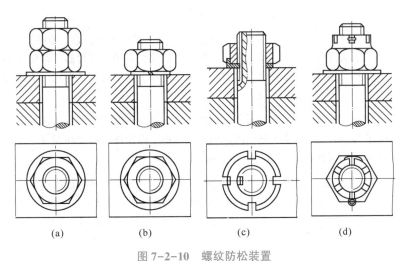

图 7-2-10 螺纹防松装置

（a）双螺母；（b）弹簧垫圈；（c）止动垫圈；（d）开口销

（2）滚动轴承的固定装置

在使用滚动轴承时，须根据受力情况采用一定的结构，将滚动轴承的内、外圈固定在轴上或机体的孔中。因考虑到工作温度的变化，会导致滚动轴承工作时卡死，所以应留有少量的轴向间隙，如图 7-2-11 所示，右端轴承内外圈均做了固定，而左端只固定了内圈。

（3）密封装置

为了防止灰尘、杂屑等进入轴承，并防止润滑油的外溢以及阀门或管路中的气、液体泄漏，通常采用如图 7-2-12 所示的密封装置。

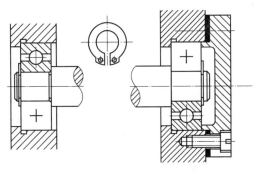

图 7-2-11 滚动轴承固定装置

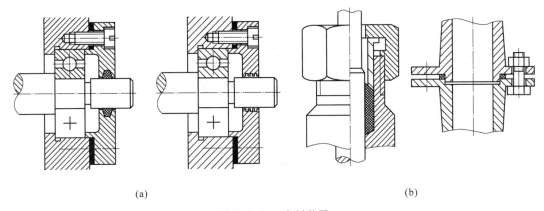

（a）   （b）

图 7-2-12 密封装置

■ 任务实施

任务实施单见表 7-2-1。

表 7-2-1　任务实施单

装配图表达方案的确定	四通阀零件较少，结构简单，因此，选择两个基本视图，主、俯视图均采用半剖视，既反映了装配体外部总的结构特征，特别是阀体的外形，又反映了装配体内部的结构形状以及传动路线、工作原理，同时还反映了管路的防漏装置。再用一个局部视图表达主要零件阀杆下部方槽的形状
图面布置	在表达方案确定以后，根据装配体的大小、复杂程度和视图数量确定绘图比例及图纸幅面；布图时，要考虑各视图间留出一定空档，以便注写尺寸和编写序号，图幅右下角应有足够的位置画标题栏、明细栏和注写技术要求
画图步骤	1. 图面布局。画出图框，定出标题栏和明细栏位置，绘制各视图的主要基准线（通常是指主要轴线——装配干线、对称中心线、主要零件的基面或端面等），如图（a）所示。 2. 逐层画出各视图。一般从主视图开始绘制，几个基本视图同时进行，先画主要部分，后画细节部分；剖开的机件应直接画成剖开的形状；还应解决好零件装配时的工艺结构、轴向定位、表面的接触关系、互相遮挡等问题。 四通阀的主要零件是阀体、阀杆和压盖。画出阀杆的主要轮廓线后，可继续绘制其他零件，整个装配图应先用细实线绘制底图，如图（b）所示。 3. 检查校对底稿。对装配底稿图进行检查校对，如发现零件草图（包括尺寸）有错，尤其是装配尺寸有错，应及时纠正，确认无误后描深并画剖面线，如图（c）所示。 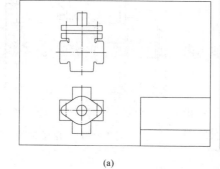 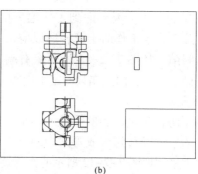 　　　　（a）　　　　　　　　　　　　　　（b） 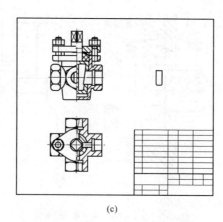 　　　　　　　　（c） 四通阀的装配图画法 （a）绘制主要基准线及基准面；（b）绘制细实线的底图；（c）检查校对底稿并加粗

4. 标注装配图上应注的尺寸及配合代号，注写技术要求；编写零件序号，填写标题栏及明细栏，完成全图，如图所示

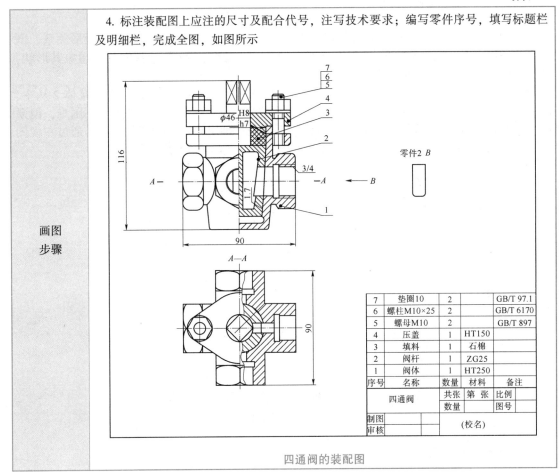

7	垫圈10	2		GB/T 97.1
6	螺柱M10×25	2		GB/T 6170
5	螺母M10	2		GB/T 897
4	压盖	1	HT150	
3	填料	1	石棉	
2	阀杆	1	ZG25	
1	阀体	1	HT250	
序号	名称	数量	材料	备注

四通阀的装配图

画图步骤

任务三　由装配图拆画零件图

■ 任务导入

在设计新机器时，通常是根据使用要求先画装配图，确定实现其工作性能的主要结构，然后根据装配图再来画零件图，我们把这一过程称为由装配图拆画零件图。拆画零件图的过程也是继续设计零件的过程。

■ 任务分析

拆画零件图是一种综合能力训练，它不仅需要具有看懂装配图的能力，而且还应具备有关的专业知识。

■ 知识链接

在设计新机器时，通常是根据使用要求先画装配图，确定实现其工作性能的主要结构，然后根据装配图再来画零件图，我们把这一过程称为由装配图拆画零件图。拆画零件图的过程也是继续设计零件的过程。拆画时，要从设计方面考虑零件的作用和要求，从工艺方面考虑零件的制造和装配，使所画的零件图既符合设计要求又符合生产要求。

一、认真阅读装配图

在拆画零件图之前，必须认真阅读装配图，完成读图的各项要求。应利用投影关系、剖面线方向和间隔、零件编号及装配图的规定画法和特殊表达方法等分离零件，想象其形状，了解其作用，全面深入了解设计意图。

例如，要拆画如图 7-1-1 所示齿轮油泵装配图中泵体 2 的零件图，首先将泵体 2 从主、左两个视图中分离出来，然后想象其形状。对于该零件的大致形状进行想象并不困难，但泵体型腔的形状，因其主视图没有表达，所以还不能最终确定该零件的完整形状，通过左视图中 G1/8 螺孔及 $\phi36$ 尺寸可知泵体的型腔为柱形，如图 7-3-1 所示。

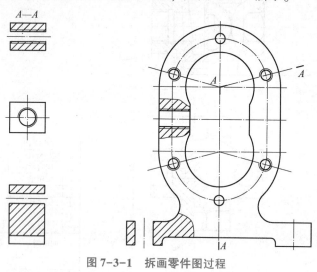

图 7-3-1　拆画零件图过程

二、构思零件形状，拆出零件补画出所缺的图线

从装配图中分离出零件的结构形状后，要补画出所缺的图线，一般包括：
1）该零件在装配图上被其他零件遮住的轮廓；
2）在装配图上没有表达清楚的零件结构；
3）在装配图上被省略的标准要素，如倒角、圆角、退刀槽和中心孔等。

三、确定视图表达方案

零件图和装配图表达的侧重点不同，因此，要根据零件自身的结构特点及前面介绍的零件图视图选择原则，重新选择视图，确定表达方案。可以参考装配图的表达方案，但要注意不应受原装配图的限制。如图 7-3-2 所示的泵体，其表达方法是：主、左视图和装配图类似，左视图采用多处局部剖视图。

四、合理标注零件的尺寸

由于装配图上给出的尺寸较少，而在零件图上则需注出零件各组成部分的全部尺寸，所以很多尺寸是在拆画零件图时才确定的。此时应注意以下几点：

（1）抄注

装配图中已注出的重要尺寸，应直接抄注在零件图上。

（2）查找

零件的标准结构的尺寸数值，应从明细栏或有关标准中查得，如螺栓、螺母、螺钉、键、销等标准件的尺寸；螺孔直径、螺孔深度、键槽、销孔等尺寸；倒角、倒圆、退刀槽、砂轮越程槽等标准结构的尺寸数值。

（3）计算

需要计算确定的尺寸应由计算而定，如齿轮轮齿各部分尺寸及由两个齿轮中心距所确定的孔心距等。

（4）量取

在装配图上没有标出的其他尺寸，按绘图比例在装配图上直接量得，并取整数。

（5）协调

有装配关系和相对位置关系的尺寸，在相关的零件图上要协调一致。

五、合理注写零件的技术要求

零件图上技术要求的确定。标注零件的表面粗糙度、形位公差及技术要求时，应结合零件各部分的功能、作用、要求及与其他零件的关系，应用类比法参考同类产品图样、资料，合理选择精度，同时还应使标注数据符合有关标准。

泵体的零件图如图 7-3-2 所示。

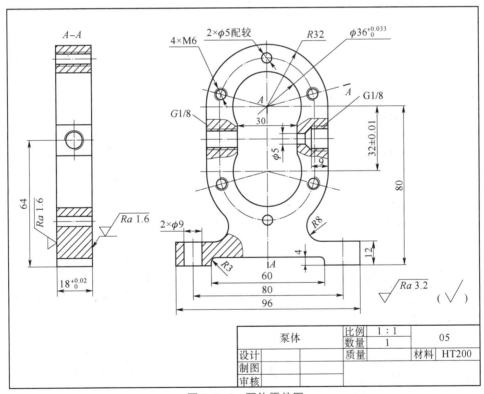

图 7-3-2　泵体零件图

拆画零件图是一种综合能力训练，它不仅需要具备看懂装配图的能力，而且还应具备有关的专业知识。随着计算机绘图技术的普及，拆画零件图的方法将会变得更容易。如果是由计算机绘出的机器或部件的装配图，则可对被拆画的零件进行拷贝，然后加以整理，并标注尺寸，即可画出零件图，本任务的阀体零件图就是采用这种方法拆画的。

■ 任务实施

读懂如图 7-3-3 所示阀装配图，拆画 3 号件阀体的零件图。

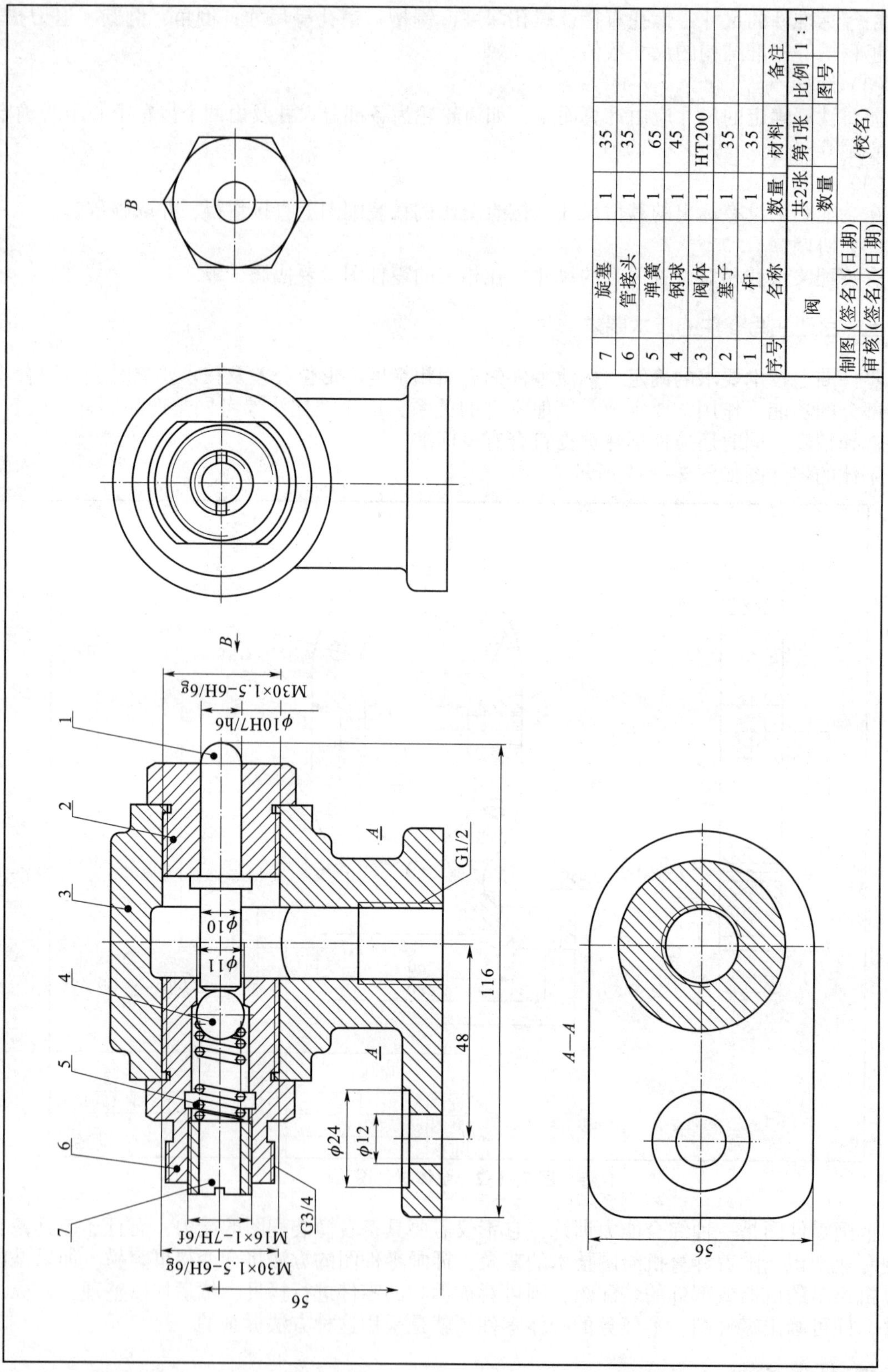

序号	名称	数量	材料	备注
7	旋塞	1	35	
6	管接头	1	35	
5	弹簧	1	65	
4	钢球	1	45	
3	阀体	1	HT200	
2	塞子	1	35	
1	杆	1	35	

		比例 1∶1
阀		图号
制图（签名）（日期）	第1张	（校名）
审核（签名）（日期）	共2张	

图7-3-3　阀

任务实施单见表7-3-1。

表7-3-1　任务实施单

读懂 装配图	认真阅读装配图，全面深入地了解设计意图，弄清楚装配体的工作原理、装配关系、技术要求和每个零件在装配体中的作用及其结构形状。 　　图7-3-3所示的是阀的装配图，该部件装配在液体管路中，用以控制管路的"通"与"不通"，其体积较小，由7种零件组成，是一个简单的部件。装配图中采用了主（全剖视）、俯（全剖视）、左三个视图和一个B向局部视图的表达方法。有一条装配轴线，部件通过阀体上的G1/2螺纹孔、φ12的沉孔和管接头上的G3/4螺孔装入液体管路中。阀的工作原理从主视图看最清楚，即当杆1受外力作用向左移动时，钢球4压缩弹簧5，阀门被打开，当去掉外力时钢球在弹簧力作用下将阀门关闭。旋塞7可以调整弹簧作用力的大小
了解零件 的作用和 形状	首先将阀体3从主、俯、左三个视图中分离出来，然后想象其形状。对于该零件的大致形状进行想象并不困难，但阀体内型腔的形状，因其左、俯视图没有表达，所以还不能最终确定该零件的完整形状。通过主视图中G1/2螺孔上方的相贯线形状得知，阀体型腔为圆柱形，轴线垂直放置，且圆柱孔的直径等于G1/2螺孔的直径，如图7-3-3所示
确定视图 表达方案	1. 确定视图表达方案 　　零件图和装配图表达的侧重点不同，因此，要根据零件自身的结构特点及前面介绍的零件图视图选择原则，重新选择视图，确定表达方案。可以参考装配图的表达方案，但要注意不应受原装配图的限制。阀体的表达方法：主、俯视图和装配图相同，左视图可采用半剖视图。 　　2. 对零件结构形状的处理 　　在装配图中，零件的某些工艺结构，如倒角、圆角、退刀槽等可以不画。在拆画零件图时，应根据设计和工艺要求补画出这些结构  阀体视图分析
综合 表达	1. 补齐所缺尺寸 　　由于装配图上给出的尺寸较少，而在零件图上则需注出零件各组成部分的全部尺寸，所以很多尺寸是在拆画零件图时才确定的。此时应注意以下几点： 　　（1）抄注 　　装配图中已注出的重要尺寸，应直接抄注在零件图上。

综合表达

（2）查找

零件标准结构的尺寸数值，应从明细栏或有关标准中查得。如螺栓、螺母、螺钉、键、销等标准件的尺寸；螺孔直径、螺孔深度、键槽、销孔等尺寸；倒角、倒圆、退刀槽、砂轮越程槽等标准结构的尺寸数值。

（3）计算

需要计算确定的尺寸应由计算而定，如齿轮轮齿的各部分尺寸及由两个齿轮中心距所确定的孔心距等。

（4）量取

在装配图上没有标出的其他尺寸，按绘图比例在装配图上直接量得，并取整数。

（5）协调

有装配关系和相对位置关系的尺寸，在相关的零件图上要协调一致。

2. 零件图上技术要求的确定

标注零件的表面粗糙度、形位公差及技术要求时，应结合零件各部分的功能、作用、要求及与其他零件的关系，应用类比法参考同类产品图样、资料，合理选择精度，同时还应使标注数据符合有关标准。

阀体的零件图如图 7-3-4 所示。

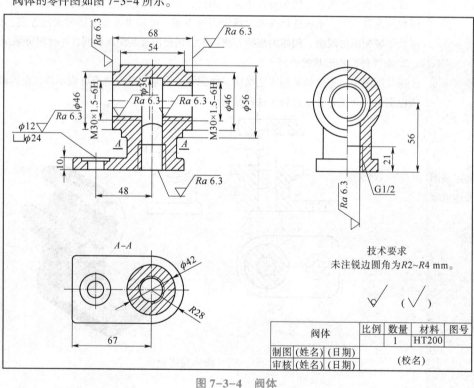

图 7-3-4　阀体

项目八

部件测绘

测绘是根据实物获得图样资料的重要手段，在生产实践中，仿制、维修机器设备或技术改造时在没有现成技术资料的情况下，就需要对机器、部件或零件进行测绘，以得到有关的技术资料。因此，测绘是工程技术人员必须掌握的基本技能，是"工程制图"课程实践性教学的一个重要环节，是理论联系实际的有效方法。

✓ 知识目标

1. 掌握测绘程序、步骤和方法，熟悉部件的用途、性能、工作原理、结构特点及装配关系。
2. 掌握国家标准中有关工程制图的规定，熟练查阅有关资料和标准。
3. 掌握常用测量工具的测量方法。
4. 掌握徒手绘制零件草图和根据草图绘制装配图的方法。

✓ 能力目标

1. 能熟练确定零件的视图表达方案，进一步提高绘制零件图的技能。
2. 提高机件的表达能力、空间思维能力、分析和解决问题的能力。
3. 能够通过拆卸过程，对零、部件进行全面分析。
4. 提高工科学生的工程意识和设计绘图的能力。

✓ 素养提升

测绘是实践教学，是"工程制图"课程教学体系中一个不可缺少的重要环节，掌握零部件测绘的一般方法和步骤，熟悉常用测量工具的使用方法及零件尺寸的测量方法，有效地提高工科学生的工程意识和设计绘图能力，对学生创新能力的培养、综合素质的提高具有不可替代的作用。让学生在实践课程中真正能做到知行合一，使其敢闯，会创，敢于挑战，敢于表达自己独特的零件图和装配图的表达方法，从而培养学生的创新能力。

在对零部件进行测绘时，学生多以小组分工合作的形式完成，在任务达成的过程中，同学们沟通合作，互相学习，取长补短，在实践中进一步领悟团队协作精神的重要性，使其从实践中明确集体的力量有赖于个体能力的发挥，个人与集体应相辅相成。培养学生团队意识、大局意识，弘扬集体主义精神、协作精神、探究精神和服务精神，是对当代大学生综合素质的培养。人具有社会性，每天都与周围的人接触和联系，而测绘实践环境就是发展社会关系的重要场合，无形中锻炼了学生自主学习、人际交往和与小组互动沟通表达的能力，增强了学生将来在工作岗位上与同事互动沟通、和谐相处的能力，又将工匠精神得以弘扬，为其成长为高技能人才打下坚实基础。

✳ **任务　测绘实例——齿轮油泵测绘**

■ 任务导入

根据如图 8-1-1 所示的齿轮油泵直观图、爆炸图以及结构组成图，测绘齿轮油泵并选择合适的表达方法，绘制装配图。

图 8-1-1　齿轮油泵直观图、爆炸图和结构组成

■ 任务分析

在进行测绘之前，首先要认识齿轮泵，了解其在机器中的作用及其工作原理、结构组

成、装配关系及连接关系，熟悉齿轮油泵的组装与拆卸过程，熟悉装配体主要零件的结构特点；其次必须熟练地确定各非标准零件草图的表达方案，合理选择装配体的表达方法，熟练掌握装配图的画法与步骤。只有充分地了解测绘对象，才能使测绘工作顺利进行。

■ 知识链接

装配体测绘是根据现有的零部件（或机器）进行测量，先画出零件草图，再画出装配图和零件工作图等全套图样的过程。

通过部件测绘的实践可继续深入学习零件图和装配图的知识。下面介绍齿轮油泵装配体测绘的一般方法和步骤，主要了解测绘要求、齿轮油泵的结构组成、齿轮油泵的工作原理、齿轮油泵的拆卸，掌握齿轮油泵零件草图和装配图的绘制方法。

一、测绘的目的和意义

测绘是综合运用学过的基础知识，进行系统的制图实践训练。"制图测绘"是机械基础系列课中具有承上启下作用的一门实践性教学课程，是机械类和近机械类学生的必修课。通过对部件的测绘，使学生掌握测绘方法和步骤；训练徒手绘图的能力，能熟练确定零件的视图表达方案，进一步提高绘制零件图的技能技巧；掌握常用测量工具的测量方法；理解零、部件中的公差、配合、粗糙度及其他技术条件的基本鉴别原则，从而提高工科学生的工程意识和设计绘图能力；学会使用参考资料、手册、标准及规范等，为后续专业课程打下坚实基础。

通过测绘实践环节，培养学生的团队协作意识、集体主义精神和集体荣誉感。通过学生描述装配体的工作原理和零件之间的连接关系，培养学生的表达能力、组织能力、团结协作精神和探究精神。

二、测绘的内容

测绘应完成的内容如下。

1. 装配示意图一份

徒手绘制出一份装配示意图。

2. 零件草图一套和标准件、外购件明细表一张

1）内容俱全：一组视图、完整的尺寸、技术要求和标题栏缺一不可。

2）按目测比例徒手画出零件图。

3）图形不潦草，即必须做到：图形正确、比例均匀、表达清楚、尺寸完整清晰、线型分明、字体工整。尽量在方格纸上绘制，以提高绘图质量和速度。

4）图中各项内容要符合机械制图国家标准有关规定。

5）查表列出组成部件的各零件明细表（清单）。

3. 装配图一张

1）装配图中，要求视图布置均匀、图面整洁、线型清晰。

2）尺寸标注要正确、完整、清晰和基本合理（装配图按五类尺寸分析标注）。

3）各项技术要求可用类比法选择，基本恰当。

4）按规定尺寸画标题栏、明细表，内容填写清晰、正确。

4. 零件工作图一套

正确、完整、清晰、合理地表达出零件工作图，并且具备零件图所有的内容。

三、测绘的要求

部件测绘是一项复杂细致的工作，通过整个教学环节，要求学生达到下列要求：

1）掌握一般测绘程序、步骤和方法，熟悉部件的用途、性能、工作原理、结构特点及装配关系。

2）掌握部件拆卸方法，画出装配示意图。

3）绘制出零件草图，并标注尺寸线和尺寸界线。

4）掌握常用测量工具的测量方法，并进行尺寸测量，标注尺寸数值，进行尺寸圆整和协调，确定配合、公差、表面粗糙度及技术要求。

5）确定被测零件的材料、种类、名称、热处理方法及表面要求等。

6）编制标准件、外购件明细表（清单）。

7）根据零件草图绘制装配图，在测绘中遇到问题要积极思考，复习有关教材和查阅有关资料，对发现的问题进行研究，提出解决方案。

8）根据装配图和零件草图绘制零件工作图。

9）对所有图纸和技术文件进行全面审查。

10）按测绘进程表如期完成测绘任务。

四、测绘任务和进程

以齿轮油泵为例，完成全部测绘任务，为期 10 天，具体任务和进程安排如表 8-1-1 所示。

表 8-1-1　具体任务和进程表

时间安排	训练内容及要求	参加对象	备注
第一天上午	一、齿轮油泵组装训练（认识齿轮油泵） 1. 了解齿轮油泵在机器中的作用 2. 了解齿轮油泵的结构组成 3. 了解齿轮油泵组装工具 4. 掌握齿轮油泵装拆过程	学生分组讨论、分析、叙述齿轮油泵的结构组成、工作原理等。拆卸、组装装配体，通过拆装操作对零、部件进行全面分析	培养学生的语言表达能力及分析观察能力
	二、齿轮油泵齿轮参数测量与计算 1. 了解齿轮基本参数及计算公式 2. 齿轮分度圆直径及模数确定 1）齿顶圆直径测量； 2）齿轮模数计算； 3）齿轮分度圆直径计算	查阅资料（产品说明书、同类产品图纸等有关资料）	培养学生的自主学习能力及规范意识

时间安排	训练内容及要求	参加对象	备注
第一天下午至第三天上午	三、绘制齿轮油泵非标准零件草图并进行尺寸测绘 1. 齿轮轴Ⅰ草图 2. 齿轮轴Ⅱ草图 3. 泵体草图 4. 左（右）端盖草图 5. 底板、皮带轮、垫片草图 6. 集中测量，并在草图中填入尺寸	学生自主训练，绘制非标准零件图，独立确定恰当的表达方案；成员合作完成尺寸测量与标注	提高学生的自主学习能力，培养学生的团队协作能力，以及学生与小组成员的沟通表达能力和创新能力
	四、齿轮油泵标准件的国家标准代号和特征参数确定 1. 内六角、外六角螺栓尺寸确定 2. 弹簧垫圈、圆柱销尺寸确定	查阅手册，编制标准件、外购件明细表（清单），注写标准件的国家标准代号和特征参数	培养学生的规范意识和遵纪守法的意识
第三天下午至第五天	五、绘制齿轮油泵装配图 1. 机器装配图的作用 2. 机器装配图的绘制步骤 3. 齿轮油泵装配图的绘制训练	确定表达方案，根据零件草图绘制装配图。在测绘中遇到问题，要积极思考，并查阅有关资料和教材	进行问题研究，提出解决方案，弘扬锲而不舍、坚忍不拔的工匠精神
第六天至第九天	六、绘制齿轮油泵非标准零件工作图 1. 零件图的作用及内容 2. 零件图的绘制步骤 3. 齿轮轴Ⅰ的绘制 4. 泵体的绘制 5. 左（右）端盖的绘制 6. 皮带轮的绘制	根据装配图和零件草图绘制零件工作图	理解知行合一的意义，提高学生的工程意识和设计绘图能力
第十天	七、整理齿轮油泵图纸文件并回装装配体 1. 检查装配图与零件图 2. 注写标准件明细表 3. 装订图纸文件，回装装配体	校核、装订成册，上交作业；清洗零、部件，并回装装配体，归还测绘模型、量具和工具等	培养学生耐心细致、认真仔细、一丝不苟的工作作风

五、部件测绘的方法和步骤

1. 了解和分析测绘部件——齿轮油泵实例

（1）齿轮油泵在机器中的作用

液压系统是机器中常用的一种传动系统，它主要由执行元件、控制元件和动力元件组

项目八

部件测绘

203

成。液压泵是液压系统的动力元件，它将输入的机械能（由电动机带动）转换为工作液体的压力能，为液压系统提供一定流量的压力液体，是系统的动力源。由于大多数的工作液体都是矿物油类产品，故液压泵又称油泵。

　　齿轮油泵是液压泵的一种类型，因其具有结构简单、体积小、工作可靠、成本低、抗污染力强、使用维护方便等优点而被广泛应用。图 8-1-2（a）所示为齿轮油泵外形直观图。

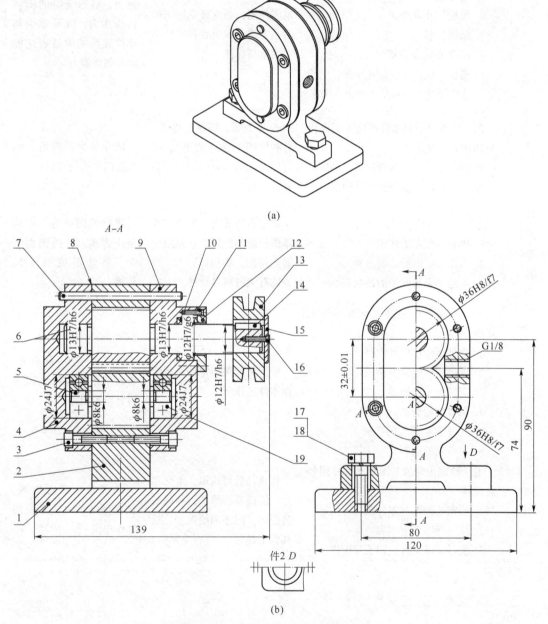

图 8-1-2　齿轮油泵直观图和装配图

（a）齿轮油泵外形直观图；（b）齿轮油泵装配图

1—底板；2—泵体；3—内六角螺钉 M6×10；4—左端盖；5—从动齿轮轴；6—主动齿轮轴；7—圆柱销 6×40；8—垫片；

9—右端盖；10—密封圈；11—开槽沉头螺钉 M3×6；12—压盖；13—皮带轮；14—普通 C 型平键 4×4×10；

15—挡圈 B20；16—半沉头螺钉 M4×6；17—外六角螺钉 M8×20；18—弹簧垫圈；19—滚动轴承

（2）齿轮油泵的结构组成及工作原理

齿轮油泵由一对齿轮、泵体及左右端盖等主要零件组成，如图8-1-2（b）所示。图8-1-3所示为齿轮泵的工作原理示意图。齿轮Ⅰ为主动轮，齿轮Ⅱ为被动轮。当齿轮Ⅰ转动并带动齿轮Ⅱ转动时，齿轮开始退出啮合处为吸油腔，齿轮开始进入啮合处为压油腔。吸油腔与压油腔被齿轮的啮合接触线隔开。

当齿轮按图8-1-3所示箭头方向旋转时，吸油腔由轮齿的齿面以及泵体内圆和端盖的内表面组成。随着齿轮的旋转，吸油腔的容积增大，形成局部真空，油箱中的液压油在大气压力的作用下进入吸油腔。随着齿轮的旋转，压油腔的容积减小，由吸油腔吸入并由轮齿带到压油腔的液压油压力升高，并不断排出作为液压系统的动力源。

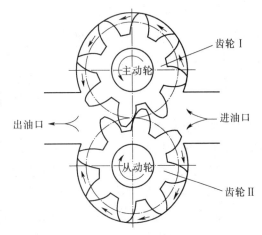

图8-1-3　齿轮泵工作原理示意图

分析时，应从部件的传动入手：动力从皮带轮13输入，当它按逆时针方向（从左视图上观察）转动时，通过键14，带动主动齿轮轴6转动，再经过齿轮啮合带动从动齿轮轴5，从而使后者做顺时针方向转动。传动关系清楚了，就可以分析出工作原理。如图8-1-2所示，当主动轮在泵体内逆时针方向转动时，带动从动轮顺时针方向转动，两齿轮啮合区右边的油被齿轮带走，形成负压，油池中的油就在大气压的作用下进入油泵的进油口，随着齿轮的转动，齿槽中的油不断沿箭头方向被带至左边的出油口把油压出，送至机器中需要润滑的部位。凡属泵类、阀类部件都要考虑防漏问题。为此，该泵在泵体与端盖的结合处加入了垫片8，并在主动齿轮轴6的伸出端用密封圈10、压盖12和螺钉11加以密封。

（3）齿轮泵组装

齿轮油泵是机器液压系统中的关键部件，也是"机械制图"课程中实测绘图的典型部件。在进行测绘之前必须了解其结构组成、装配关系及连接关系。如图8-1-1所示的齿轮油泵结构组成示意图，它由主动齿轮、从动齿轮、泵体、左端盖、右端盖、轴承、皮带轮、内六角螺栓、外六角螺栓、螺母、弹簧垫圈、销轴、平键等组成，并围绕两条装配干线装配而成。

齿轮组装步骤如下：

第一步：根据说明书及图纸，在组合装置中找到相应的零件，看懂它们在图纸中的位置及相互关系。

第二步：根据说明书，在组合装置中找到组装工具，明确每个工具的作用及使用方法。

第三步：用抹布将零件擦干净，然后根据图8-1-1所示的齿轮油泵组装结构示意图，把相应的零件组装成齿轮油泵，装配后用手转动皮带轮，齿轮油泵运转应灵活。

2. 拆卸部件

通过拆卸，对部件中各零件的作用、结构及零件之间的装配和连接关系做进一步了解。拆卸部件必须按顺序进行，也可先将部件分为若干组成部分，再依次拆卸。拆卸过程中应注意以下几点：

1) 拆卸前，应先分析、确定拆卸顺序，然后按顺序将零件逐个拆下，并测量一些重要的尺寸，如部件总体尺寸、零件的相对位置尺寸、极限尺寸和装配间隙等，作为校对图样和装配部件的依据。同时，还应了解拆卸顺序。

2) 拆卸时，要按照顺序，对不可拆的连接（焊接或铆接）和过盈配合的零件、精度较高的配合部分尽量不拆。拆卸零件要用相应的工具，对精密的零件不要重敲，以免损坏。

3) 拆卸后，要对拆下的零件进行清洗、贴标签，标签上注明零件的序号及名称。拆下的零件最好按标准件和非标准件分类妥善保管，对小零件，比如螺钉、键、销等，要防止丢失；对重要零件和零件上的重要表面，要防止碰伤、变形和生锈，以便再装配时仍能保证部件的性能和要求。

3. 画装配示意图

为了便于部件拆卸后装配复原及画装配图用，在拆卸过程中应做好原始记录，最简单常用的方法是绘制部件的装配示意图，也可应用照相或录像等手段。

装配示意图是在装配体拆卸过程中所画的记录图样，它的主要作用是避免由于零件拆卸后可能产生的错乱致使重新装配时发生疑难，此外，在画装配图时亦可作为参考。装配示意图所表达的主要内容是每个零件的位置、装配关系和部件的工作情况，而不是整个部件的结构和各个零件的形状。

装配示意图的画法没有严格的规定，是用规定符号和简单的线条绘制的图样，是一种表意性的图示方法，用于将装配体的结构特征、零件间的相对位置、传动路线、装配连接关系和配合性质表示出来。图形画好后，还要编上零件序号，并注写零件名称和数量。有些零件如齿轮、弹簧、轴承等，应按国家标准中规定的符号表示。画装配示意图时，通常对各零件的表达不受前后层次限制，尽可能把所有的零件集中在一个视图上，如确有必要，则可补充其他视图。

（1）画法

装配示意图的画法：对一般零件可按其外形和结构特点形象地画出零件的大致轮廓；一般从主要零件和较大的零件入手，按装配顺序和零件的位置逐个画出示意图，可将零件当作透明体，其表达可不受前后层次的限制，并尽量将所有零件都集中在一个视图上表达出来。实在无法表达时，才画出第二个图（应与第一个图保持投影关系）。画机构传动部分的示意图时，应按国家标准（GB/T 4460—2013）《机械制图　机构运动简图符号》绘制。

（2）顺序

画装配示意图的顺序：一般可从主要零件着手，然后按装配顺序把其他零件逐个画上。图形画好后，在装配示意图上应将各零件编上序号并写出零件名称和数量（两个及两个以上）。图 8-1-4 所示为齿轮油泵的装配示意图。在初步了解部件的基础上，依次拆卸各零件。

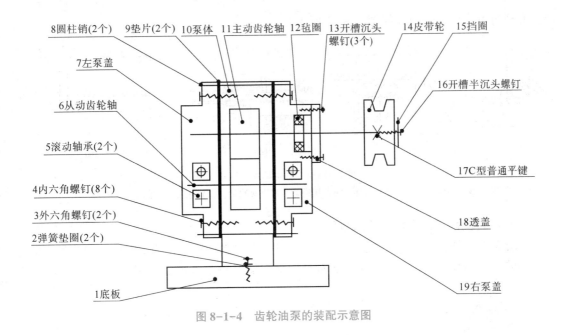

图 8-1-4　齿轮油泵的装配示意图

图中标注：
8圆柱销(2个)　9垫片(2个)　10泵体　11主动齿轮轴　12毡圈　13开槽沉头螺钉(3个)　14皮带轮　15挡圈
7左泵盖
6从动齿轮轴
5滚动轴承(2个)
4内六角螺钉(8个)
3外六角螺钉(2个)
2弹簧垫圈(2个)
1底板
16开槽半沉头螺钉
17C型普通平键
18透盖
19右泵盖

4. 列出组成部件的各零件明细表（清单）

5. 测绘零件、画零件草图

零件草图是画装配图和零件图的依据。因此，在拆卸工作结束后，要对零件进行测绘，画出零件草图。草图并不是"潦草的图"，而应做到图线清晰、比例匀称、投影正确、字体工整。零件草图要目测比例，徒手绘制，按照零件图的要求选择视图方案，画出图形。根据测量结果标注尺寸和技术要求，填写标题栏等。

画草图时，应注意以下几点：

1）凡属标准件只需测量其主要尺寸，查有关标准定下规定标记，列一个标准件清单即可，不必画零件草图。其余所有零件都必须画出零件草图。

2）零件的配合尺寸，应正确判定其配合状况，并在配合的两个零件草图上同时进行标注。

3）相互关联的零件，应考虑其联系尺寸。

4）草图中的尺寸标注按形体分析法确定定形和定位尺寸，只需画出尺寸界线和尺寸线（箭头），各尺寸数值是在草图绘制结束后，集中测量零件并将尺寸填入图中。

6. 测量零件尺寸

在零件上测量尺寸，应该是在完成草图的图形后集中进行，这样不仅可以大大提高绘图效率，还可有效地避免尺寸错标和漏标。

测量尺寸是零件测绘过程中一个很重要的环节，尺寸测量得准确与否，将直接影响机器的装配和工作性能，因此，测量尺寸要谨慎。测量时，应根据对尺寸精度要求的不同选用不同的测量工具。

（1）线性尺寸的测量

测量直线尺寸（长、宽、高），一般用直尺即钢板尺或游标卡尺直接测量得到尺寸数值，必要时可借助三角板，如图 8-1-5 所示。

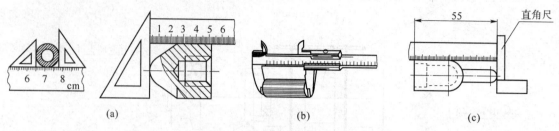

（a）　　　　　　　　　（b）　　　　　　　　　（c）

图 8-1-5　线性尺寸的测量

（a）用直尺配合三角板测量；（b）用游标卡尺直接测量；（c）用直尺配合直角尺测量

（2）回转面内、外直径尺寸的测量

回转面内、外直径尺寸常用内、外卡钳或游标卡尺直接测量，测量时应使两测量点的连线与回转面的轴线垂直相交，以保证测量精确度，如图 8-1-6 所示。

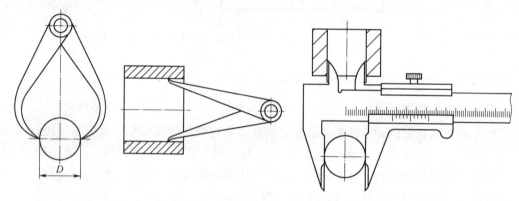

图 8-1-6　回转面内径、外径尺寸的测量

在测量阶梯孔的直径时，由于外孔小、里孔大，故用游标卡尺无法测量里面大孔直径。这时可用内卡钳测量，也可用特殊量具（内外同值卡）测量，如图 8-1-7 所示。

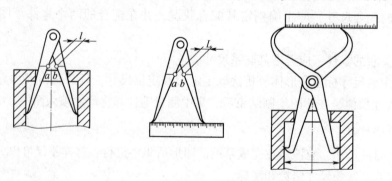

图 8-1-7　阶梯孔直径的测量

（3）壁厚的测量

壁厚通常用直尺测量，如图 8-1-8（a）所示。若孔口较小，则可用带测量深度的游标卡尺测量，如图 8-1-8（b）所示。当用直尺或游标卡尺都无法测量壁厚时，则可用内、外卡钳或外卡钳与直尺配合测量，通过计算间接得出壁厚，如图 8-1-8（c）所示。

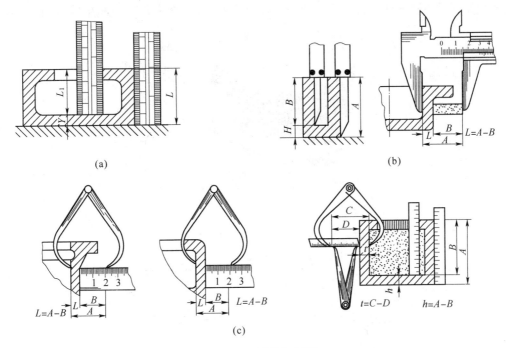

(a)

(b)

(c)

图 8-1-8　壁厚的测量

（a）直尺测量壁厚；（b）游标卡尺测量壁厚；（c）内、外卡钳或外卡钳与直尺配合测量壁厚

（4）中心高的测量

中心高常用直尺、内卡钳或游标卡尺测量，如图 8-1-9 所示。

（5）孔间距的测量

根据孔间距的情况不同，常用钢板尺、内卡钳、外卡钳或游标卡尺测量，如图 8-1-10 所示。

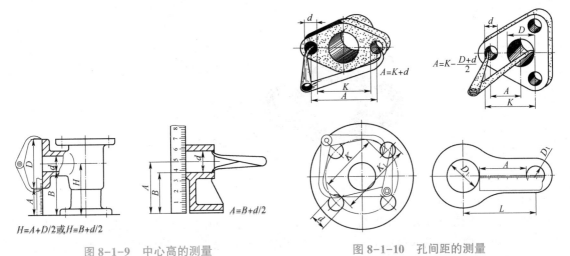

图 8-1-9　中心高的测量

图 8-1-10　孔间距的测量

（6）曲面和曲线的测量

曲面和曲线的测量，常采用铅丝法、拓印发和坐标法等，得到真实曲面轮廓或曲线形状后，判定出曲线的圆弧连接情况，定出切点，找到各段圆弧中心（中垂线法：任取相邻两

弦，分别作其垂直平分线，得交点，即为一圆弧的中心），测其半径，如图 8-1-11 所示。

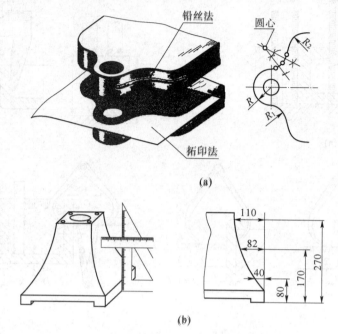

图 8-1-11　曲面、曲线的测量方法
(a) 用铅丝法和拓印法测量曲面；(b) 用坐标法测量曲线

（7）圆角的测量

圆角通常用圆角规测量。每套圆角规有两组多片，其中一组用于测量外圆角，另一组用于测量内圆角，每片都刻有圆角半径的数值。测量时，只要从中找到与被测部位完全吻合的一片，读出该片上的 R 数值即为所测圆角半径，如图 8-1-12 所示。

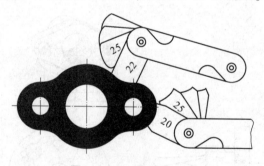

图 8-1-12　圆角的测量

（8）螺距的测量

测量螺距可用拓印法，即将螺纹放在纸上压出痕迹，量出 n 个螺距的长度为 T，然后按 $P=T/n$ 计算出螺距。若有螺纹规，则可直接确定牙型及螺距，或用钢板尺直接测量再计算得出螺距，如图 8-1-13 所示。

7. 画装配图

根据装配示意图、所有零件草图和标准件清单画出装配图，应对现有的资料进行整理、分析，进一步了解装配体的性能及结构特点，对装配体的完整形状做到心中有数。

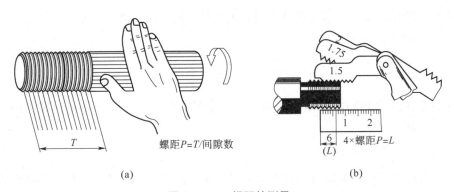

螺距P=T/间隙数

4×螺距P=L

(a)　　　　　　　　　　(b)

图 8-1-13　螺距的测量

(a) 拓印法测量螺距；(b) 用螺纹规或钢板尺测量螺距

（1）确定表达方案

1）确定主视图的投影方向。以最能表达装配体结构特点和较多地显示装配关系的一面作为主视图的投影方向。

2）确定装配体位置。通常是按工作位置放置，使装配体的主要轴线或主要安装面呈水平或垂直位置。

3）选择其他视图。对尚未表达清楚的部分，有针对性地选择相应视图或辅助图形。

（2）画装配图

画装配图的步骤：

1）选比例、定图幅。

根据部件的真实大小及复杂程度，确定合适的比例和图幅，选择图纸幅面时不仅要考虑到视图所需面积，而且要把标题栏、明细表、零件编号、尺寸标注和注写技术要求的位置一并计算在内。

2）合理布局。

先画出图框、标题栏框和明细表框，然后在有效面积内布图。通常先画出各主要视图的作图基准线，各视图之间应保持一定的距离以便注写尺寸和序号，还要留出注写技术要求的地方。

3）画底稿。

先画出部件的主要结构，然后按装配顺序逐个画出各个零件，每个零件应从相邻两件的接触面开始，画出零件的其他各个部分，当每画出一个零件将前一个零件的轮廓线挡住时，要及时将被挡住的轮廓线擦掉，以免忘记。画装配图一般是一个视图、一个视图分别作图，这样不容易画丢件，也不容易画乱，但也应注意各视图间的投影关系。有些零件如有条件，各个视图应尽可能一起画，以保证作图的准确性和提高作图速度。

4）检查校核，修正底稿，加深图线，画出剖面线。

5）标注尺寸，编写序号，画标题栏、明细栏，注写技术要求，完成全图。

8. 拆画零件图

零件图是指导加工零件的重要依据，它应包括制造零件所需要的全部资料。因此在画完装配图后，还要根据零件草图和装配图画出零件工作图。

画零件工作图时，其视图选择不强求与零件草图或装配图的表达方案完全一致。经画装配图后发现零件草图中的问题，应在画零件工作图时加以改正。注意配合尺寸或相关尺寸应协调一致。表面粗糙度等技术要求可参阅有关资料及同类或相近产品图样，结合生产条件及生产经验加以制定和标注。

【任务实施】

以如图 8-1-1 所示的齿轮油泵直观图、爆炸图以及结构组成图为例，说明测绘齿轮油泵的一般方法和步骤。

1. 常用件（齿轮）的测绘

齿轮是常用件，仅对其部分结构及参数进行了标准化和系列化，比如齿轮的模数已标准化，即只有轮齿部分标准化了，因此，这里仅介绍轮齿部分的测绘。

测绘的方法与步骤：

（1）数出齿数 z

（2）测出齿顶圆直径 d_a

用游标卡尺测量齿顶圆直径 d_a，测得的 d_a 并不一定是最终的结果，需计算后进行校对。测齿顶圆直径时，如果齿数为偶数，则可直接测出；若为奇数，则需计算间接测出，$d_a = D + 2H_1$，其测量方法如图 8-1-14 所示。

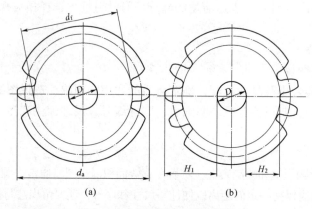

图 8-1-14　齿顶圆直径的测量

（a）偶数齿测量；（b）奇数齿测量

（3）模数 m 的计算和选用

根据 d_a 计算出模数，$m = d_a/(z+2)$，再查齿轮标准模数表（见表 8-1-2），根据表中标准值校核，取与计算值较接近的标准模数。

表 8-1-2　齿轮标准模数系列（GB/T 1357—2008）　　　　　　　　　　mm

第一系列	1	1.25	1.5	2	2.5	3	4	5	6	7
第二系列	1.375	1.75	2.25	2.75	(3.25)	3.5	(3.75)	4.5	5.5	(6.5)

注：选用模数时，优选第一系列；其次选第二系列；括号内模数尽可能不用。

（4）齿轮参数的计算

模数 m 均选用校核后的标准模数。

分度圆直径：

$$d = mz$$

齿顶圆直径：

$$d_a = m(z+2)$$

齿根圆直径：

$$d_f = m(z-2.5)$$

齿高：

$$h = 2.25m$$

齿顶高：

$$h_a = 1m$$

齿根高：

$$h_f = 1.25m$$

用游标卡尺测量齿宽 b（取整数）。

2. 齿轮油泵非标准零件的测绘

齿轮泵零件的测绘是绘制齿轮泵装配图和零件图的基础性工作，其草图绘制的合理与否及尺寸测量的误差大小直接影响到装配图和零件图的质量。

（1）轮轴 I 测绘

1）选择恰当视图，徒手绘制齿轮轴 I 草图，如图 8-1-15 所示。

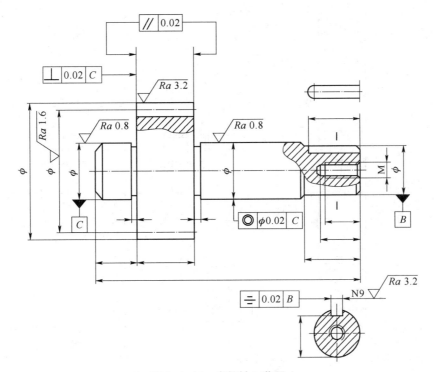

图 8-1-15　齿轮轴 I 草图

2）测量齿轮轴Ⅰ全部尺寸并在草图上标注。

（2）齿轮轴Ⅱ测绘

1）选择恰当视图，徒手绘制齿轮轴Ⅱ草图，如图8-1-16所示。

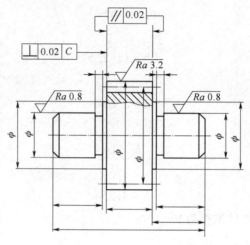

图 8-1-16　齿轮轴Ⅱ草图

2）测量齿轮轴Ⅱ全部尺寸并在草图上标注。

（3）泵体测绘

1）选择恰当视图，徒手绘制泵体草图，如图8-1-17所示。

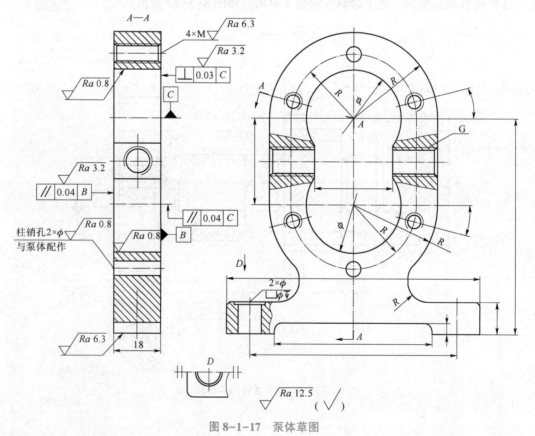

图 8-1-17　泵体草图

2）测量泵体全部尺寸并在草图上标注。

（4）左端盖测绘

1）选择恰当视图，徒手绘制左端盖草图，如图 8-1-18 所示。

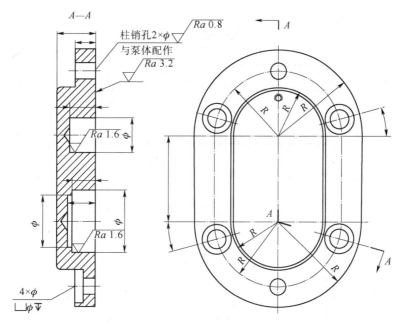

图 8-1-18　左端盖草图

2）测量左端盖全部尺寸并在草图上标注。

（5）右端盖测绘

1）选择恰当视图，徒手绘制右端盖草图，如图 8-1-19 所示。

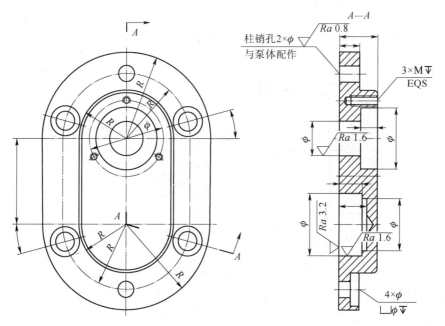

图 8-1-19　右端盖草图

2）测量右端盖全部尺寸并在草图上标注。

（6）底板测绘

1）选择恰当视图，徒手绘制底板草图，如图 8-1-20 所示。

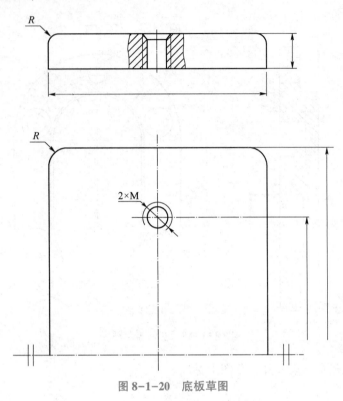

图 8-1-20　底板草图

2）测量底板全部尺寸并在草图上标注。

（7）皮带轮测绘

1）选择恰当视图，徒手绘制皮带轮草图，如图 8-1-21 所示。

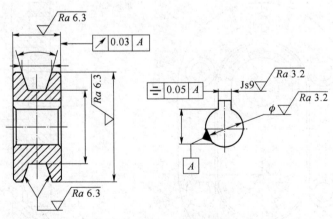

图 8-1-21　皮带轮草图

2）测量皮带轮全部尺寸并在草图上标注。

（8）挡圈测绘

1）选择恰当视图，徒手绘制挡圈草图，如图 8-1-22 所示。（仅供参考）

注：

①A 型轴端挡圈上带小销孔；

②B 型轴端挡圈类似平垫圈；

③A20 轴端挡圈：A 型，20 为外径；

④B20 轴端挡圈。

2）测量挡圈全部尺寸并在草图上标注。

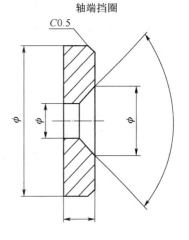

轴颈$d=\phi 12$
轴端挡圈

图 8-1-22　挡圈草图

3. 齿轮油泵标准件的测绘

机器和机器部件都是由许多零件（构件）组装而成的。零件又分为标准件和非标准件两大类。凡在结构、尺寸、画法、标记等各方面，直到成品质量，都由国家或行业制定了标准，按标准设计，由专业厂家生产的零件，均称为标准件。标准件主要有螺栓、螺母、垫圈、圆（锥）销、键、轴承等几类。在机械设计中，由于标准件一般都是根据标记直接采购的，所以不必画出零件图，只需测出一些主要的尺寸即规格尺寸，然后根据这些规格尺寸查表写出标准件的规定标记，即写出它们的国家标准代号和特征参数即可，但在装配图中应用标准画法画出。

（1）内六角螺栓尺寸的确定

内六角螺栓是机器中的一种常用紧固件，属标准件，它用内六角扳手安装在机器上，并紧固相邻零件。其国家标准为 GB/T 70.1—2000，外形及主要尺寸如图 8-1-23 所示。

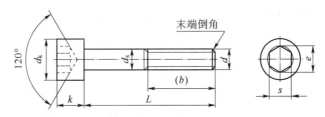

图 8-1-23　内六角螺栓外形及尺寸

其特征参数有公称直径 d，用 M+公称直径 d 表示；螺距，用 P 表示；螺纹长度，用 L 表示。

内六角螺栓只需测量公称直径 d、螺距 P、螺纹长度 L 三个参数。

1）公称直径 d 的确定。

用游标卡尺测量内六角螺栓实际直径 d'，并从表 8-1-3 中查出最接近 d' 的公称直径。

表 8-1-3　螺纹标准公称直径 d　　　　　　　　　　　　　　mm

螺纹规格	M3	M4	M5	M6	M8	M10
公称直径 d	3	4	6	6	8	10
L 系列	6、8、10、12、16、20、25、30、35、40、45、55					

2）螺距 P 的确定。

选择适当螺距的螺纹样板测出内六角螺栓的螺距 P。

3）螺纹长度 L 的测量。

用钢皮尺测量螺纹长度。

4）内六角螺栓其他尺寸的确定。

内六角螺栓的其他尺寸按图 8-1-23 从表 8-1-3 中查找。

（2）外六角螺栓尺寸的确定

外六角螺栓是机器中的一种常用紧固件，也属标准件，它用外六角扳手安装在机器上，并紧固相邻零件。其国家标准为 GB/T 5780—2000，外形及主要尺寸如图 8-1-24 所示。

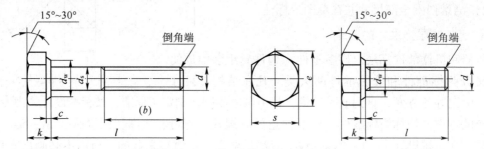

图 8-1-24　外六角螺栓及外形尺寸

其特征参数有公称直径 d，用 M+公称直径 d 表示；螺距，用 P 表示；螺纹长度，用 L 表示。

外六角螺栓只需测量公称直径 d、螺距 P、螺纹长度 L 三个参数，其参数的确定与内六角螺栓相同。

外六角螺栓的其他尺寸按图 8-1-24 从表 8-1-4 中近似查找。

表 8-1-4　外六角螺栓其他尺寸　　　　　　　　　　　　　　　　　　　　mm

螺纹规格	M3	M4	M5	M6	M8	M10
公称直径 d	3	4	6	6	8	10
L 系列	6、8、10、12、16、20、25、30、35、40、45、55					

（3）弹簧垫圈尺寸确定

弹簧垫圈是螺纹连接的防松件，也属标准件，其国家标准为 GB/T 93—2003。弹簧垫圈的外形及主要尺寸按图 8-1-25 从表 8-1-5 中近似查找。

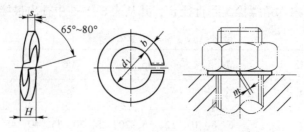

图 8-1-25　弹簧垫圈的外形及尺寸

表 8-1-5　弹簧垫圈尺寸　　　　　　　　　　　　　　　mm

螺纹公称直径	3	4	5	6	8	10
d	3.1	4.1	5.1	6.1	8.1	10.2
$s(b)$	0.8	1.1	1.3	1.6	2.1	2.6
$m\leqslant$	0.4	0.55	0.65	0.8	1.05	1.3

（4）圆柱销尺寸确定

圆锥销主要用于零件定位，也属于标准件，其国家标准为 GB/T 119.1—2000，圆柱销的外形及主要尺寸如图 8-1-26 所示。

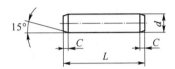

图 8-1-26　圆柱销的外形及尺寸

其特征参数主要有公称直径 d 和公称长度 L，其尺寸按国家标准从表 8-1-6 中查找。

表 8-1-6　圆柱销尺寸（GB/T 119.1—2000）　　　　　　　mm

公称直径	3	4	5	6	8	10
C	0.5	0.5	0.8	1.2	1.6	2.0
公称长度 L	8~30	8~40	10~50	18~60	18~80	18~95
L 系列	8，10，12，14，16，18，20，22，24，26，28，30，32，35，40					

（5）滚动轴承（深沟球轴承）尺寸的确定

滚动轴承主要用于连接两相互运动的零件，减少其相对运动阻力，也属于标准件。深沟球轴承国家标准为 GB/T 276—2013，其外形及主要尺寸如图 8-1-27 所示。

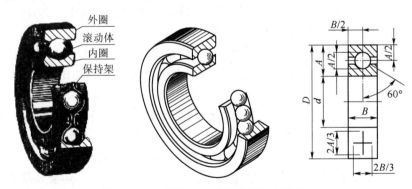

图 8-1-27　深沟球轴承的外形及主要尺寸

其特征参数主要有内圈直径 d、外圈直径 D 和轴承宽度 B，其尺寸按国家标准从表 8-1-7 中查找。

表 8-1-7　深沟球轴承尺寸（GB/T 276—2013）　　　　　mm

轴承代号	尺　寸		
	d	D	B
625	5	16	5
626	6	19	6
627	7	22	7

4. 绘制齿轮泵装配图

（1）机器装配图的作用

装配图是表达机器或部件的连接、装配关系的图样，应表明其工作原理、必要的尺寸、各零件之间的相对位置、连接方式、装配关系、有关的技术要求、零件的序号与明细栏、标题栏等。表达一个部件的装配图称为部件装配图（简称部件图），表达一台机器的装配图称为总装配图（简称总装图）。

装配图是生产中重要的技术文件，它显示机器或部件结构形状、装配关系、工作原理和技术要求。在产品设计时，一般先画装配图，然后根据装配图绘制零件图；在产品制造过程中，则是根据装配图把加工制成的零件装配成机器或部件；同时，装配图又是安装、调试、操作和检修机器或部件的重要参考资料。

（2）机器装配图绘制准备工作

1）传动零件的有关参数（尺寸）计算（齿轮参数测量与计算）。

2）非标准零件草图绘制及尺寸测量（齿轮泵零件测绘）。

3）标准零件尺寸确定。

（3）绘制齿轮泵装配图

1）装配图的图形绘制。

①视图选择。

a. 一般来说主视图应表达机器或部件安装位置的正前方（正面）。

b. 剖视图用于表达机器或部件的工作原理、装配关系和主要零件的结构形状。

c. 局部剖视图用于表达机器或部件的内部结构。

d. 向视图用于表达主要视图没法表达，但又必须表达清楚的机器或部件的某些结构。

②图幅及比例。根据机器或部件的最大尺寸及图纸大小确定绘图比例和图幅。

③视图绘制。

a. 为了保证图面干净、整洁，用 H 铅笔绘制底（稿）图，待尺寸标注、序号编排、技术要求、明细栏、标题栏等完成后，再用 B 或 2B 铅笔加深。

b. 为了提高绘图效率，零件的倒角、圆角、退刀槽等可不画出。

c. 对于若干相同的零件组，如螺栓连接等，可仅画一组详图，其余只需用点画线表示其配图位置即可。

2）装配图的尺寸标注。

装配图主要应标注性能（规格）尺寸、外形尺寸、配合尺寸和安装尺寸。

a. 性能（规格）尺寸。

性能（规格）尺寸是机器或部件的一个主要参数，是使用单位选择机器或部件时的重要依据之一。

　　b. 外形尺寸。

　　外形尺寸是指机器或部件的长、宽、高，便于确定包装尺寸和安装空间。

　　c. 配合尺寸。

　　配合尺寸是指机器或部件中两零件之间的配合要求，通过配合尺寸可以确定两零件的尺寸公差，便于加工。

　　d. 安装尺寸。

　　安装尺寸是机器或部件安装、固定时所需要的尺寸，通过它可以确定机器或部件安装位置处的安装尺寸。

　　3）装配图零件的序号编排。

　　序号是机器或部件中零件的代号，通过它可以在明细栏中找到相应的名称、图号、材料、重量、数量和标准等。零件序号的编排形式如图 8-1-28 所示。

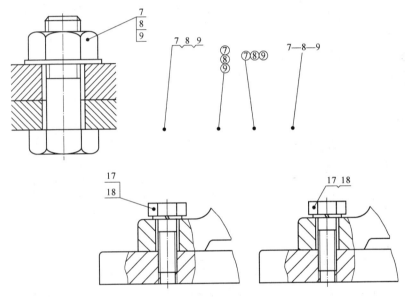

图 8-1-28　零件序号的编排形式

　　　a. 零件序号的编排应在表达机器或零部件多的视图上进行，当没有编排完时，应在其他视图上编排。

　　b. 在视图上编排序号时，应按顺时针编写。

　　（4）装配图技术要求撰写

　　装配图中的技术要求应写明机器或部件的主要验收指标，如运行平稳性、运行灵活性、噪声指标、试车时限和安装要求等。

　　例：齿轮油泵装配图技术要求：

　　1）齿轮油泵装配试验运行时间不小于 100 h；

　　2）运行时转动平稳、灵活，噪声不得超过 50 dB；

　　3）两齿轮的啮合面占齿长 3/4 以上。

　　（5）装配图明细栏、标题栏编写

　　装配图中的明细栏、标题栏应按国家标准编写。

（6）齿轮油泵装配图视图布置

图8-1-2（b）所示为齿轮油泵装配图视图布置实例，其明细栏等如项目七中图7-1-1所示。

5. 绘制齿轮油泵零件图

机器是由若干部件和许多零件组成的。表达一台机器的装配图称为总装配图（简称总装图），表达一个部件的装配图称为部件装配图（简称部件图），表达一个零件的图纸称为零件图。

零件图是生产、制造和检验零件的主要图样，它不仅应将零件的材料，内、外部结构形状和大小表达清楚，而且还要为零件的加工、检验、测量提供必要的技术要求。

（1）零件图的主要内容

1）图幅与标题栏。

2）视图：主、俯、左等表达视图。

3）尺寸标注：基本尺寸、精度尺寸。

4）形状要求。

5）位置要求。

6）表面粗糙度要求。

7）技术要求。

（2）绘制从动齿轮轴

从动齿轮轴视图如图8-1-29所示。

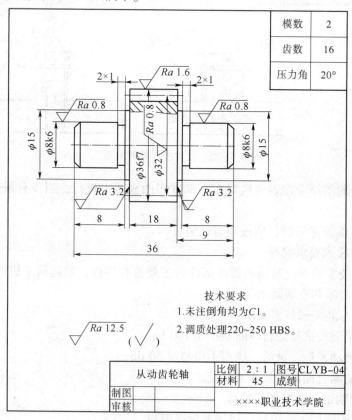

图 8-1-29　从动齿轮轴

（3）绘制主动齿轮轴

主动齿轮轴视图见项目六图 6-1-1 所示。

（4）绘制左端盖

左端盖视图见项目六图 6-2-1 所示。

（5）绘制泵体

泵体视图如项目六图 6-4-1 所示。

（6）绘制右端盖

右端盖视图布置如图 8-1-30 所示。

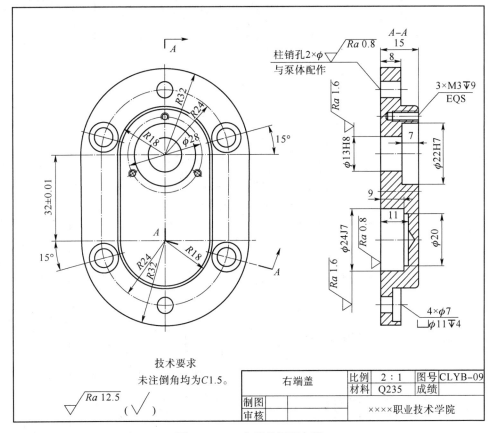

图 8-1-30　右端盖视图布置

（7）绘制挡圈

轴端挡圈视图如图 8-1-31 所示。

（8）绘制皮带轮

皮带轮视图如图 8-1-32 所示。

（9）绘制底板

底板视图如图 8-1-33 所示。

（10）绘制垫片

垫片视图如图 8-1-34 所示。

部件测绘

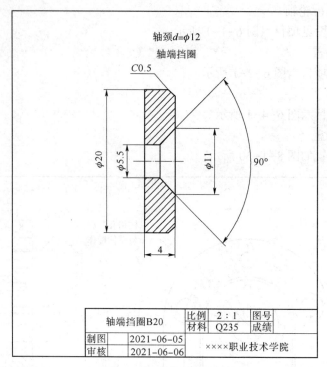

图 8-1-31 轴端挡圈视图

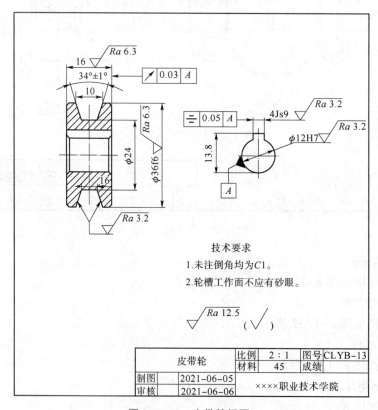

图 8-1-32 皮带轮视图

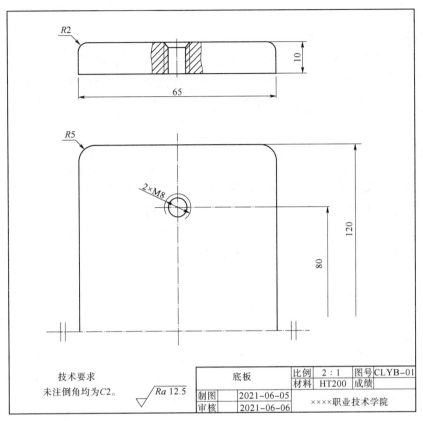

		比例	2：1	图号	CLYB-01
底板		材料	HT200	成绩	
制图	2021-06-05		××××职业技术学院		
审核	2021-06-06				

技术要求
未注倒角均为C2。　　　√Ra 12.5

图 8-1-33　底板视图

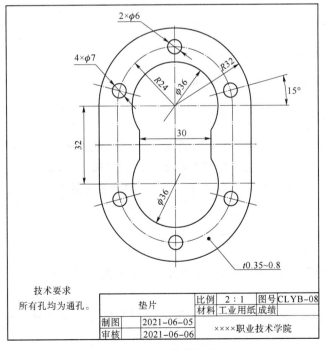

		比例	2：1	图号	CLYB-08
垫片		材料	工业用纸	成绩	
制图	2021-06-05		××××职业技术学院		
审核	2021-06-06				

技术要求
所有孔均为通孔。

图 8-1-34　垫片视图

6. 整理齿轮油泵图纸文件

（1）校核装配图与零件图

装配图与零件图绘制完后并不等于绘图工作的结束，它们一定存在某些错误，如表达错误、尺寸错误、结构错误，等等。因此，必须把装配图与零件图对照进行校对修改，同学之间也可相互校对修改，最后交由教师审核。

（2）编写标准件明细表

凡在结构、尺寸、画法、标记等各方面，直到成品质量，都由国家或行业制定了标准，按标准设计，由专业厂家生产的零件，均称为标准件。标准件主要有螺栓、螺母、垫圈、圆（锥）销、键、轴承等几类。在机械设计中，由于标准件一般都是根据标记直接采购的，所以不必画零件图。但在装配图中应用标准画法画出标准件，同时应写出它们的国家标准代号和特征参数。另外为了采购方便及图纸资料的完整性，还必须列出标准件清单（明细表）。

齿轮泵标准件明细表（A4图纸）见表8-1-8。

表8-1-8　齿轮泵标准件明细表

序号	名称	规格/mm	数量	国标代号
1	六角头螺栓	M8×20	2	GB/T 5782—2000
2	滚动轴承	628Z	2	GB/T 276—2013
3	弹簧垫圈	8	2	GB/T 93—2003
4	（轴端）挡圈	B20	1	GB/T 891—1986
5	平键	键 C4×4×10	1	GB/T 1096—2003
6	开槽半沉头螺钉	M3×6	3	GB/T 69—2000
7	垫片（工业用纸）	$t=1$	2	垫片密封代号 HG 20519.40—1992 HG/T 20519—2009
8	内六角螺钉	M6×10	8	GB/T 70.1—2000
9	圆柱销	6 m6×40	2	GB/T 119.1—2000

（3）回装装配体

按装配明细栏的序号，清点零件是否齐全，在现场测绘时，是在测绘完零件草图后就回装装配体的部件的。回装时，要注意装配顺序，其中包括零件的正反方向，做到一次装成。有多组螺栓连接时，应逐个拧紧，不可将一组连接使劲拧紧再拧下一组，这样会导致后面的连接装不进去，没法连接。在装配中不宜轻易地用锤子敲打，在装配前应将全部零件用煤油清洗干净，对配合面、加工面一定要涂上机油，方可装配。

（4）装订图纸文件

为了保证图纸的完整性及便于管理，图纸必须装订成册。图纸折叠装订时必须按规定进行。

1）装订格式。

全套图纸应全面检查装订成册，按装配明细栏的序号清点零件图是否齐全，图号、材料、名称、数量等是否一致。总之，在审核图纸时，应对照零件图和装配图的相应部分进行，这样才容易发现错误。在实际工作中审图的工作量是很大的，涉及的知识面很广，这些知识要在实践中不断积累，逐步提高，以便适应实际工作的需要。

测绘图册以 A4 图纸竖放为宜，即测绘材料一般装订成 A4 图纸大小，装订边长为 297 mm，因此 A4 图纸的装订边在长边，A3 图纸的装订边在短边。A2 图纸的装订边也在短边。A2 图纸的短边比 297 mm 长，装订时应从下往上在装订边上量出 297 mm，将长出的装订边剪掉。留有装订边的图框及标题栏格式如图 8-1-35 所示。

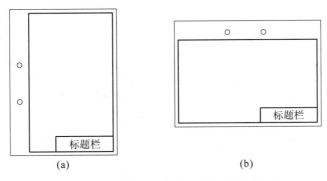

(a)   (b)

图 8-1-35　留有装订边的图框及标题栏格式

(a) 图纸竖放；(b) 图纸横放

2) 图纸的折法。

测绘材料通常装订成 A4 图纸大小，常用的 A2、A3 图纸都需折叠，并留有装订边，按图 8-1-36 中的顺序和尺寸，慢慢体会，折完后图号在上。各种尺寸的图折叠成 A3 的方法与 A4 类似，但 A3 一般横向装订，尺寸有所不同。各号图纸的折叠方法见标准图册，无论采用何种折叠方法，折叠后图上的标题栏均应露在外面。图纸折法如图 8-1-36 所示，即沿虚线向里折叠。

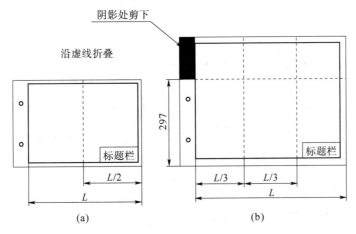

(a)   (b)

图 8-1-36　图纸的折法

(a) A3 图纸的折法；(b) A2 图纸的折法

3) 装订顺序。

检查修改后，把图纸按照封面、目录、装配示意图、标准件清单、零件图、装配图的顺序装订成册。其中零件图是按该零件在装配图中明细栏的序号顺序进行装订的。

附 录

附录A 标准结构（摘录）

附表A1 普通螺纹（摘自 GB/T 193—2003，GB/T 196—2003）

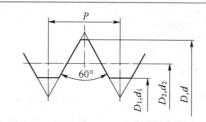

标记示例

公称直径为24 mm，螺距为3 mm的粗牙右旋普通螺纹：M24。

公称直径为24 mm，螺距为1.5 mm的细牙左旋普通螺纹：M24×1.5 LH

mm

公称直径 D、d		螺距 P		粗牙小径 D_1、d_1	公称直径 D、d		螺距 P		粗牙小径 D_1、d_1
第一系列	第二系列	粗牙	细 牙		第一系列	第二系列	粗牙	细 牙	
3		0.5	0.35	2.459		22	2.5	2、1.5、1、(0.75)、(0.5)	19.294
	3.5	(0.6)		2.850	24		3	2、1.5、1、(0.75)	20.752
4		0.7	0.5	3.242	27		3	2、1.5、1、(0.75)	23.751
	4.5	(0.75)		3.688					
5		0.8		4.134	30		3.5	(3)、2、1.5、1、(0.75)	26.211
6		1	0.75、(0.5)	4.917	33		3.5	(3)、2、1.5、(1)、(0.75)	29.211
8		1.25	1、0.75、(0.5)	6.647	36		4	3、2、1.5、(1)	31.670
10		1.5	1.25、1、0.75、(0.5)	8.376		39	4		34.670
12		1.75	1.5、1.25、1、(0.75)、(0.5)	10.106	42		4.5	(4)、3、2、1.5、(1)	37.129
	14	2	1.5、(1.25)、1、(0.75)、(0.50)	11.835		45	4.5		40.129
16		2	1.5、1、(0.75)、(0.5)	13.835	48		5		42.587
	18	2.5	2、1.5、1、(0.75)、(0.5)	15.294		52	5		46.587
20		2.5		17.294	56		5.5	4、3、2、1.5、(1)	50.046

注：1. 优先选用第一系列，括号内尺寸尽可能不用。第三系列未列入。

2. M14×1.25仅用于火花塞；M35×1.5仅用于滚动轴承锁紧螺母。

附表 A2　梯形螺纹（摘自 GB/T 5796.1~5796.4—2005）

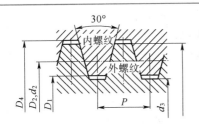

标记示例

公称直径为 40 mm，螺距为 7 mm，右旋的单线梯形螺纹：Tr40×7。

公称直径为 40 mm，导程为 14 mm，螺距为 7 mm，左旋的双线梯形螺纹：Tr40×14（P7）LH

mm

公径直径 d		螺距 P	中径 $d_2=D_2$	大径 D_4	小径		公称直径 d		螺距 P	中径 $d_2=D_2$	大径 D_4	小径	
第一系列	第二系列				d_3	D_1	第一系列	第二系列				d_3	D_1
8		1.5	7.25	8.3	6.2	6.5	28		5	25.5	28.5	22.5	23
	9	2	8	9.5	6.5	7		30	6	27	31	23	24
10		2	9	10.5	7.5	8	32		6	29	33	25	26
	11	2	10	11.5	8.5	9		34	6	31	35	27	28
12		3	10.5	12.5	8.5	9	36		6	33	37	29	30
	14	3	12.5	14.5	10.5	11		38	7	34.5	39	30	31
16		4	14	16.5	11.5	12	40		7	36.5	41	32	33
	18	4	16	18.5	13.5	14		42	7	38.5	43	34	35
20		4	18	20.5	15.5	16	44		7	40.5	45	36	37
	22	5	19.5	22.5	16.5	17		46	8	42	47	37	38
24		5	21.5	24.5	18.5	19	48		8	44	49	39	40
	26	5	23.5	26.5	20.5	21		50	8	46	51	41	42

注：1. 本标准规定了一般用途梯形螺纹基本牙型、公称直径为 8~300 mm（本表仅摘录 8~50 mm）的直径与螺距系列以及基本尺寸。

2. 应优先选用第一系列的直径。

3. 在每一个直径所对应的诸螺距中，本表仅摘录应优先选用的螺距和相应的基本尺寸。

附表 A3　55°非密封管螺纹（摘自 GB/T 7307—2001）

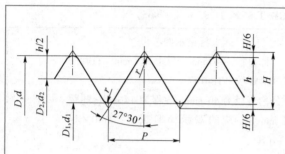

标记示例

内螺纹 G1　1/2

A 级外螺纹 G1　1/2A

B 级外螺纹 G1　1/2B

左旋　G1　1/2B-LH

$$P=\frac{25.4}{n},\ H=0.960\ 491P$$

mm

尺寸代号	每 25.4 mm 内的牙数 n	螺距 P	牙高 h	圆弧半径 r	基本直径		
					大径 $d=D$	中径 $d_2=D_2$	小径 $d_1=D_1$
$\frac{1}{16}$	28	0.907	0.581	0.125	7.723	7.142	6.561
$\frac{1}{8}$	28	0.907	0.581	0.125	9.728	9.147	8.566
$\frac{1}{4}$	19	1.337	0.856	0.184	13.157	12.301	11.445
$\frac{3}{8}$	19	1.337	0.856	0.184	16.662	15.806	14.950
$\frac{1}{2}$	14	1.814	1.162	0.249	20.955	19.793	18.631
$\frac{5}{8}$	14	1.814	1.162	0.249	22.911	21.749	20.587
$\frac{3}{4}$	14	1.814	1.162	0.249	26.441	25.279	24.117
$\frac{7}{8}$	14	1.814	1.162	0.249	30.201	29.039	27.877
1	11	2.309	1.479	0.317	33.249	31.770	30.291
$1\frac{1}{8}$	11	2.309	1.479	0.317	37.897	36.418	34.939
$1\frac{1}{4}$	11	2.309	1.479	0.317	41.910	40.431	38.952
$1\frac{1}{2}$	11	2.309	1.479	0.317	47.803	46.324	44.845
$1\frac{3}{4}$	11	2.309	1.479	0.317	53.746	52.267	50.788

尺寸代号	每 25.4 mm 内的牙数 n	螺距 P	牙高 h	圆弧半径 r	基本直径		
					大径 $d=D$	中径 $d_2=D_2$	小径 $d_1=D_1$
2	11	2.309	1.479	0.317	59.614	58.135	56.658
$2\frac{1}{4}$	11	2.309	1.479	0.317	65.710	64.231	62.752
$2\frac{1}{2}$	11	2.309	1.479	0.317	75.184	73.705	72.226
$2\frac{3}{4}$	11	2.309	1.479	0.317	81.534	80.055	78.576
3	11	2.309	1.479	0.317	87.884	86.405	84.926
$3\frac{1}{2}$	11	2.309	1.479	0.317	100.330	98.851	97.372
4	11	2.309	1.479	0.317	113.030	111.551	110.072
$4\frac{1}{2}$	11	2.309	1.479	0.317	125.730	124.251	122.772
5	11	2.309	1.479	0.317	138.430	136.951	135.472
$5\frac{1}{2}$	11	2.309	1.479	0.317	151.130	149.651	148.172
6	11	2.309	1.479	0.317	163.830	162.351	160.872

55°密封管螺纹（摘自 GB/T 7306.1—2000 和 GB/T 7306.2—2000）

标记示例：

R1 1/2：尺寸代号为 1/2，与圆柱内螺纹相配合的右旋圆锥外螺纹；

Rc 1/2-LH：尺寸代号为 1/2，左旋圆锥内螺纹

附录

附表 A4　紧固件通孔及沉头座尺寸（GB/T 152.2~152.4—2008　GB/T 5277—2008）

mm

螺纹规格 d			4	5	6	8	10	12	14	16	20	24
通孔直径 d_1 GB/T 5277—2008	精装配		4.3	5.3	6.4	8.4	10.5	13	15	17	21	25
	中等装配		4.5	5.5	6.6	9	11	13.5	15.5	17.5	22	26
	粗装配		4.8	5.8	7	10	12	14.5	16.5	18.5	24	28
六角头螺栓和螺母用沉孔 GB/T 152.4—2008	用于螺栓及六角螺母	d_2 (H15)	10	11	13	18	22	26	30	33	40	48
		d_3	—	—	—	—	—	16	18	20	24	28
		t	锪平为止									
圆柱头用沉孔 GB/T 152.3—2008	用于内六角圆柱头螺钉	d_2 (H13)	8	10	11	15	18	20	24	26	33	40
		d_3	—	—	—	—	—	16	18	20	24	28
		t (H13)	4.6	5.7	6.8	9	11	13	15	17.5	21.5	25.5
	用于开槽圆柱头及内六角圆柱头螺钉	d_2 (H13)	8	10	11	15	18	20	24	26	33	—
		d_3	—	—	—	—	—	16	18	20	24	—
		t (H13)	3.2	4	4.7	6	7	8	9	10.5	12.5	—
沉头用沉孔 GB/T 152.2—2008	用于沉头及半沉头螺钉	d_2 (H13)	9.6	10.6	12.8	17.6	20.3	24.4	28.4	32.4	40.4	—
		$t \approx$	2.7	2.7	3.3	4.6	5	6	7	8	10	—

注：尺寸下带括号的为其公差带。

附表 A5　倒角和倒圆（GB/T 6403.4—2008）

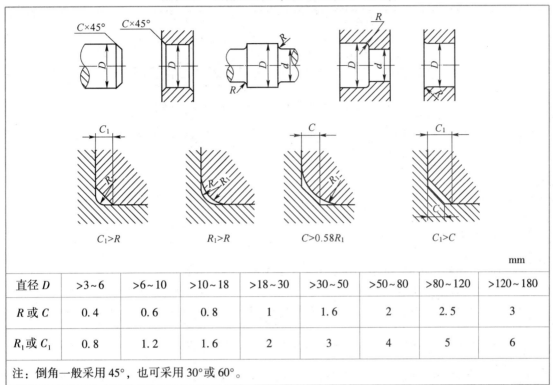

直径 D	>3~6	>6~10	>10~18	>18~30	>30~50	>50~80	>80~120	>120~180
R 或 C	0.4	0.6	0.8	1	1.6	2	2.5	3
R_1 或 C_1	0.8	1.2	1.6	2	3	4	5	6

注：倒角一般采用 45°，也可采用 30°或 60°。

附表 A6　砂轮越程槽（GB/T 6403.5—2008）　　　　mm

d	约 10			>10~15		>50~100		>100	
b_1	0.6	1.0	1.6	2.0	3.0	4.0	5.0	8.0	10
b_2	2.0		3.0		4.0		5.0		8.0	10
h	0.1		0.2		0.3	0.4		0.6	0.8	1.2
r	0.2		0.5		0.8	1.0		1.6	2.0	3.0

外圆　　　磨内圆

附表 A7 普通螺纹退刀槽和倒角（GB/T 3—1997）

外螺纹　　　　　　　　　内螺纹

mm

	螺距 P	0.5	0.6	0.7	0.75	0.8	1	1.25	1.5	1.75	2	2.5	3
外螺纹	g_2(max)	1.5	1.8	2.1	2.25	2.4	3	3.75	4.5	5.25	6	7.5	9
	g_1(min)	0.8	0.9	1.1	1.2	1.3	1.6	2	2.5	3	3.4	4.4	5.2
	d_g	$d-0.8$	$d-1$	$d-1.1$	$d-1.2$	$d-1.3$	$d-1.6$	$d-2$	$d-2.3$	$d-2.6$	$d-3$	$d-3.6$	$d-4.4$
	$r\approx$	0.2	0.4	0.4	0.4	0.4	0.6	0.6	0.8	1	1	1.2	1.6

始端端面倒角一般为 45°，也可采用 60°或 30°；深度应大于或等于螺纹牙型高度；过渡角 α 不应小于 30°

内螺纹	G_1	2	2.4	2.8	3	3.2	4	5	6	7	8	10	12
	D_g			$D+0.3$						$D+0.5$			
	$R\approx$	0.2	0.3	0.4	0.4	0.4	0.5	0.6	0.8	0.9	1	1.2	1.5

入口端面倒角一般为 120°，也可采用 90°；端面倒角直径为（1.05~1）D。其中 D 为螺纹公称直径代号。

附录B 标准件（摘录）

附表B1 六角头螺栓

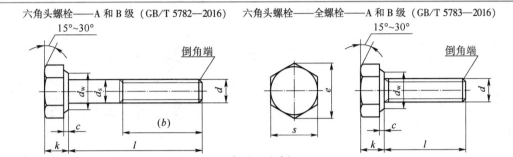

六角头螺栓——A 和 B 级（GB/T 5782—2016）   六角头螺栓——全螺栓——A 和 B 级（GB/T 5783—2016）

标 记 示 例

螺纹规格 d=M12、公称长度 l=80 mm、性能等级为 8.8 级、表面氧化、A 级的六角头螺栓：

螺栓 GB/T 5782—2016 M12×80

螺纹规格 d=M12、公称长度 l=80 mm、性能等级为 8.8 级、表面氧化、全螺纹、A 级的六角头螺栓：

螺栓 GB/T 5783—2016 M12×80

mm

螺纹规格	d	M4	M5	M6	M8	M10	M12	M16	M20	M24	M30	M36	M42	M48
b 参考	$l \leqslant 125$	14	16	18	22	26	30	38	46	54	66	78	—	—
	$125 < l \leqslant 200$	—	—	—	28	32	36	44	52	60	72	84	96	108
	$l > 200$	—	—	—	—	—	—	57	65	73	85	97	109	121
	c_{max}	0.4	0.5		0.6			0.8					1	
	k	2.8	3.5	4	5.3	6.4	7.5	10	12.5	15	18.7	22.5	26	30
	d_{smax}	4	5	6	8	10	12	16	20	24	30	36	42	48
	s_{max}	7	8	10	13	16	18	24	30	36	46	55	65	75
e_{min}	A	7.66	8.79	11.05	14.38	17.77	20.03	26.75	33.53	39.98	—	—	—	—
	B	—	8.63	10.89	14.2	17.59	19.85	26.17	32.95	39.55	50.85	60.79	72.02	82.6
d_{wmin}	A	5.9	6.9	8.9	11.6	14.6	16.6	22.5	28.2	33.6	—	—	—	—
	B	—	6.7	8.7	11.4	14.4	16.4	22	27.7	33.2	42.7	51.1	60.6	69.4
l 范围	GB/T 5782	25~40	25~50	30~60	35~80	40~100	45~120	55~160	65~200	80~240	90~300	110~360	130~400	140~400
	GB/T 5783	8~40	10~50	12~60	16~80	20~100	25~100	35~100	40~100				80~500	100~500
l 系列	GB/T 5782	20~65（5 进位）、70~160（10 进位）、180~400（20 进位）												
	GB/T 5783	8、10、12、16、18、20~65（5 进位）、70~160（10 进位）、180~500（20 进位）												

注：1. 螺纹公差：6g；力学性能等级：8.8 级。
    2. 产品等级：A 级用于 $d \leqslant 24$ mm 和 $l \leqslant 10d$ 或者 $\leqslant 150$ mm（按较小值）；
       B 级用于 $d > 24$ mm 或 $l > 10d$ 或 > 150 mm（按较小值）。

附表 B2 双头螺柱

$b_m = 1d$（GB/T 897—1988）； $b_m = 1.25d$（GB/T 898—1988）； $b_m = 1.5d$（GB/T 899—1988）； $b_m = 2d$（GB/T 900—1988）

A型

B型

倒角端   倒角端   p   x b_m x   l   b   p

辗制末端   辗制末端   x b_m x   l   b   p

标 记 示 例

两端均为粗牙普通螺纹，$d = 10$ mm，$l = 50$ mm，性能等级为 4.8 级，B 型，$b_m = 1d$ 的双头螺柱：

螺柱 GB/T 897—1988 M10×50

旋入一端为粗牙普通螺纹，旋螺母一端为螺距 $P = 1$ mm 的细牙普通螺纹，$d = 10$ mm，$l = 50$ mm，性能等级为 4.8 级，A 型，$b_m = 1d$ 的双头螺柱：

螺柱 GB/T 897—1988 AM10—M10×1×50

旋入一端为过渡配合的第一种配合，旋螺母一端为粗牙普通螺纹，$d = 10$ mm，$l = 50$ mm，性能等级为 8.8 级，B 型，$b_m = 1d$ 的双头螺柱：

螺柱 GB/T 897—1988 GM10—M10×50—8.8

mm

螺纹规格 d		M4	M5	M6	M8	M10	M12	M16	M20	M24	M30	M36	M42	M48
b_m	GB/T 897	—	5	6	8	10	12	16	20	24	30	36	42	48
	GB/T 898	—	6	8	10	12	15	20	25	30	38	45	52	60
	GB/T 899	6	8	10	12	15	18	24	30	36	45	54	65	72
	GB/T 900	8	10	12	16	20	24	32	40	48	60	72	84	96
d_s		A 型 $d_s \approx$ 螺纹大径 B 型 $d_s \approx$ 螺纹中径												
x		$1.5P$												

续表

螺纹规格 d	M4	M5	M6	M8	M10	M12	M16	M20	M24	M30	M36	M42	M48
$\dfrac{l}{b}$	$\dfrac{16\sim22}{8}$	$\dfrac{16\sim22}{10}$	$\dfrac{20\sim22}{10}$	$\dfrac{20\sim22}{12}$	$\dfrac{25\sim28}{14}$	$\dfrac{25\sim30}{16}$	$\dfrac{30\sim38}{20}$	$\dfrac{35\sim40}{25}$	$\dfrac{45\sim50}{30}$	$\dfrac{60\sim65}{40}$	$\dfrac{65\sim75}{45}$	$\dfrac{70\sim80}{50}$	$\dfrac{80\sim90}{60}$
	$\dfrac{25\sim40}{14}$	$\dfrac{25\sim50}{16}$	$\dfrac{25\sim30}{14}$	$\dfrac{25\sim30}{16}$	$\dfrac{30\sim38}{16}$	$\dfrac{32\sim40}{20}$	$\dfrac{40\sim55}{30}$	$\dfrac{45\sim65}{35}$	$\dfrac{55\sim75}{45}$	$\dfrac{70\sim90}{50}$	$\dfrac{80\sim110}{60}$	$\dfrac{85\sim110}{70}$	$\dfrac{95\sim110}{80}$
			$\dfrac{32\sim75}{18}$	$\dfrac{32\sim90}{22}$	$\dfrac{40\sim120}{26}$	$\dfrac{45\sim120}{30}$	$\dfrac{60\sim120}{38}$	$\dfrac{70\sim120}{46}$	$\dfrac{80\sim120}{54}$	$\dfrac{95\sim120}{60}$	$\dfrac{120}{78}$	$\dfrac{120}{90}$	$\dfrac{120}{102}$
					$\dfrac{130}{32}$	$\dfrac{130\sim180}{36}$	$\dfrac{130\sim200}{44}$	$\dfrac{130\sim200}{52}$	$\dfrac{130\sim200}{60}$	$\dfrac{130\sim200}{72}$	$\dfrac{130\sim200}{84}$	$\dfrac{130\sim200}{96}$	$\dfrac{130\sim200}{108}$
										$\dfrac{210\sim250}{85}$	$\dfrac{210\sim300}{97}$	$\dfrac{210\sim300}{109}$	$\dfrac{210\sim300}{121}$
l 系列	16、(18)、20、(22)、25、(28)、30、(32)、35、(38)、40、45、50、(55)、60、(65)、70、(75)、80、(85)、90、(95)、100、110、120、130、140、150、160、170、180、190、200、210、220、230、240、250、260、280、300												

237

附表 B3　螺钉

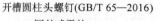

开槽圆柱头螺钉(GB/T 65—2016)　　开槽盘头螺钉(GB/T 67—2016)

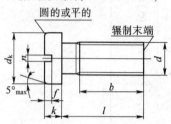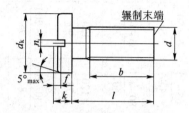

开槽沉头螺钉(GB/T 68—2016)　　开槽半沉头螺钉(GB/T 69—2016)

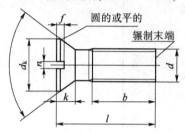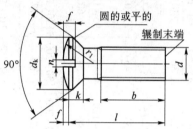

无螺纹部分杆径 ≈ 中径或 = 螺纹大径

标 记 示 例

螺纹规格 d = M5、公称长度 l = 20mm、性能等级为 4.8 级、不经表面处理的开槽圆柱头螺钉：

螺钉 GB/T 65—2016　M5×20

mm

螺纹规格 d	P	b_{min}	n公称	f	r_f	k_{max}			d_{kmax}			t_{min}				l 范围
				GB 69	GB 69	GB 65	GB 67	GB 68 GB 69	GB 65	GB 67	GB 68 GB 69	GB 65	GB 67	GB 68	GB 69	
M3	0.5	25	0.8	0.7	6	1.8	1.8	1.65	5.6	5.6	5.5	0.7	0.7	0.6	1.2	4~30
M4	0.7	38	1.2	1	9.5	2.6	2.4	2.7	7	8	8.4	1.1	1.1	1	1.6	5~40
M5	0.8	38	1.2	1.2	9.5	3.3	3.0	2.7	8.5	9.5	9.3	1.3	1.2	1.1	2	6~50
M6	1	38	1.6	1.4	12	3.9	3.6	3.3	10	12	11.3	1.6	1.4	1.2	2.4	8~60
M8	1.25	38	2	2	16.5	5	4.8	4.65	13	16	15.8	2	1.9	1.8	3.2	10~80
M10	1.5	38	2.5	2.3	19.5	6	6	5	16	20	18.3	2.4	2.4	2	3.8	12~80
l 系列	4、5、6、8、10、12、（14）、16、20、25、30、35、40、50、（55）、60、（65）、70、（75）、80															

附表 B4　内六角圆柱头螺钉（摘自 GB/T 70.1—2008）

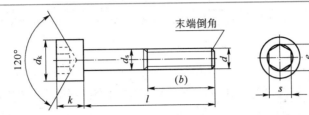

标 记 示 例

螺纹规格 d = M5、公称长度 l = 20 mm、性能等级为 8.8 级、表面氧化的内六角圆柱头螺钉：

螺钉　GB/T 70.1—2008 M5×20

mm

螺纹规格 d	M3	M4	M5	M6	M8	M10	M12	M14	M16	M20	M24
P（螺距）	0.5	0.7	0.8	1	1.25	1.5	1.75	2	2	2.5	3
b 参考	18	20	22	24	28	32	36	40	44	52	60
d_{kmax}	5.5	7	8.5	10	13	16	18	21	24	30	36
k_{max}	3	4	5	6	8	10	12	14	16	20	24
t_{min}	1.3	2	2.5	3	4	5	6	7	8	10	12
s 公称	2.5	3	4	5	6	8	10	12	14	17	19
e_{min}	2.87	3.44	4.58	5.72	6.86	9.15	11.43	13.72	16.00	19.44	21.73
d_{smax}	$d_s = d$										
l 范围	5~30	6~40	8~50	10~60	12~80	16~100	20~120	25~140	25~160	30~200	40~200
$l\leqslant$表中数值时，制出全螺纹	20	25	25	30	35	40	45	55	55	65	80
l 系列	5、6、8、10、12、（14）、（16）、20、25、30、35、40、45、50、（55）、60、（65）、70、80、90、100、110、120、130、140、150、160、180、200、										

注：括号内规格尽可能不采用

附表 B5　紧定螺钉

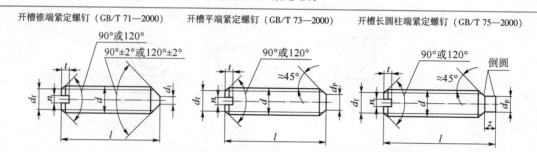

开槽锥端紧定螺钉（GB/T 71—2000）　　开槽平端紧定螺钉（GB/T 73—2000）　　开槽长圆柱端紧定螺钉（GB/T 75—2000）

标 记 示 例

螺纹规格 d＝M10、公称长度 l＝20 mm、性能等级为 14H 级、表面氧化的开槽锥端紧定螺钉：

螺钉　GB/T 71—2000　M10×20

mm

螺纹规格 d	P	$d_f \approx$	d_{tmax}	d_{pmax}	n 公称	l		z_{min}	l 公称
						min	max		
M3	0.5	螺纹小径	0.3	2	0.4	0.8	1.05	1.5	4~16
M4	0.7		0.4	2.5	0.6	1.12	1.42	2	6~20
M5	0.8		0.5	3.5	0.8	1.28	1.63	2.5	8~25
M6	1		1.5	4	1	1.6	2	3	8~30
M8	1.25		2	5.5	1.2	2	2.5	4	10~40
M10	1.5		2.5	7	1.6	2.4	3	5	12~50
M12	1.75		3	8.5	2	2.8	3.6	6	14~16
l 系列	4、5、6、8、10、12、(14)、16、20、25、30、40、45、50、(55)、60								

I 型六角螺母—A 和 B 级（GB/T 6170—2015）　　　I 型六角螺母—C 级（GB/T 41—2016）

I 型六角头螺母—细牙—A 和 B 级（GB/T 6171—2016）

允许制造的型式

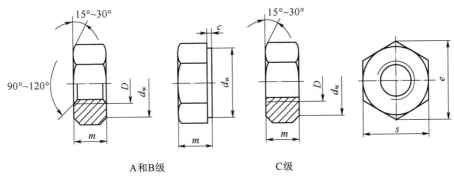

A 和 B 级　　　　　　　　　C 级

标 记 示 例

螺纹规格 D＝M12、性能等级为 10 级、不经表面处理、A 级的 I 型六角螺母：

螺母　GB/T 6170—2015　M12

螺纹规格 D＝M12、性能等级为 5 级、不经表面处理、C 级的 I 型六角螺母：

螺母　GB/T 41—2016　M12

mm

螺母规格 D		M4	M5	M6	M8	M10	M12	M16	M20	M24	M30	M36	M42	M48
c		0.4	0.5		0.6			0.8				1	
s_{max}		7	8	10	13	16	18	24	30	36	46	55	65	75
e_{min}	A、B 级	7.66	8.79	11.05	14.38	17.77	20.03	26.75	32.95	39.55	50.85	60.79	72.02	82.6
	C 级	—	8.63	10.89	14.2	17.59	19.85	26.17	32.95	39.55	50.85	60.79	72.02	82.6
m_{max}	A、B 级	3.2	4.7	5.2	6.8	8.4	10.8	14.8	18	21.5	25.6	31	34	38
	C 级	—	5.6	6.1	7.9	9.5	12.2	15.9	18.7	22.3	26.4	31.5	34.9	38.9
d_{wmin}	A、B 级	5.9	6.9	8.9	11.6	14.6	16.6	22.5	27.7	33.2	42.7	51.1	60.6	69.4
	C 级	—	6.9	8.7	11.5	14.5	16.5	22	27.7	33.2	42.7	51.1	60.6	69.4

注：1. A 级用于 D≤16 mm 的螺母；B 级用于 D＞16 mm 的螺母；C 级用于 D≥5 mm 的螺母。

　　2. 螺纹公差：A、B 级为 6H，C 级为 7H；力学性能等级：A、B 级为 6、8、10 级，C 级为 4、5 级

附表 B7　平垫圈

平垫圈—A 级（GB/T 97.1—2002）　　　平垫圈倒角型—A 级（GB/T 97.2—2002）

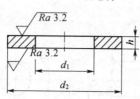
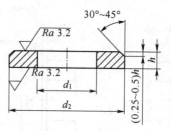

标 记 示 例

标准系列、公称尺寸 $d=80$、性能等级为 140 HV 级、不经表面处理的平垫圈：

垫圈　GB/T 97.1—2002　80~140 HV

mm

公称尺寸（螺纹规格）d	3	4	5	6	8	10	12	14	16	20	24	30	36
内径 d_1	3.2	4.3	5.3	6.4	8.4	10.5	13	15	17	21	25	31	37
外径 d_2	7	9	10	12	16	20	24	28	30	37	44	56	66
厚度 h	0.5	0.8	1	1.6	1.6	2	2.5	2.5	3	3	4	4	5

附表 B8　标准型弹簧垫圈（GB/T 93—2003）

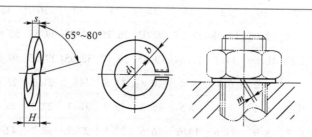

标 记 示 例

规格 16 mm、材料为 65Mn、表面氧化的标准型弹簧垫圈：

垫圈　GB/T 93—2003　16

mm

规格（螺纹大径）	4	5	6	8	10	12	16	20	24	30	36	42	48
$d_{1\,min}$	4.1	5.1	6.1	8.1	10.2	12.2	16.2	20.2	24.5	30.5	36.5	42.5	48.5
$s=b$（公称）	1.1	1.3	1.6	2.1	2.6	3.1	4.1	5	6	7.5	9	10.5	12
$m\leqslant$	0.55	0.65	0.8	1.05	1.3	1.55	2.05	2.5	3	3.75	4.5	5.25	6
H_{max}	2.75	3.25	4	5.25	6.5	7.75	10.25	12.5	15	18.75	22.5	26.25	30

附表 B9 普通平键

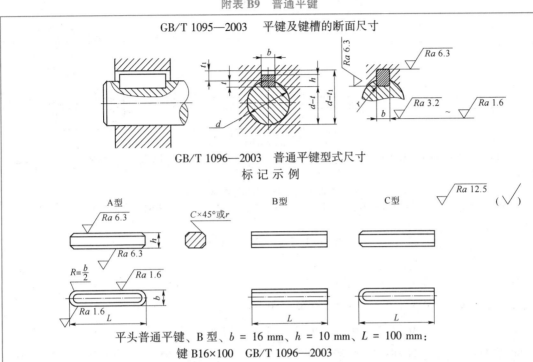

GB/T 1095—2003 平键及键槽的断面尺寸

GB/T 1096—2003 普通平键型式尺寸

标 记 示 例

平头普通平键、B 型、b = 16 mm、h = 10 mm、L = 100 mm：

键 B16×100 GB/T 1096—2003

mm

轴径 d	键的公称尺寸			键　　槽										
				宽　度　b					深　度				半径 r	
					偏　　差				轴 t		毂 t₁			
			b	较松键连接		一般键连接		较紧键连接						
	b	h	L	轴 H9	毂 D10	轴 N9	毂 Js9	轴和毂 P9	t	偏差	t₁	偏差	最小	最大
6~8	2	2	6~20	2	+0.025 0	+0.060 +0.020	-0.004 -0.029	±0.0125	-0.006 -0.031	2	+0.1 0	1		0.08	0.16
>8~10	3	3	6~36	3						1.8		1.4		
>10~12	4	4	8~45	4	+0.030 0	+0.078 +0.030	0 -0.030	±0.015	-0.012 -0.042	2.5		1.8		
>12~17	5	5	10~56	5						3.0		2.3		
>17~22	6	6	14~70	6						3.5		2.8		0.16	0.25
>22~30	8	7	18~90	8	+0.036 0	+0.098 +0.040	0 -0.036	±0.018	-0.015 -0.051	4.0		3.3		
>30~38	10	8	22~110	10						5.0		3.3		
>38~44	12	8	28~140	12	+0.043 0	+0.120 +0.050	0 -0.043	±0.0215	-0.018 -0.061	5.0	+0.2 0	3.3	+0.2 0	0.25	0.40
>44~50	14	9	36~160	14						5.5		3.8		
>50~58	16	10	45~180	16						6.0		4.3		
>58~65	18	11	50~200	18						7.0		4.4		
l 系列	6、8、10、12、14、16、18、20、22、25、28、32、36、40、45、50、56、63、70、80、90、100、110、125、140、160、180、200													

注：(d-t) 和 (d+t₁) 的偏差按相应的 t 和 t₁ 的偏差选取，但 (d-t) 的偏差值应取负号

附表 **B10**　圆柱销（GB/T 119.1—2000）

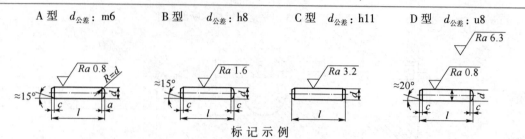

A 型　$d_{公差}$: m6　　B 型　$d_{公差}$: h8　　C 型　$d_{公差}$: h11　　D 型　$d_{公差}$: u8

标 记 示 例

公称直径 $d=8$ mm、长度 $l=30$ mm、材料 35 钢、热处理硬度 28～38HRC、表面氧化处理的 A 型圆柱销：

销 GB/T 119.1—2000　A8×30

公称直径 $d=8$ mm、长度 $l=30$ mm、材料 35 钢、热处理硬度 28～38HRC、表面氧化处理的 B 型圆柱销：

销 GB/T 119.1—2000　8×30

mm

d公称	2	2.5	3	4	5	6	8	10	12	16	20
$\alpha\approx$	0.25	0.3	0.4	0.5	0.63	0.80	1.0	1.2	1.6	2.0	2.5
$c\approx$	0.35	0.40	0.50	0.63	0.80	1.2	1.6	2.0	2.5	3.0	3.5
l(商品范围)	6～20	6～24	8～30	8～30	10～50	12～60	14～80	16～95	22～140	26～180	35～200
l系列	6、8、10、12、14、16、18、20、22、24、26、28、30、32、35、40、45、50、55、60、65、70、75、80、85、90、95、100、120、140、160、180、200										

附表 **B11**　圆锥销（GB/T 117—2000）

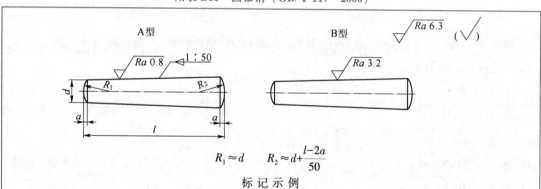

A 型　　　　　　　B 型

$$R_1 \approx d \quad\quad R_2 \approx d + \frac{l-2a}{50}$$

标 记 示 例

公称直径 $d=10$ mm、长度 $l=60$ mm、材料 35 钢、热处理硬度 28～38HRC、表面氧化处理的 A 型圆锥销：

销 GB/T 117—2000 A10×60

mm

d公称	2	2.5	3	4	5	6	8	10	12	16	20
$\alpha\approx$	0.25	0.3	0.4	0.5	0.63	0.8	1	1.2	1.6	2	2.5
l(商品范围)	10～35		12～45	14～65	18～60	22～90	22～120	26～160	32～180	40～200	45～200
l系列	10、12、14、16、18、20、22、24、26、28、30、32、35、40、45、50、55、60、65、70、75、80、85、90、95、100、120、140、160、180、200										

附表 B12　深沟球轴承（GB/T 276—2013）

标 记 示 例
类型代号6、尺寸系列代号为02、内径代号为06 的深沟球轴承：
滚动轴承　6206　GB/T 276—2013

mm

轴承代号		外形尺寸			轴承代号		外形尺寸		
		d	D	B			d	D	B
01系列	6004	20	42	12	03系列	6304	20	52	15
	6005	25	47	12		6305	25	62	17
	6006	30	55	13		6306	30	72	19
	6007	35	62	14		6307	35	80	21
	6008	40	68	15		6308	40	90	23
	6009	45	75	16		6309	45	100	25
	6010	50	80	16		6310	50	110	27
	6011	55	90	18		6311	55	120	29
	6012	60	95	18		6312	60	130	31
	6013	65	100	18		6313	65	140	33
	6014	70	110	20		6314	70	150	35
	6015	75	115	20		6315	75	160	37
	6016	80	125	22		6316	80	170	39
	6017	85	130	22		6317	85	180	41
	6018	90	140	24		6318	90	190	43
	6019	95	145	24		6319	95	200	45
	6020	100	150	24		6320	100	215	47
02系列	6204	20	47	14	04系列	6404	20	72	19
	6205	25	52	15		6405	25	80	21
	6206	30	62	16		6406	30	90	23
	6207	35	72	17		6407	35	100	25
	6208	40	80	18		6408	40	110	27
	6209	45	85	19		6409	45	120	29
	6210	50	90	20		6410	50	130	31
	6211	55	100	21		6411	55	140	33
	6212	60	110	22		6412	60	150	35
	6213	65	120	23		6413	65	160	37
	6214	70	125	24		6414	70	180	42
	6215	75	130	25		6415	75	190	45
	6216	80	140	26		6416	80	200	48
	6217	85	150	28		6417	85	210	52
	6218	90	160	30		6418	90	225	54
	6219	95	170	32		6419	95	240	55
	6220	100	180	34		6420	100	250	58

附表 B13　圆锥滚子轴承（GB/T 297—2015）

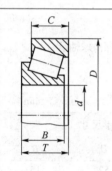

标 记 示 例

类型代号为3、尺寸系列代号为03、内径代号为12的圆锥滚子轴承：

滚动轴承　30312　GB/T 297—2015

mm

轴承代号		外形尺寸					轴承代号		外形尺寸				
		d	D	T	B	C			d	D	T	B	C
02 系 列	30204	20	47	15.25	14	12	22 系 列	32204	20	47	19.25	18	15
	30205	25	52	16.25	15	13		32205	25	52	19.25	18	16
	30206	30	62	17.25	16	14		32206	30	62	21.25	20	17
	30207	35	72	18.25	17	15		32207	35	72	24.25	23	19
	30208	40	80	19.75	18	16		32208	40	80	24.75	23	19
	30209	45	85	20.75	19	16		32209	45	85	24.75	23	19
	30210	50	90	21.75	20	17		32210	50	90	24.75	23	19
	30211	55	100	22.75	21	18		32211	55	100	26.75	25	21
	30212	60	110	23.75	22	19		32212	60	110	29.75	28	24
	30213	65	120	24.75	23	20		32213	65	120	32.75	31	27
	30214	70	125	26.25	24	21		32214	70	125	33.25	31	27
	30215	75	130	27.25	25	22		32215	75	130	33.25	31	27
	30216	80	140	28.25	26	22		32216	80	140	35.25	33	28
	30217	85	150	30.50	28	24		32217	85	150	38.50	36	30
	30218	90	160	32.50	30	26		32218	90	160	42.50	40	34
	30219	95	170	34.50	32	27		32219	95	170	45.50	43	37
	30220	100	180	37	34	29		32220	100	180	49	46	39
03 系 列	30304	20	52	16.25	15	13	23 系 列	32304	20	52	22.25	21	18
	30305	25	62	18.25	17	15		32305	25	62	25.25	24	20
	30306	30	72	20.75	19	16		32306	30	72	28.75	27	23
	30307	35	80	22.75	21	18		32307	35	80	32.75	31	25
	30308	40	90	25.25	23	20		32308	40	90	35.25	33	27
	30309	45	100	27.25	25	22		32309	45	100	38.25	36	30
	30310	50	110	29.25	27	23		32310	50	110	42.25	40	33
	30311	55	120	31.50	29	25		32311	55	120	45.50	43	35
	30312	60	130	33.50	31	26		32312	60	130	48.50	46	37
	30313	65	140	36	33	28		32313	65	140	51	48	39
	30314	70	150	38	35	30		32314	70	150	54	51	42
	30315	75	160	40	37	31		32315	75	160	58	55	45
	30316	80	170	42.50	39	33		32316	80	170	61.50	58	48
	30317	85	180	44.50	41	34		32317	85	180	63.50	60	49
	30318	90	190	46.50	43	36		32318	90	190	67.50	64	53
	30319	95	200	49.50	45	38		32319	95	200	71.50	67	55
	30320	100	215	51.50	47	39		32320	100	215	77.50	73	60

附表 B14　推力球轴承（GB/T 301—2015）

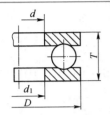

标 记 示 例
类型代号为5、尺寸系列代号为13、内径代号为10的推力球轴承：
滚动轴承　51310　GB/T 301—2015

mm

轴承代号		外形尺寸				轴承代号		外形尺寸			
		d	D	T	d_{1min}			d	D	T	d_{1min}
	51104	20	35	10	21		51304	20	47	18	22
	51105	25	42	11	26		51305	25	52	18	27
	51106	30	47	11	32		51306	30	60	21	32
	51107	35	52	12	37		51307	35	68	24	37
	51108	40	60	13	42		51308	40	78	26	42
	51109	45	65	14	47		51309	45	85	28	47
11	51110	50	70	14	52	13	51310	50	95	31	52
系	51111	55	78	16	57	系	51311	55	105	35	57
列	51112	60	85	17	62	列	51312	60	110	35	62
	51113	65	90	18	67		51313	65	115	36	67
	51114	70	95	18	72		51314	70	125	40	72
	51115	75	100	19	77		51315	75	135	44	77
	51116	80	105	19	82		51316	80	140	44	82
	51117	85	110	19	87		51317	85	150	49	88
	51118	90	120	22	92		51318	90	155	50	93
	51120	100	135	25	102		51320	100	170	55	103
	51204	20	40	14	22		51405	25	60	24	27
	51205	25	47	15	27		51406	30	70	28	32
	51206	30	52	16	32		51407	35	80	32	37
	51207	35	62	18	37		51408	40	90	36	42
	51208	40	68	19	42		51409	45	100	39	47
	51209	45	73	20	47		51410	50	110	43	52
12	51210	50	78	22	52	14	51411	55	120	48	57
系	51211	55	90	25	57	系	51412	60	130	51	62
列	51212	60	95	26	62	列	51413	65	140	56	68
	51213	65	100	27	67		51414	70	150	60	73
	51214	70	105	27	72		51415	75	160	65	78
	51215	75	110	27	77		51416	80	170	68	83
	51216	80	115	28	82		51417	85	180	72	88
	51217	85	125	31	88		51418	90	190	77	93
	51218	90	135	35	93		51420	100	210	85	103
	51220	100	150	38	103		51422	110	230	95	113

附录 C　技术要求

附表 C1　公称尺寸≤500 mm 的标准公差数值（摘自 GB/T 1800.1 —2009）

公称尺寸/mm 大于	至	IT01	IT0	IT1	IT2	IT3	IT4	IT5	IT6	IT7	IT8	IT9	IT10	IT11	IT12	IT13	IT14	IT15	IT16	IT17	IT18
		μm													mm						
—	3	0.3	0.5	0.8	1.2	2	3	4	6	10	14	25	40	60	0.1	0.14	0.25	0.4	0.6	1	1.4
3	6	0.4	0.6	1	1.5	2.5	4	5	8	12	18	30	48	75	0.12	0.18	0.3	0.48	0.75	1.2	1.8
6	10	0.4	0.6	1	1.5	2.5	4	6	9	15	22	36	58	90	0.15	0.22	0.36	0.58	0.9	1.5	2.2
10	18	0.5	0.8	1.2	2	3	5	8	11	18	27	43	70	110	0.18	0.27	0.43	0.7	1.1	1.8	2.7
18	30	0.6	1	1.5	2.5	4	6	9	13	21	33	52	84	130	0.21	0.33	0.52	0.84	1.3	2.1	3.3
30	50	0.7	1	1.5	2.5	4	7	11	16	25	39	62	100	160	0.25	0.39	0.62	1	1.6	2.5	3.9
50	80	0.8	1.2	2	3	5	8	13	19	30	46	74	120	190	0.3	0.46	0.74	1.2	1.9	3	4.6
80	120	1	1.5	2.5	4	6	10	15	22	35	54	87	140	220	0.35	0.54	0.87	1.4	2.2	3.5	5.4
120	180	1.2	2	3.5	5	8	12	18	25	40	63	100	160	250	0.4	0.63	1	1.6	2.5	4	6.3
180	250	2	3	4.5	7	10	14	20	29	46	72	115	185	290	0.46	0.72	1.15	1.85	2.9	4.6	7.2
250	315	2.5	4	6	8	12	16	23	32	52	81	130	210	320	0.52	0.81	1.3	2.1	3.2	5.2	8.1
315	400	3	4	7	9	13	18	25	36	57	89	140	230	360	0.57	0.89	1.4	2.3	3.6	5.7	8.9
400	500	4	6	8	10	15	20	27	40	63	97	155	250	400	0.63	0.97	1.55	2.5	4	6.3	9.7

附表 C2　轴的极限偏差数值（摘自 GB/T 1800.2 —2009）　　μm

代号	k	k	m	m	n	n	p	p	r	r	s	s	t	t	u	v	x	y	z
公称尺寸/mm　公差等级	6	7	6	7	5	6	6	7	6	7	5	6	6	7	6	6	6	6	6
≤3	+6 / 0	+10 / 0	+8 / +2	+12 / +2	+8 / +4	+10 / +4	+12 / +6	+16 / +6	+16 / +10	+20 / +10	+18 / +14	+20 / +14	—	—	+24 / +18	—	+26 / +20	—	+32 / +26
>3 ~6	+9 / +1	+13 / +1	+12 / +4	+16 / +4	+13 / +8	+16 / +8	+20 / +12	+24 / +12	+23 / +15	+27 / +15	+24 / +19	+27 / +19	—	—	+31 / +23	—	+36 / +28	—	+43 / +35
>6 ~10	+10 / +1	+16 / +1	+15 / +6	+21 / +6	+16 / +10	+19 / +10	+24 / +15	+30 / +15	+28 / +19	+34 / +19	+29 / +23	+32 / +23	—	—	+37 / +28	—	+43 / +34	—	+51 / +42
>10 ~14	+12 / +1	+19 / +1	+18 / +7	+25 / +7	+20 / +12	+23 / +12	+29 / +18	+36 / +18	+34 / +23	+41 / +23	+36 / +28	+39 / +28	—	—	+44 / +33	—	+51 / +40	—	+61 / +50
>14 ~18	+12 / +1	+19 / +1	+18 / +7	+25 / +7	+20 / +12	+23 / +12	+29 / +18	+36 / +18	+34 / +23	+41 / +23	+36 / +28	+39 / +28	—	—	+44 / +33	+55 / +39	+56 / +45	—	+71 / +60

代号	k		m		n		p		r		s		t		u	v	x	y	z
公称尺寸/mm	公差等级																		
	6	7	6	7	5	6	6	7	6	7	5	6	6	7	6	6	6	6	6
>18~24	+15/+2	+23/+2	+21/+8	+29/+8	+24/+15	+28/+15	+35/+22	+43/+22	+41/+28	+49/+28	+44/+35	+48/+35	—	—	+54/+41	+60/+47	+67/+54	+76/+63	+86/+73
>24~30	+15/+2	+23/+2	+21/+8	+29/+8	+24/+15	+28/+15	+35/+22	+43/+22	+41/+28	+49/+28	+44/+35	+48/+35	+54/+41	+62/+41	+61/+48	+68/+55	+77/+64	+88/+75	+101/+88
>30~40	+18/+2	+27/+2	+25/+9	+34/+9	+28/+17	+33/+17	+42/+26	+51/+26	+50/+34	+59/+34	+54/+43	+59/+43	+64/+48	+73/+48	+76/+60	+84/+68	+96/+80	+110/+94	+128/+112
>40~50	+18/+2	+27/+2	+25/+9	+34/+9	+28/+17	+33/+17	+42/+26	+51/+26	+50/+34	+59/+34	+54/+43	+59/+43	+70/+54	+79/+54	+86/+70	+97/+81	+113/+97	+130/+114	+152/+136
>50~65	+21/+2	+32/+2	+30/+11	+41/+11	+33/+20	+39/+20	+51/+32	+62/+32	+60/+41	+71/+41	+66/+53	+72/+53	+85/+66	+96/+66	+106/+87	+121/+102	+141/+122	+163/+144	+191/+172
>65~80	+21/+2	+32/+2	+30/+11	+41/+11	+33/+20	+39/+20	+51/+32	+62/+32	+62/+43	+73/+43	+72/+59	+78/+59	+94/+75	+105/+75	+121/+102	+139/+120	+165/+146	+193/+174	+229/+210
>80~100	+25/+3	+38/+3	+35/+13	+48/+13	+38/+23	+45/+23	+59/+37	+72/+37	+73/+51	+86/+51	+86/+71	+93/+71	+113/+91	+126/+91	+146/+124	+168/+146	+200/+178	+236/+214	+280/+258
>100~120	+25/+3	+38/+3	+35/+13	+48/+13	+38/+23	+45/+23	+59/+37	+72/+37	+76/+54	+89/+54	+94/+79	+101/+79	+126/+104	+139/+104	+166/+144	+194/+172	+232/+210	+276/+254	+332/+310
>120~140	+28/+3	+43/+3	+40/+15	+55/+15	+45/+27	+52/+27	+68/+43	+83/+43	+88/+63	+103/+63	+110/+92	+117/+92	+147/+122	+162/+122	+195/+170	+227/+202	+273/+248	+325/+300	+390/+365
>140~160	+28/+3	+43/+3	+40/+15	+55/+15	+45/+27	+52/+27	+68/+43	+83/+43	+90/+65	+105/+65	+118/+100	+125/+100	+159/+134	+174/+134	+215/+190	+253/+228	+305/+280	+365/+340	+440/+415
>160~180	+28/+3	+43/+3	+40/+15	+55/+15	+45/+27	+52/+27	+68/+43	+83/+43	+93/+68	+108/+68	+126/+108	+133/+108	+171/+146	+186/+146	+235/+210	+277/+252	+335/+310	+405/+380	+490/+465
>180~200	+33/+4	+50/+4	+46/+17	+63/+17	+51/+31	+60/+31	+79/+50	+96/+50	+106/+77	+123/+77	+142/+122	+151/+122	+195/+166	+212/+166	+265/+236	+313/+284	+379/+350	+454/+425	+549/+520
>200~225	+33/+4	+50/+4	+46/+17	+63/+17	+51/+31	+60/+31	+79/+50	+96/+50	+109/+80	+126/+80	+150/+130	+159/+130	+209/+180	+226/+180	+287/+258	+339/+310	+414/+385	+499/+470	+604/+575
>225~250	+33/+4	+50/+4	+46/+17	+63/+17	+51/+31	+60/+31	+79/+50	+96/+50	+113/+84	+130/+84	+160/+140	+169/+140	+221/+196	+242/+196	+313/+284	+369/+340	+455/+425	+549/+520	+669/+640
>250~280	+36/+4	+56/+4	+52/+20	+72/+20	+57/+34	+66/+34	+88/+56	+108/+56	+126/+94	+146/+94	+181/+158	+190/+158	+250/+218	+270/+218	+347/+315	+417/+385	+507/+475	+612/+580	+742/+710
>280~315	+36/+4	+56/+4	+52/+20	+72/+20	+57/+34	+66/+34	+88/+56	+108/+56	+130/+98	+150/+98	+193/+170	+202/+170	+272/+240	+292/+240	+382/+350	+457/+425	+557/+525	+682/+650	+822/+790
>315~355	+40/+4	+61/+4	+57/+21	+78/+21	+62/+37	+73/+37	+98/+62	+119/+62	+144/+108	+165/+108	+215/+190	+226/+190	+304/+268	+325/+268	+426/+390	+511/+475	+626/+590	+766/+730	+936/+900
>355~400	+40/+4	+61/+4	+57/+21	+78/+21	+62/+37	+73/+37	+98/+62	+119/+62	+150/+114	+171/+114	+233/+208	+244/+208	+330/+294	+351/+294	+471/+435	+566/+530	+696/+660	+856/+820	+1 036/+1 000
>400~450	+45/+5	+68/+5	+63/+23	+86/+23	+67/+40	+80/+40	+108/+68	+131/+68	+166/+126	+189/+126	+259/+232	+272/+232	+370/+330	+393/+330	+530/+490	+635/+595	+780/+740	+960/+920	+1 140/+1 100
>450~500	+45/+5	+68/+5	+63/+23	+86/+23	+67/+40	+80/+40	+108/+68	+131/+68	+172/+132	+195/+132	+279/+252	+292/+252	+400/+360	+423/+360	+580/+540	+700/+660	+860/+820	+1 040/+1 000	+1 290/+1 250

续表

代号	c	d		e		f		g		h							js
公称尺寸/mm	11	8	9	7	8	7	8	6	7	5	6	7	8	9	10	11	6
≤3	−60 / −120	−20 / −34	−20 / −45	−14 / −24	−14 / −28	−6 / −16	−6 / −20	−2 / −8	−2 / −12	0 / −4	0 / −6	0 / −10	0 / −14	0 / −25	0 / −40	0 / −60	±3
>3 ~6	−70 / −145	−30 / −48	−30 / −60	−20 / −32	−20 / −38	−10 / −22	−10 / −28	−4 / −12	−4 / −16	0 / −5	0 / −8	0 / −12	0 / −18	0 / −30	0 / −48	0 / −75	±4
>6 ~10	−80 / −170	−40 / −62	−40 / −76	−25 / −40	−25 / −47	−13 / −28	−13 / −35	−5 / −14	−5 / −20	0 / −6	0 / −9	0 / −15	0 / −22	0 / −36	0 / −58	0 / −90	±4.5
>10 ~14	−95 / −205	−50 / −77	−50 / −93	−32 / −50	−32 / −59	−16 / −34	−16 / −43	−6 / −17	−6 / −24	0 / −8	0 / −11	0 / −18	0 / −27	0 / −43	0 / −70	0 / −110	±5.5
>14 ~18	−95 / −205	−50 / −77	−50 / −93	−32 / −50	−32 / −59	−16 / −34	−16 / −43	−6 / −17	−6 / −24	0 / −8	0 / −11	0 / −18	0 / −27	0 / −43	0 / −70	0 / −110	±5.5
>18 ~24	−110 / −240	−65 / −98	−65 / −117	−40 / −61	−40 / −73	−20 / −41	−20 / −53	−7 / −20	−7 / −28	0 / −9	0 / −13	0 / −21	0 / −33	0 / −52	0 / −84	0 / −130	±6.5
>24 ~30	−110 / −240	−65 / −98	−65 / −117	−40 / −61	−40 / −73	−20 / −41	−20 / −53	−7 / −20	−7 / −28	0 / −9	0 / −13	0 / −21	0 / −33	0 / −52	0 / −84	0 / −130	±6.5
>30 ~40	−120 / −280	−80 / −119	−80 / −142	−50 / −75	−50 / −89	−25 / −50	−25 / −64	−9 / −25	−9 / −34	0 / −11	0 / −16	0 / −25	0 / −39	0 / −62	0 / −100	0 / −160	±8
>40 ~50	−130 / −290	−80 / −119	−80 / −142	−50 / −75	−50 / −89	−25 / −50	−25 / −64	−9 / −25	−9 / −34	0 / −11	0 / −16	0 / −25	0 / −39	0 / −62	0 / −100	0 / −160	±8
>50 ~65	−140 / −330	−100 / −146	−100 / −174	−60 / −90	−60 / −106	−30 / −60	−30 / −76	−10 / −29	−10 / −40	0 / −13	0 / −19	0 / −30	0 / −46	0 / −74	0 / −120	0 / −190	±9.5
>65 ~80	−150 / −340	−100 / −146	−100 / −174	−60 / −90	−60 / −106	−30 / −60	−30 / −76	−10 / −29	−10 / −40	0 / −13	0 / −19	0 / −30	0 / −46	0 / −74	0 / −120	0 / −190	±9.5
>80 ~100	−170 / −390	−120 / −174	−120 / −207	−72 / −107	−72 / −126	−36 / −71	−36 / −90	−12 / −34	−12 / −47	0 / −15	0 / −22	0 / −35	0 / −54	0 / −87	0 / −140	0 / −220	±11
>100 ~120	−180 / −400	−120 / −174	−120 / −207	−72 / −107	−72 / −126	−36 / −71	−36 / −90	−12 / −34	−12 / −47	0 / −15	0 / −22	0 / −35	0 / −54	0 / −87	0 / −140	0 / −220	±11
>120 ~140	−200 / −450	−145 / −208	−145 / −245	−85 / −125	−85 / −148	−43 / −83	−43 / −106	−14 / −39	−14 / −54	0 / −18	0 / −25	0 / −40	0 / −63	− / −100	0 / −160	0 / −250	±12.5
>140 ~160	−210 / −460	−145 / −208	−145 / −245	−85 / −125	−85 / −148	−43 / −83	−43 / −106	−14 / −39	−14 / −54	0 / −18	0 / −25	0 / −40	0 / −63	− / −100	0 / −160	0 / −250	±12.5
>160 ~180	−230 / −480	−145 / −208	−145 / −245	−85 / −125	−85 / −148	−43 / −83	−43 / −106	−14 / −39	−14 / −54	0 / −18	0 / −25	0 / −40	0 / −63	− / −100	0 / −160	0 / −250	±12.5
>180 ~200	−240 / −530	−170 / −242	−170 / −285	−100 / −146	−100 / −172	−50 / −96	−50 / −122	−15 / −44	−15 / −61	0 / −20	0 / −29	0 / −46	0 / −72	0 / −115	0 / −185	0 / −290	±14.5
>200 ~225	−260 / −550	−170 / −242	−170 / −285	−100 / −146	−100 / −172	−50 / −96	−50 / −122	−15 / −44	−15 / −61	0 / −20	0 / −29	0 / −46	0 / −72	0 / −115	0 / −185	0 / −290	±14.5
>225 ~250	−280 / −570	−170 / −242	−170 / −285	−100 / −146	−100 / −172	−50 / −96	−50 / −122	−15 / −44	−15 / −61	0 / −20	0 / −29	0 / −46	0 / −72	0 / −115	0 / −185	0 / −290	±14.5

代号	c	d		e		f		g		h							js
公称尺寸/mm	公差等级																
	11	8	9	7	8	7	8	6	7	5	6	7	8	9	10	11	6
>250~280	-300 / -620	-190 / -271	-190 / -320	-110 / -162	-110 / -191	-56 / -108	-56 / -137	-17 / -49	-17 / -69	0 / -23	0 / -32	0 / -52	0 / -81	0 / -130	0 / -210	0 / -320	±16
>280~315	-330 / -650	-190 / -271	-190 / -320	-110 / -162	-110 / -191	-56 / -108	-56 / -137	-17 / -49	-17 / -69	0 / -23	0 / -32	0 / -52	0 / -81	0 / -130	0 / -210	0 / -320	±16
>315~355	-360 / -720	-210 / -290	-210 / -350	-125 / -182	-125 / -214	-62 / -119	-62 / -151	-18 / -54	-18 / -75	0 / -25	0 / -36	0 / -57	0 / -89	0 / -140	0 / -230	0 / -360	±18
>355~400	-400 / -760	-210 / -290	-210 / -350	-125 / -182	-125 / -214	-62 / -119	-62 / -151	-18 / -54	-18 / -75	0 / -25	0 / -36	0 / -57	0 / -89	0 / -140	0 / -230	0 / -360	±18
>400~450	-440 / -840	-230 / -327	-230 / -385	-135 / -198	-135 / -232	-68 / -131	-68 / -165	-20 / -60	-20 / -83	0 / -27	0 / -40	0 / -63	0 / -97	0 / -155	0 / -250	0 / -400	±20
>450~500	-480 / -880	-230 / -327	-230 / -385	-135 / -198	-135 / -232	-68 / -131	-68 / -165	-20 / -60	-20 / -83	0 / -27	0 / -40	0 / -63	0 / -97	0 / -155	0 / -250	0 / -400	±20

附表 C3　孔的极限偏差数值（摘自 GB/T 1800.2—2009）　　　μm

代号	C	D		E		F		G		H						
公称尺寸/mm	公差等级															
	11	9	10	8	9	8	9	6	7	6	7	8	9	10	11	12
≤3	+120 / +60	+45 / +20	+60 / +20	+28 / +14	+39 / +14	+20 / +6	+31 / +6	+8 / +2	+12 / +2	+6 / 0	+10 / 0	+14 / 0	+25 / 0	+40 / 0	+60 / 0	+100 / 0
>3~6	+145 / +70	+60 / +30	+78 / +30	+38 / +20	+50 / +20	+28 / +10	+40 / +10	+12 / +4	+16 / +4	+8 / 0	+12 / 0	+18 / 0	+30 / 0	+48 / 0	+75 / 0	+120 / 0
>6~10	+170 / +80	+76 / +40	+98 / +40	+47 / +25	+61 / +25	+35 / +13	+49 / +13	+14 / +5	+20 / +5	+9 / 0	+15 / 0	+22 / 0	+36 / 0	+58 / 0	+90 / 0	+150 / 0
>10~14	+250 / +95	+93 / +50	+120 / +50	+59 / +32	+75 / +32	+43 / +16	+59 / +16	+17 / +6	+24 / +6	+11 / 0	+18 / 0	+27 / 0	+43 / 0	+70 / 0	+110 / 0	+180 / 0
>14~18	+250 / +95	+93 / +50	+120 / +50	+59 / +32	+75 / +32	+43 / +16	+59 / +16	+17 / +6	+24 / +6	+11 / 0	+18 / 0	+27 / 0	+43 / 0	+70 / 0	+110 / 0	+180 / 0
>18~24	+240 / +110	+117 / +65	+149 / +65	+73 / +40	+92 / +40	+53 / +20	+72 / +20	+20 / +7	+28 / +7	+13 / 0	+21 / 0	+33 / 0	+52 / 0	+84 / 0	+130 / 0	+210 / 0
>24~30	+240 / +110	+117 / +65	+149 / +65	+73 / +40	+92 / +40	+53 / +20	+72 / +20	+20 / +7	+28 / +7	+13 / 0	+21 / 0	+33 / 0	+52 / 0	+84 / 0	+130 / 0	+210 / 0
>30~40	+280 / +120	+142 / +80	+180 / +80	+89 / +50	+112 / +50	+64 / +25	+87 / +25	+25 / +9	+34 / +9	+16 / 0	+25 / 0	+39 / 0	+62 / 0	+100 / 0	+160 / 0	+250 / 0
>40~50	+290 / +130	+142 / +80	+180 / +80	+89 / +50	+112 / +50	+64 / +25	+87 / +25	+25 / +9	+34 / +9	+16 / 0	+25 / 0	+39 / 0	+62 / 0	+100 / 0	+160 / 0	+250 / 0

附录

251

续表

代号	C	D		E		F		G		H						
公称尺寸/mm	公差等级															
	11	9	10	8	9	8	9	6	7	6	7	8	9	10	11	12
>50 ~65	+330 +140	+174 +100	+220 +100	+106 +60	+134 +60	+76 +30	+104 +30	+29 +10	+40 +10	+19 0	+30 0	+46 0	+74 0	+120 0	+190 0	+300 0
>65 ~80	+340 +150															
>80 ~100	+390 +170	+207 +120	+260 +120	+126 +72	+159 +72	+90 +36	+123 +36	+34 +12	+47 +12	+22 0	+35 0	+54 0	+87 0	+140 0	+220 0	+350 0
>100 ~120	+400 +180															
>120 ~140	+450 +200	+245 +145	+305 +145	+148 +85	+185 +85	+106 +43	+143 +43	+39 +14	+54 +14	+25 0	+40 0	+63 0	+100 0	+160 0	+250 0	+400 0
>140 ~160	+460 +210															
>160 ~180	+480 +230															
>180 ~200	+530 +240	+285 +170	+335 +170	+172 +100	+215 +100	+122 +50	+165 +50	+44 +15	+61 +15	+29 0	+46 0	+72 0	+115 0	+185 0	+290 0	+460 0
>200 ~225	+550 +260															
>225 ~250	+570 +280															
>250 ~280	+620 +300	+320 +190	+400 +190	+191 +110	+240 +110	+137 +56	+186 +56	+49 +17	+69 +17	+32 0	+52 0	+81 0	+130 0	+210 0	+320 0	+520 0
>280 ~315	+650 +330															
>315 ~355	+720 +360	+350 +210	+440 +210	+214 +125	+265 +125	+151 +62	+202 +62	+54 +18	+75 +18	+36 0	+57 0	+89 0	+140 0	+230 0	+360 0	+570 0
>355 ~400	+760 +400															
>400 ~450	+840 +440	+385 +230	+480 +230	+232 +135	+290 +135	+165 +68	+223 +68	+60 +20	+83 +20	+40 0	+63 0	+97 0	+155 0	+250 0	+400 0	+630 0
>450 ~500	+880 +480															

代号	Js		K		M		N		P		R		S		T		U
公称尺寸/mm (公差等级)	7	8	6	7	7	8	6	7	6	7	6	7	6	7	6	7	6
≤3	±5	±7	0 −6	0 −10	−2 −12	−2 −16	−4 −10	−4 −14	−6 −12	−6 −16	−10 −16	−10 −20	−14 −20	−14 −24	—	—	−18 −24
>3~6	±6	±9	+2 −6	+3 −9	0 −12	+2 −16	−5 −13	−4 −16	−9 −17	−8 −20	−12 −20	−11 −23	−16 −24	−15 −27	—	—	−20 −28
>6~10	±7	±11	+2 −7	+5 −10	0 −15	+1 −21	−7 −16	−4 −19	−12 −21	−9 −24	−16 −25	−13 −28	−20 −29	−17 −32	—	—	−25 −34
>10~14	±9	±13	+2 −9	+6 −12	0 −18	+2 −25	−9 −20	−9 −23	−15 −26	−11 −29	−20 −31	−16 −34	−25 −36	−21 −39			−30
>14~18	±9	±13	+2 −9	+6 −12	0 −18	+2 −25	−9 −20	−9 −23	−15 −26	−11 −29	−20 −31	−16 −34	−25 −36	−21 −39			−41
>18~24	±10	±16	+2 −11	+6 −15	0 −21	+4 −29	−11 −24	−7 −28	−18 −31	−14 −35	−24 −37	−20 −41	−31 −44	−27 −48	—	—	−37 −50
>24~30	±10	±16	+2 −11	+6 −15	0 −21	+4 −29	−11 −24	−7 −28	−18 −31	−14 −35	−24 −37	−20 −41	−31 −44	−27 −48	−37 −50	−33 −54	−44 −57
>30~40	±12	±19	+3 −13	+7 −18	0 −25	+5 −34	−12 −28	−8 −33	−21 −37	−17 −42	−29 −45	−25 −50	−38 −54	−34 −59	−43 −59	−39 −64	−55 −71
>40~50	±12	±19	+3 −13	+7 −18	0 −25	+5 −34	−12 −28	−8 −33	−21 −37	−17 −42	−29 −45	−25 −50	−38 −54	−34 −59	−49 −65	−45 −70	−65 −81
>50~65	±15	±23	+4 −15	+9 −21	0 −30	+5 −41	−14 −33	−9 −39	−26 −45	−21 −51	−35 −54	−30 −60	−47 −66	−42 −72	−60 −79	−55 −85	−81 −100
>65~80	±15	±23	+4 −15	+9 −21	0 −30	+5 −41	−14 −33	−9 −39	−26 −45	−21 −51	−37 −56	−32 −62	−53 −72	−48 −72	−69 −88	−64 −94	−96 −115
>80~100	±17	±27	+4 −18	+10 −25	0 −35	+6 −48	−16 −38	−10 −45	−30 −52	−24 −59	−44 −66	−38 −73	−64 −86	−58 −93	−84 −106	−78 −113	−117 −139
>100~120	±17	±27	+4 −18	+10 −25	0 −35	+6 −48	−16 −38	−10 −45	−30 −52	−24 −59	−47 −69	−41 −76	−72 −94	−66 −101	−97 −119	−91 −126	−137 −159
>120~140	±20	±31	+4 −21	+12 −28	0 −40	+8 −55	−20 −45	−12 −52	−36 −61	−28 −68	−56 −81	−48 −88	−85 −110	−77 −117	−115 −140	−107 −147	−163 −188
>140~160	±20	±31	+4 −21	+12 −28	0 −40	+8 −55	−20 −45	−12 −52	−36 −61	−28 −68	−58 −83	−50 −90	−93 −118	−85 −125	−127 −152	−119 −159	−183 −208
>160~180	±20	±31	+4 −21	+12 −28	0 −40	+8 −55	−20 −45	−12 −52	−36 −61	−28 −68	−61 −86	−53 −93	−101 −126	−93 −133	−139 −164	−131 −171	−195 −235
>180~200	±23	±36	+5 −24	+13 −33	0 −46	+9 −63	−22 −51	−14 −60	−41 −70	−33 −79	−68 −97	−60 −106	−113 −142	−105 −151	−157 −186	−149 −195	−227 −256
>200~225	±23	±36	+5 −24	+13 −33	0 −46	+9 −63	−22 −51	−14 −60	−41 −70	−33 −79	−71 −100	−63 −109	−121 −150	−113 −159	−171 −200	−163 −209	−249 −278
>225~250	±23	±36	+5 −24	+13 −33	0 −46	+9 −63	−22 −51	−14 −60	−41 −70	−33 −79	−75 −104	−67 −113	−131 −160	−123 −169	−187 −216	−179 −225	−275 −304

续表

代号	Js		K		M		N		P		R		S		T		U
公称尺寸/mm	公差等级																
	7	8	6	7	7	8	6	7	6	7	6	7	6	7	6	7	6
>250~280	±26	±40	+5/−27	+16/−36	0/−52	+9/−72	−25/−57	−14/−66	−47/−79	−36/−88	−85/−117	−74/−126	−149/−181	−138/−190	−209/−241	−198/−250	−306/−338
>280~315	±26	±40	+5/−27	+16/−36	0/−52	+9/−72	−25/−57	−14/−66	−47/−79	−36/−88	−89/−121	−78/−130	−131/−193	−150/−202	−231/−263	−220/−272	−341/−373
>315~355	±28	±44	+7/−29	+17/−40	0/−57	+11/−78	−26/−62	−16/−73	−51/−87	−41/−98	−97/−133	−87/−144	−179/−215	−169/−226	−257/−293	−247/−304	−379/−415
>355~400	±28	±44	+7/−29	+17/−40	0/−57	+11/−78	−26/−62	−16/−73	−51/−87	−41/−98	−103/−139	−93/−150	−197/−233	−187/−244	−283/−319	−273/−330	−424/−460
>400~450	±31	±48	+8/−32	+18/−45	0/−63	+11/−86	−27/−67	−17/−80	−55/−95	−45/−108	−113/−153	−103/−166	−219/−259	−209/−272	−317/−357	−307/−370	−477/−517
>450~500	±31	±48	+8/−32	+18/−45	0/−63	+11/−86	−27/−67	−17/−80	−55/−95	−45/−108	−119/−159	−109/−172	−239/−279	−229/−292	−247/−287	−337/−400	−527/−567

附表 C4　常用金属材料

标准	名称	牌号	应用举例	说明
GB/T 700—2006	碳素结构钢	Q215A Q214A-F	金属结构构件，拉杆、套圈、铆钉、螺栓、短轴、心轴、凸轮（载荷不大的）、吊钩、垫圈；渗碳零件及焊接件	Q 为钢材屈服点"屈"字汉语拼音首位字母，数字表示屈服强度（MPa），A、B、C、D 为质量等级，F 表示沸腾钢
		Q235	金属结构构件，心部强度要求不高的渗碳或氰化零件：吊钩、拉杆、车钩、套圈、气缸、齿轮、螺栓、螺母、连杆、轮轴、楔、盖及焊接件	
		Q275	转轴、心轴、销轴、链轮、制动杆、螺栓、螺母、垫圈、连杆、吊钩、楔、齿轮、键以及其他强度需较高的零件。这种钢焊接性尚可	
GB/T 699—2015	优质碳素结构钢	15	塑性、韧性、焊接性和冷冲性均良好，但强度较低。用于制造受力不大、韧性要求较高的零件、紧固件、冲模锻件及不要热处理的低负荷零件，如螺栓、螺钉拉条、法兰盘及蒸气锅炉等	牌号的两位数字表示碳的平均质量分数，45 钢即表示碳的平均质量分数为 0.45%
		20	用于不受很大应力而要求很大韧性的各种机械零件，如杠杆、轴套、螺钉、拉杆、起重钩等；也可用于制造压力<6 MPa、温度<450 ℃的非腐蚀介质中使用的零件，如管子、导管等	

标准	名称	牌 号	应用举例	说明
GB/T 699 —2015	优质碳素结构钢	35	性能与30钢相似，用于制造曲轴、转轴、轴销、杠杆、连杆、横梁、星轮、圆盘、套筒、钩环、垫圈、螺钉、螺母等。一般不作焊接用	含锰量较高的钢，须加注化学元素符号"Mn"
		45	用于强度要求较高的零件，如汽轮机的叶轮、压缩机、泵的零件等	
		60	这种钢的强度和弹性相当高，用于制造轧辊、轴、弹簧圈、弹簧、离合器、凸轮、钢绳等	
		75	用于板弹簧、螺旋弹簧以及受磨损的零件	
		15Mn	性能与15钢相似，但淬透性及强度和塑性比15钢都高些。用于制造中心部分的机械性能要求较高，且须渗碳的零件，其焊接性好	
		45Mn	用于受磨损的零件，如转轴、心轴、齿轮等，其焊接性差。还可制作受较大载荷的离合器盘及花键轴、凸轮轴、曲轴等	
		65Mn	强度高，淬透性较大，脱碳倾向小，但有过热敏感性，易生淬火裂纹，并有回火脆性。适用于较大尺寸的各种扁、圆弹簧，以及其他经受摩擦的农机具零件	
GB/T 11352 —2009	工程铸钢	ZG200~400	用于制造受力不大韧性要求高的零件，如机座、变速箱体等	"ZG"表示铸钢，是汉语拼音铸钢两字首位字母，ZG后两组数字是屈服强度（MPa）和抗拉强度（MPa）的最低值
		ZG270~500	用于制造各种形状的零件，如飞轮、机架、水压机工作缸、横梁等	
		ZG310~570	用于制造重负荷零件，如联轴器、大齿轮、缸体、机架、轴等	
GB/T 9439 —2010	灰铸铁	HT100	低强度铸铁，用于制造把手、盖、罩、手轮、底板等要求不高的零件	"HT"是灰铁两字汉语拼音的首位字母，数字表示最低抗拉强度（MPa）
		HT150	中等强度铸铁，用于一般铸件，如机床床身、工作台、轴承座、齿轮、箱体、阀体、泵体等	
		HT200 HT250	较高强度铸铁，用于较重要铸件，如齿轮、齿轮箱体、机座、床身、阀体、气缸、联轴器盘、凸轮、带轮等	
		HT300 HT350	高强度铸铁，制造床身、床身导轨、机座、主轴箱、曲轴、液压泵体、齿轮、凸轮、带轮等	

续表

标准	名称	牌号	应用举例	说明
GB/T 1438 —2008	球墨铸铁	QT400-15 QT450-10 QT500-7	具有中等强度和韧性，用于制造油泵齿轮、轴瓦、壳体、阀体、气缸、轮毂等	"QT"表示球墨铸铁，它后面的第一组数值表示抗拉强度值（MPa），"-"后面的数值为最小伸长率(%)
		QT600-3 QT700-2 QT800-2	具有较高的强度，用于制造曲轴、缸体、滚轮、凸轮、气缸套、连杆、小齿轮等	
GB/T 9440 —2010	可锻铸铁	KTH300-06	具有较高的强度，用于制造受冲击、振动及扭转负荷的汽车、机床零件等	"KTH""KTZ""KTB"分别表示黑心、珠光体和白心可锻铸铁，第一组数字表示抗拉强度（MPa），"-"后面的值为最小伸长率（%）
		KTZ550-04 KTB350-04	具有较高强度、耐磨性好，韧性较差，用于制造轴承座、轮毂、箱体、履带、齿轮、连杆、轴、活塞环等	
GB/T 1176 —2013	黄铜	ZCuZn38	一般用于制造耐蚀零件，如阀座、手柄、螺钉、螺母、垫圈等	铸黄铜，$\omega(Zn)=38\%$
	锡青铜	ZCuSn5 Pb5Zn5	耐磨性和耐蚀性能好，用于制造在中等和高速滑动速度下工作的零件，如轴瓦、衬套、缸套、齿轮、蜗轮等	铸锡青铜，锡、铅、锌质量分数各为5%
		ZcuSn10Pb1		铸锡青铜，ω（Sn）= 10%，ω（Pb）= 1%
	铝青铜	ZCuA19Mn2	强度高、耐蚀性好，用于制造衬套、齿轮、蜗轮和气密性要求高的铸件	铸铝青铜，$\omega(Al)$ = 9%，ω（Mn）= 2%
GB/T 1173 —2013	铸造铝合金	ZAlSi7Mg	适用于制造承受中等负荷、形状复杂的零件，如水泵体、气缸体、抽水机和电器、仪表的壳体等	铸造铝合金，$\omega(Si)$ 约为7%，$\omega(Mg)$约为0.35%
		ZAlSi5CuIMg	用于风冷发动机的气缸头、机闸、油泵体等在225 ℃以下工作的零件	
		ZAlCu4	用于中等载荷、形状较简单的200 ℃以下工作的小零件	

附表 C5　常用热处理方法及应用

名　称	说　明	目的与适用范围
退火（焖火）	将钢件加热到临界温度以上，保温一段时间，然后缓慢地冷却下来（例如在炉中冷却）	用来消除铸、锻、焊零件的内应力，降低硬度，改善加工性能，增加塑性和韧性，细化金属晶粒，使组织均匀。适用于 $\omega(C)$ 在 0.83% 以下的铸、锻、焊零件
正火（正常化）	将钢件加热到临界温度以上，保温一段时间，然后在空气中冷却下来，冷却速度比退火快	用来处理低碳和中碳结构钢件及渗碳零件，使其晶粒细化，增加强度与韧性，改善切削加工性能
淬火	将钢件加热到临界温度以上，保温一定时间，然后在水、盐水或油中急速冷却下来，使其增加硬度、耐磨性	用来提高钢的硬度、强度及耐磨性。但淬火后会引起内应力及脆性，因此淬火后的钢铁必须回火
回火	将淬火后的钢件，加热到临界温度以下的某一温度，保温一段时间，然后在空气或油中冷却下来	用来消除淬火时产生的脆性和内应力，以提高钢件的韧性和强度。用于高碳钢制作的工具、量具、刃具，用 150 ℃～250 ℃ 回火；弹簧用 270 ℃～450 ℃ 回火
调质	淬火后进行高温回火（450 ℃～650 ℃）	可以完全消除内应力，并获得较高的综合力学性能。一些重要零件淬火后都要经过调质处理，如轴、齿轮等
表面淬火	用火焰或高频电流将零件表面迅速加热至临界温度以上，急速冷却	使零件表层有较高的硬度和耐磨性，而内部保持一定的韧性，使零件既耐磨又能承受冲击，如重要的齿轮、曲轴、活塞销等
渗碳	将低、中碳 $[\omega(C) < 0.4\%]$ 钢件，在渗碳剂中加热到 900 ℃～950 ℃，停留一段时间，使零件表面渗碳层达 0.4～0.6 mm，然后淬火	增加零件表面硬度、耐磨性、抗拉强度及疲劳极限，适用于低碳、中碳结构钢的中小型零件及大型重负荷、受冲击、耐磨的零件
液化碳氮共渗	使零件表面增加碳和氮，其扩散层深度较浅（0.02～3 mm）。在 0.02～0.04 mm 层具有高硬度 66～70HRC	增加结构钢、工具钢零件的表面硬度、耐磨性及疲劳极限，提高刀具切削性能和使用寿命，适用于要求硬度高、耐磨的中、小型及薄片的零件和刀具
渗碳	使零件表面增氮，氮化层为 0.025～0.8 mm。氮化层硬度极高（达 1 200 HV）	增加零件的表面硬度、耐磨性、疲劳极限及抗蚀能力。适用于含铝、铬、钼、锰等合金钢，如要求耐磨的主轴、量规、样板、水泵轴、排气门等零件
时效处理	天然时效：在空气中长期存放半年到一年以上。 人工时效：加热到 200 ℃ 左右，保温 10～20 h 或更长时间	使铸件或淬火后的钢件慢慢消除其内应力，进而稳定其形状和尺寸，如机床身等大型铸件
冰冷处理	将淬火钢件继续冷却至室温以下的处理方法	进一步提高零件的硬度、耐磨性，使零件尺寸趋于稳定，如用于滚动轴承的钢球
发蓝发黑	用加热方法使零件工作表面形成一层氧化铁组成的保护性薄膜	防腐蚀，美观，用于一般紧固件

参考文献

[1] 全国技术产品文件标准化技术委员会. 机械制图卷 [S]. 北京：中国标准出版社，2007.

[2] 全国技术产品文件标准化技术委员会. 技术制图卷 [S]. 北京：中国标准出版社，2007.

[3] 郭建华，黄琳莲. 工程制图 [M]. 南昌：江西高校出版社，2014.

[4] 王南燕，聂林水. 机械制图 [M]. 北京：北京理工大学出版社，2011.

[5] 邵娟琴. 机械制图与计算机绘图 [M]. 3 版. 北京：北京邮电大学出版社，2020.

[6] 金大鹰. 机械制图 [M]. 5 版. 北京：机械工业出版社，2019.

[7] 夏华生，王其昌，等. 机械制图 [M]. 北京：高等教育出版社，2004.

[8] 郭纪林，余桂英. 机械制图 [M]. 大连：大连理工大学出版社，2005.

工程制图项目化教程任务单

主　编　黄琳莲　黄有华　季　玲
副主编　曾卫红　吴海燕　胡国林

项目一　制图的基本知识

任务　绘制平面图形

【技能检测】

1. 将图 1-1-1 中上图的尺寸抄注在下图中。

（1）　　　　　　　　　　　　　　　　　　　（2）

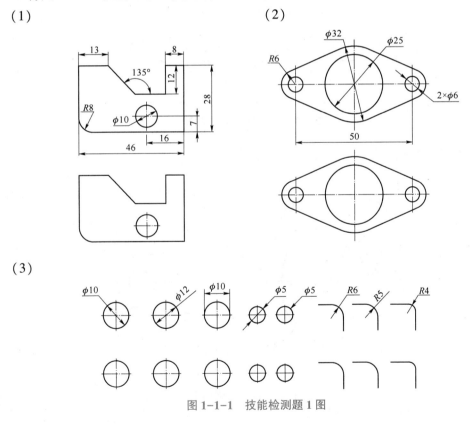

（3）

图 1-1-1　技能检测题 1 图

2. 指出图 1-1-2 所示横竖两个方向的尺寸基准，并说明哪些尺寸是定形尺寸、哪些是定位尺寸。

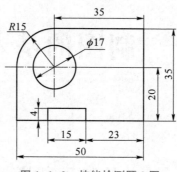

图 1-1-2　技能检测题 2 图

3. 指出图 1-1-3 中的尺寸基准、定形及定位尺寸，确定线段性质，按 1∶1 抄画该平面图形。

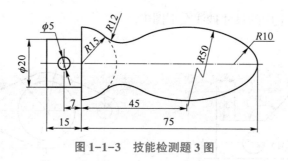

图 1-1-3　技能检测题 3 图

4. 如图 1-1-4 所示按 1∶1 绘制扳手平面图形。

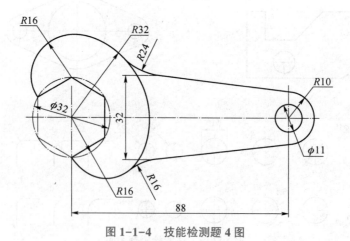

图 1-1-4　技能检测题 4 图

班级：　　　　　　　姓名：　　　　　　　学号：

【任务评价】

填写任务评价表，见表1-1-1。

表1-1-1　任务评价表

		姓名		学号		成绩	
任务单		由装配图拆画零件图		参考学时		4学时	
序号	评价内容	分值	自评分	互评分		组长或教师评分	
1	课前预习	5					
2	检测练习	10					
3	尺寸分析	20					
4	线段分析	20					
5	绘制平面图形	30					
6	图面质量	10					
7	出勤、纪律	5					
	总分	100					
综合评价＝自评分×20%＋互评分×40%＋组长或教师评分×40%							
组长签字：				教师签字：			
个人学习总结（难点及问题）							
			签字：			日期：	

班级：　　　　　姓名：　　　　　学号：

【拓展练习】

如图 1-1-5 所示，按 1∶1 绘制吊钩平面图形。

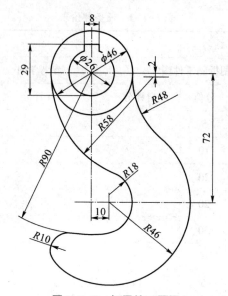

图 1-1-5　拓展练习题图

项目二　空间几何元素的投影

任务一　绘制基本几何元素的投影

【技能检测】

1. 如图 2-1-1 所示，已知点的两面投影，求作其第三投影。

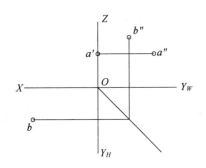

图 2-1-1　技能检测题 1 图

2. 如图 2-1-2 所示，已知点 C 在 V 面上，补全直线 CA 的三面投影。

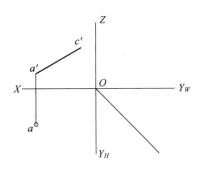

图 2-1-2　技能检测题 2 图

班级：　　　　　　姓名：　　　　　　学号：

3. 如图 2-1-3 所示，补画三角形的第三面投影，判别其空间位置。

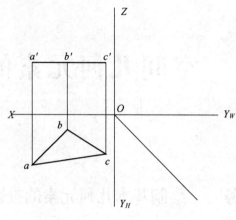

图 2-1-3　技能检测题 3 图

4. 如图 2-1-4 所示，根据轴测图，补画第三视图。

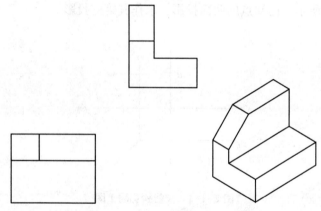

图 2-1-4　技能检测题 4 图

班级：　　　　　　　姓名：　　　　　　　学号：

【任务评价】

填写任务评价表，见表 2-1-1。

表 2-1-1　任务评价表

班级-组别			姓名		学号		成绩	
任务单		空间几何要素的投影			参考学时		4 学时	
序号	评价内容	分值		自评分		互评分	组长或教师评分	
1	课前预习	5						
2	位置关系	30						
3	投影规律	40						
4	图面质量	20						
5	考勤	5						
总分		100						
综合评价 = 自评分×20%+互评分×40%+组长或教师评分×40%								
组长签字：					教师签字：			
个人学习总结 （难点及问题）						签字：　　　　　　日期：		

【拓展练习】

1. 如图 2-1-5 所示，根据轴测图，补画第三视图。

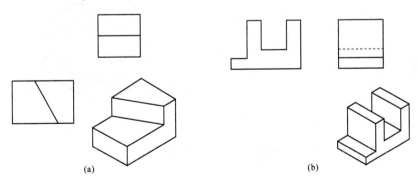

(a)　　　　　　　　　　　　　　　　　(b)

图 2-1-5　拓展练习题 1 图

班级：　　　　　　　姓名：　　　　　　　学号：

2. 如图 2-1-6 所示，已知下列立体的轴测图，徒手绘制立体的三视图。

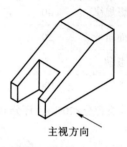

主视方向

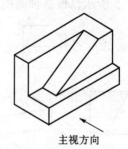

主视方向

图 2-1-6　拓展练习题 2 图

班级：　　　　　　姓名：　　　　　　学号：

任务二 绘制基本几何体的三视图

【技能检测】

1. 如图 2-2-1 所示，完成五棱柱和三棱锥的三视图。

（1）   （2）

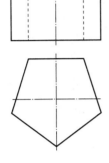
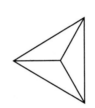
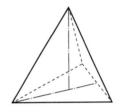

图 2-2-1 技能检测题 1 图

2. 如图 2-2-2 所示，已知回转体的二面视图，完成三视图。

3. 如图 2-2-3 所示，根据平面立体的轴测图绘制其三视图（尺寸在图中量取并取整）。

（1）   （2）

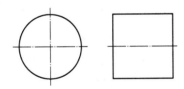
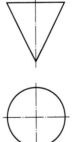

图 2-2-2 技能检测题 2 图

（3）   （4）

班级：   姓名：   学号：

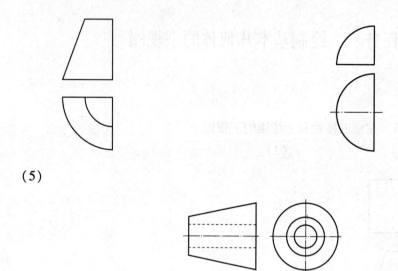

(5)

图 2-2-2　技能检测题 2 图（续）

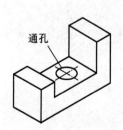

通孔

图 2-2-3　技能检测题 3 图

班级：　　　　　　姓名：　　　　　　学号：

【任务评价】

填写任务评价表，见表 2-2-1。

表 2-2-1 任务评价表

班级-组别		姓名		学号		成绩	
任务单	用 A4 图纸绘制平面立体三视图			参考学时		4 学时	
序号	评价内容	分值	自评分	互评分		组长或教师评分	
1	课前预习	5					
2	检测练习	20					
3	布图	10					
4	尺寸	15					
5	图形表达	30					
6	图面质量	15					
7	出勤、纪律	5					
总分		100					
综合评价 = 自评分×20%+互评分×40%+组长或教师评分×40%							
组长签字：				教师签字：			
个人学习总结 （难点及问题）							
				签字：		日期：	

班级： 姓名： 学号：

【拓展练习】

1. 如图 2-2-4 所示，根据立体的轴测图绘制其三视图（尺寸在图中量取并取整）。

(1)

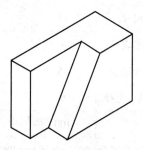

(2)

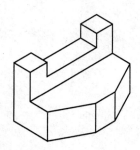

图 2-2-4　拓展练习题 1 图

班级：　　　　　　姓名：　　　　　　学号：

（3）

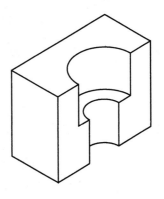

（4）

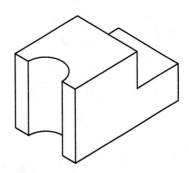

图 2-2-4　拓展练习题 1 图（续）

班级：　　　　　　姓名：　　　　　　学号：

(5)

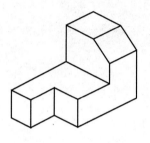

(6)

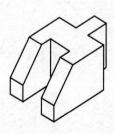

图 2-2-4　拓展练习题 1 图

班级：　　　　　　姓名：　　　　　　学号：

2. 如图 2-2-5 所示，根据立体的轴测图，补画三视图中的漏线。

（1）

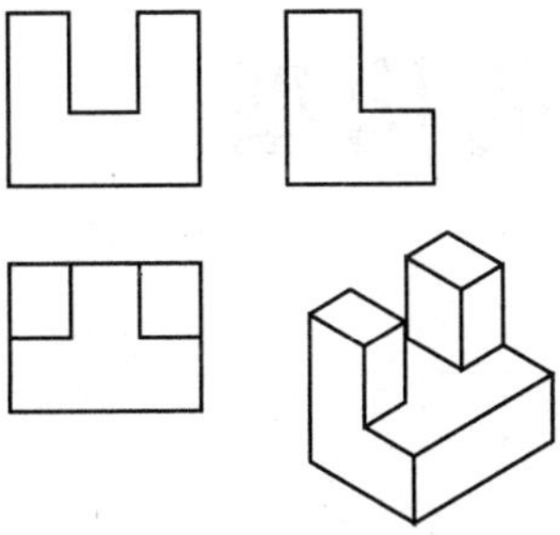

（2）

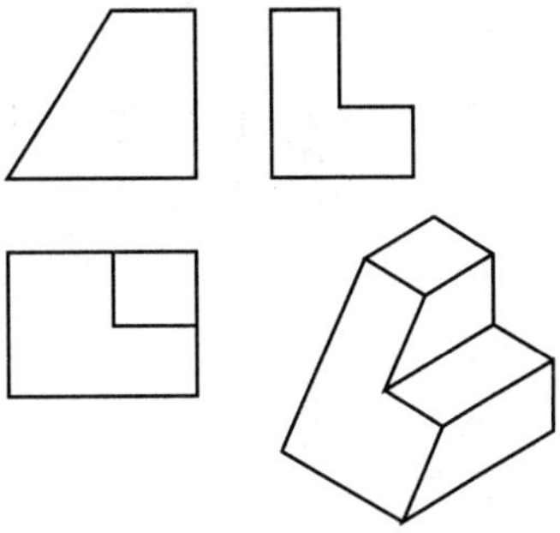

（3）

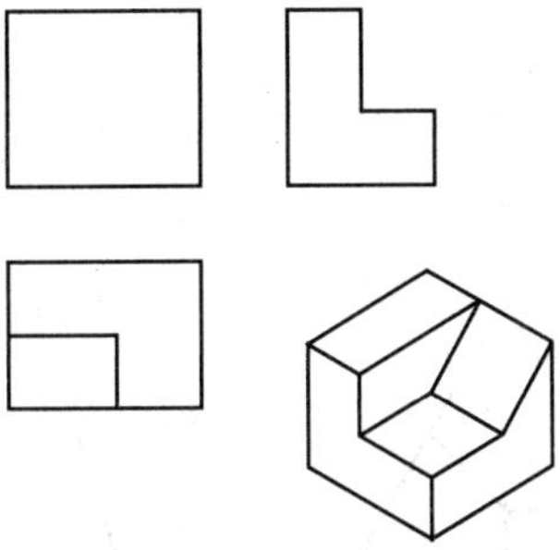

（4）

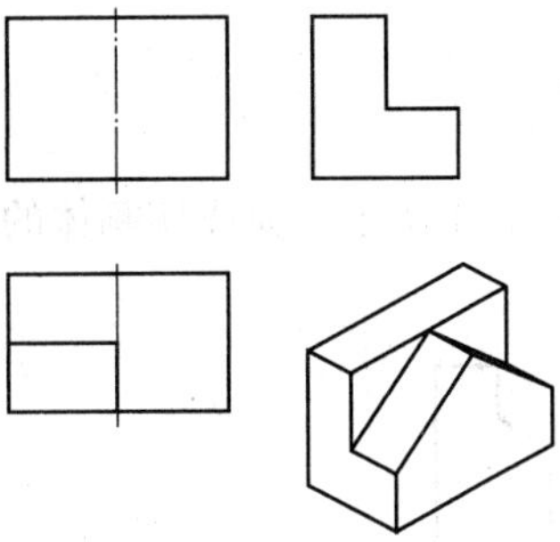

（5）

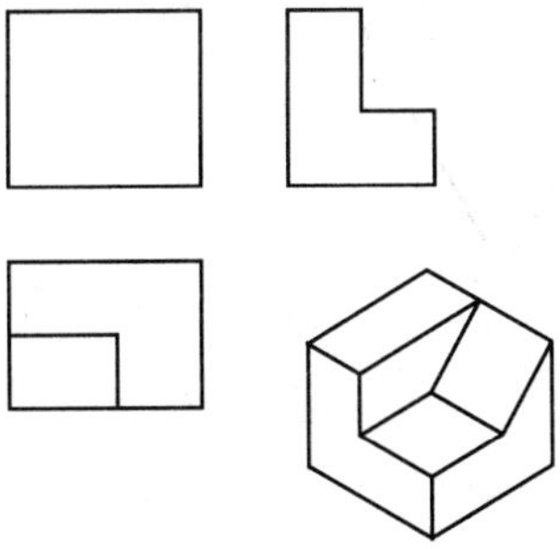

（6）

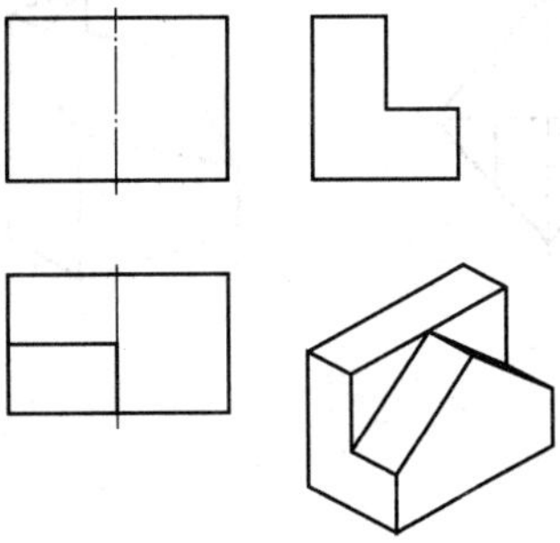

图 2-2-5　拓展练习题 2 图

项目三　立体的构型

任务一　绘制切割体的三视图

【技能检测】

1. 如图 3-1-1 所示，完成切割体的三视图。

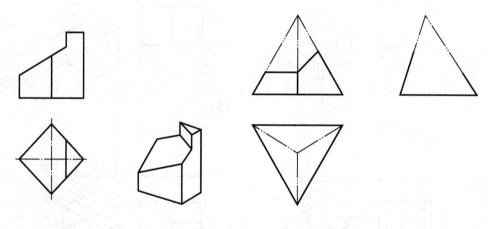

图 3-1-1　技能检测题 1 图

2. 如图 3-1-2 所示，求回转体截交线的投影，并完成三视图。

（1）

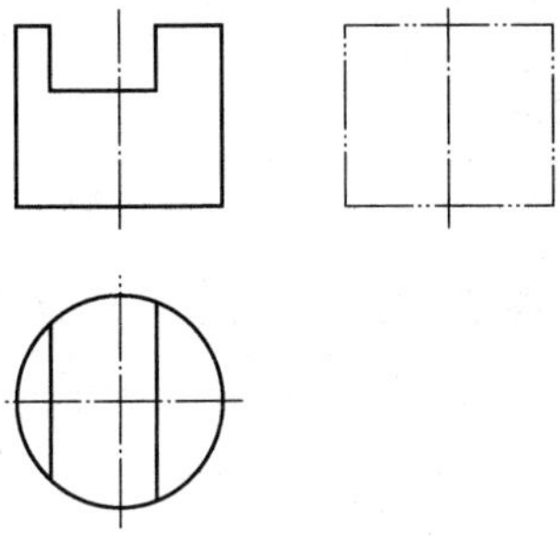

（2）

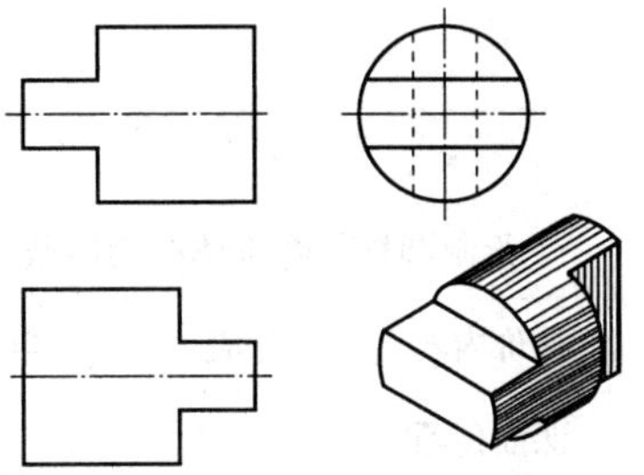

（3）

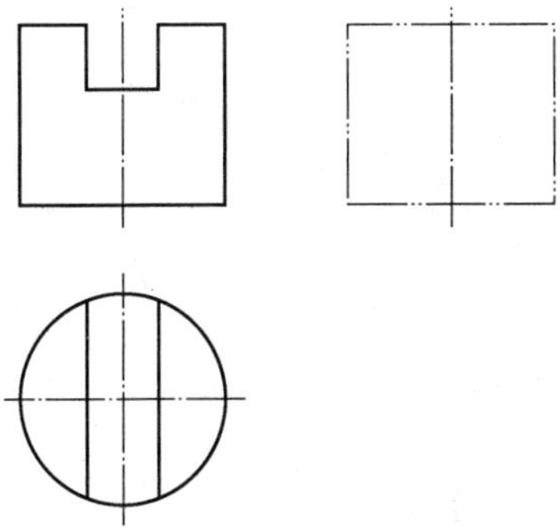

（4）

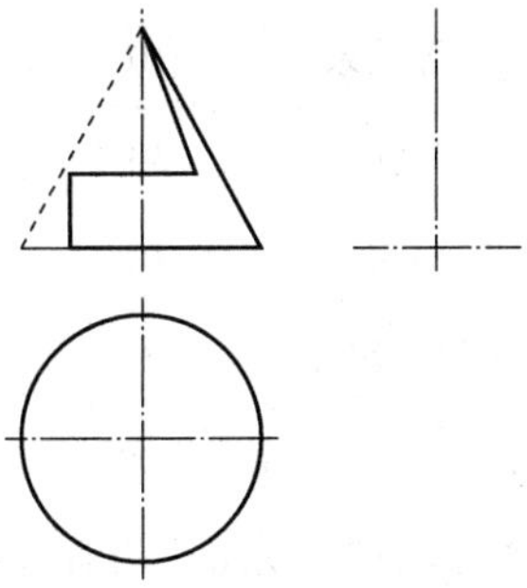

（5）

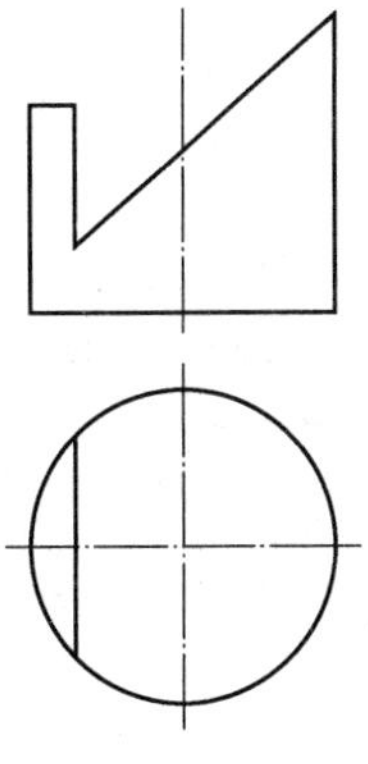

（6）

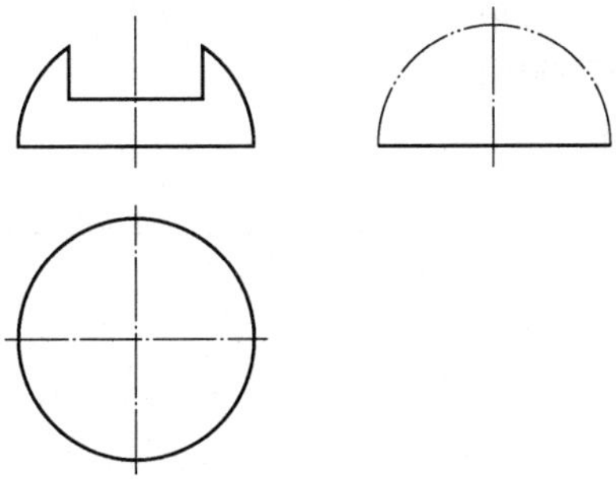

图 3-1-2　技能检测题 2 图

班级：　　　　　　　姓名：　　　　　　　学号：

【任务评价】

填写任务评价表，见表 3-1-1。

表 3-1-1　任务评价表

班级-组别		姓名		学号		成绩	
任务单	绘制圆柱与圆锥体截切体截交线			参考学时		4 学时	
序号	评价内容	分值	自评分	互评分		组长或教师评分	
1	课前预习	5					
2	检测练习	30					
3	切口特征图	10					
4	三等关系	10					
5	三视图	30					
6	图面质量	10					
7	出勤、纪律	5					
总分		100					
综合评价＝自评分×20%+互评分×40%+组长或教师评分×40%							
组长签字：					教师签字：		
个人学习总结 （难点及问题）							
					签字：　　　　　　日期：		

班级：　　　　　　姓名：　　　　　　学号：

【拓展练习】

如图 3-1-3 所示，完成切割体的三视图。

(1)

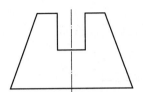

(2)

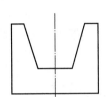

(3)

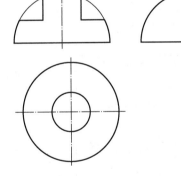

(4)

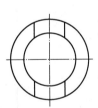 

图 3-1-3 拓展练习题图

班级： 姓名： 学号：

任务二 绘制相贯体的三视图

【技能检测】

1. 如图 3-2-1 所示，据主、俯视图想象相贯线的形状，选择正确的左视图。

（1）

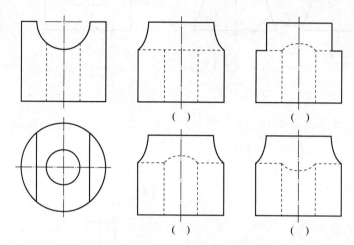

（2）

图 3-2-1 技能检测题 1 图（续）

班级：　　　　　　姓名：　　　　　　学号：

2. 如图 3-2-2 所示，求作两正交圆柱的相贯线。

（1）

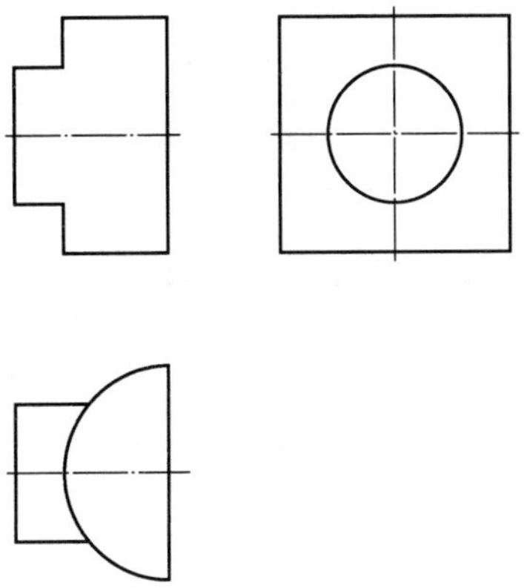

（2）

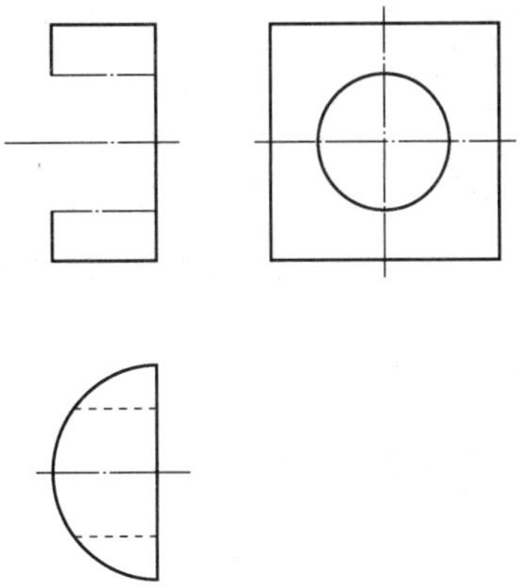

（3）

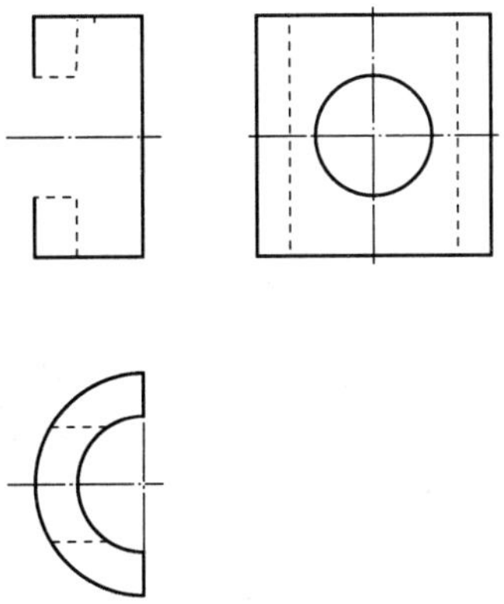

（4）

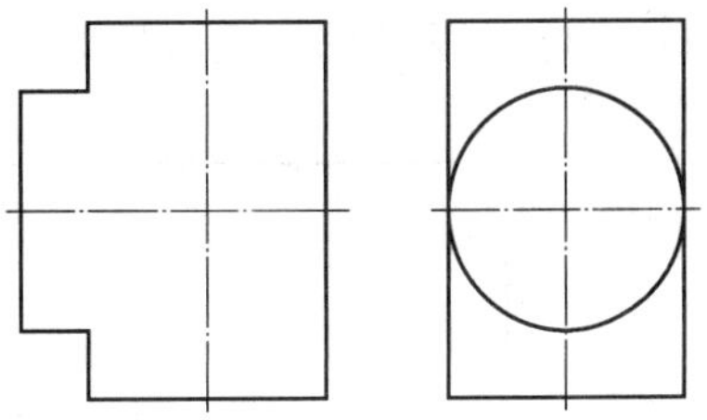

图 3-2-2　技能检测题 2 图

班级：　　　　　　姓名：　　　　　　学号：

3. 如图 3-2-3 所示，求作特殊相贯线。

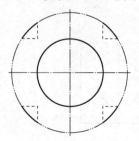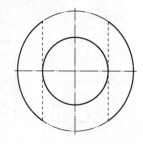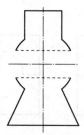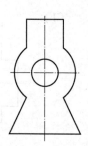

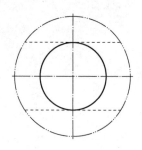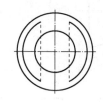

图 3-2-3　技能检测题 3 图

4. 如图 3-2-4，完成长圆形块体与半圆柱筒相贯的立体三视图。

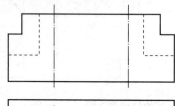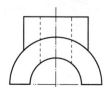

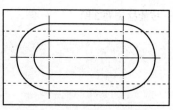

图 3-2-4　技能检测题 4 图

班级：　　　　　　姓名：　　　　　　学号：

【任务评价】

填写任务评价表，见表3-2-1。

表3-2-1 任务评价表

班级-组别		姓名		学号		成绩	
任务单	绘制长圆形块体与半圆柱相贯体三视图			参考学时		4学时	
序号	评价内容	分值	自评分	互评分		组长或教师评分	
1	课前预习	5					
2	检测练习	30					
3	相贯线曲线与直线分界	10					
4	求特殊点	10					
5	三视图	25					
6	图面质量	15					
7	出勤、纪律	5					
总分		100					
综合评价=自评分×20%+互评分×40%+组长或教师评分×40%							
组长签字：				教师签字：			
个人学习总结（难点及问题）							
				签字：		日期：	

班级：　　　　　　姓名：　　　　　　学号：

【拓展练习】

如图 3-2-5 所示，补图与补漏线。

(1)   (2)

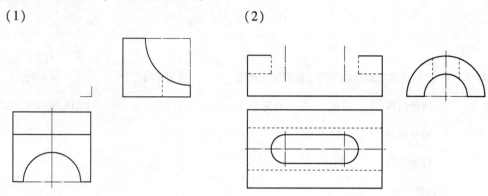

图 3-2-5   拓展练习题图

任务三   绘制组合体的三视图

【技能检测】

1. 组合体的形体分析（对照轴测图补画视图中的缺线），如图 3-3-1 所示。

(1)   (2)

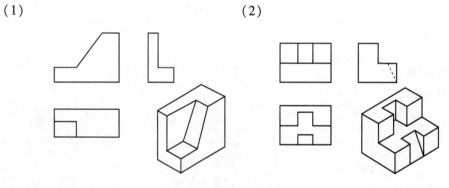

图 3-3-1   技能检测题 1 图

班级：   姓名：   学号：

（3）　　　　　　　　　　　　（4）

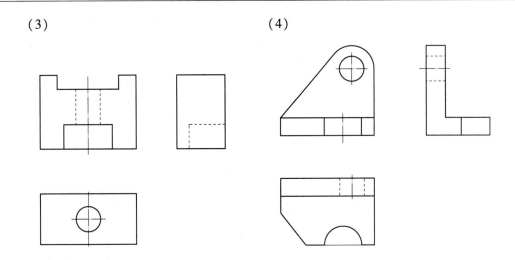

图 3-3-1　技能检测题 1 图（续）

2. 组合体视图的画法（用形体分析法画出组合体的三视图，尺寸按 1 : 1 从轴测图上量取），如图 3-3-2 所示。

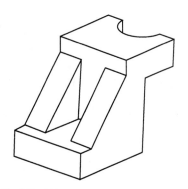

图 3-3-2　技能检测题 2 图

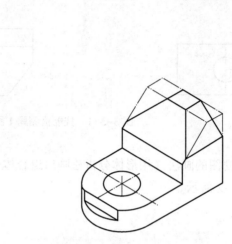

图 3-3-2　技能检测题 2 图（续）

3. 标注组合体尺寸（尺寸数值按 1∶1 从图中量取，并取整数），如图 3-3-3 所示。
（1）

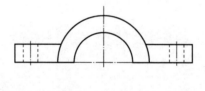

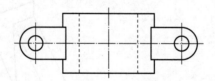

图 3-3-3　技能检测题 3 图

班级：　　　　　　　姓名：　　　　　　学号：

（2）

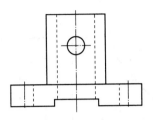

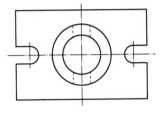

图 3-3-3　技能检测题 3 图（续）

4. 看懂立体的两面视图，补画另一个视图，如图 3-3-4 所示。

（1）

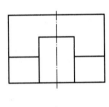

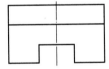

（2）

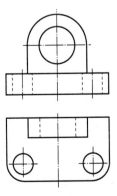

图 3-3-4　技能检测题 4 图

班级：　　　　　　　　姓名：　　　　　　　　学号：

5. 看懂立体的两面视图，补画另一个视图，如图 3-3-5 所示。

（1）

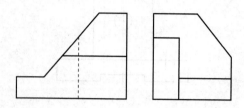

（2）

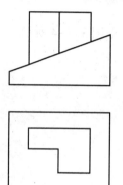

（3）

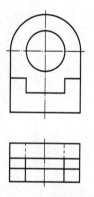

图 3-3-5　技能检测题 5 图

班级：　　　　　　　姓名：　　　　　　　　学号：

6. 根据支座组合体的立体图，绘制其三视图，尺寸按 1∶1 从立体图上量取并取整数，如图 3-3-6 所示。

图 3-3-6 技能检测题 6 图

【任务评价】

填写任务评价表，见表 3-3-1。

表 3-3-1 任务评价表

班级-组别		姓名		学号		成绩	
任务单	绘制支座组合体三视图并标注尺寸			参考学时		4 学时	
序号	评价内容	分值	自评分	互评分		组长或教师评分	
1	课前预习	5					
2	检测练习	15					
3	布图、尺寸	20					
4	标题栏	10					
5	组合体三视图	30					
6	图面质量	15					
7	出勤、纪律	5					
总分		100					
综合评价＝自评分×20%＋互评分×40%＋组长或教师评分×40%							
组长签字：				教师签字：			
个人学习总结（难点及问题）							
				签字：		日期：	

班级：　　　　　姓名：　　　　　学号：

【拓展练习】

1. 如图 3-3-7 所示，补画三视图中所缺的图线。

（1）　　　　　　　　　　　　　　　　　　（2）

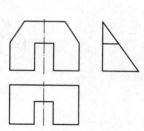 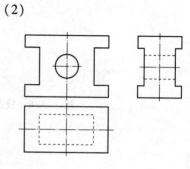

图 3-3-7　拓展练习题 1 图

2. 如图 3-3-8 所示，看懂立体的两面视图，补画另一个视图。

（1）

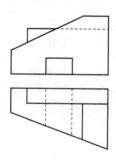

（2）

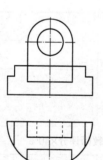

图 3-3-8　拓展练习题 2 图

（3）

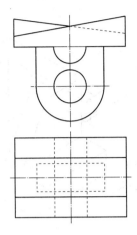

图 3-3-8　拓展练习题 2 图（续）

任务四　绘制轴测图

【技能检测】

1. 如图 3-4-1 所示，已知柱体特征面的轴测投影与柱体厚度，完成柱体正等测图。

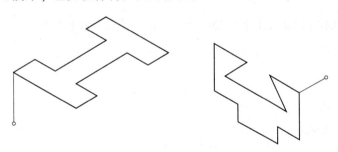

图 3-4-1　技能检测题 1 图

2. 如图 3-4-2 所示，根据平面体的两面视图，画出其正等测图（尺寸数值按1∶1由图中量取）。

（1）　　　　　　　　　　　　　　　　　（2）

图 3-4-2　技能检测题 2 图

班级：　　　　　　　　姓名：　　　　　　　　学号：

3. 根据图 3-4-3 所示切割式组合体的轴测图，按 1∶1 比例绘制其正等测图，用 A4 图纸绘制其三视图并标注尺寸。

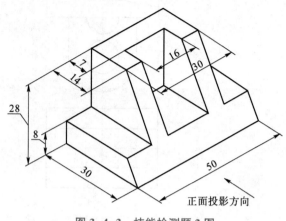

图 3-4-3　技能检测题 3 图

【任务评价】

填写任务评价表，见表 3-4-1。

表 3-4-1　任务评价表

班级-组别		姓名		学号		成绩	
任务单	绘制切割式组合体的正等测图和三视图			参考学时		4 学时	
序号	评价内容	分值	自评分	互评分		组长或教师评分	
1	课前预习	5					
2	轴测轴	10					
3	正等测图画法	30					
4	三视图	20					
5	布图、图面质量	20					
6	尺寸标注	10					
7	考勤	5					
总分		100					
综合评价＝自评分×20%+互评分×40%+组长或教师评分×40%							
组长签字：				教师签字：			
个人学习总结 （难点及问题）				签字：　　　　　　　日期：			

班级：　　　　　　姓名：　　　　　　学号：

【拓展练习】

根据如图 3-4-4 所示视图中的尺寸，按 1：1 的比例在空白处绘制其正等轴测图。

（1）

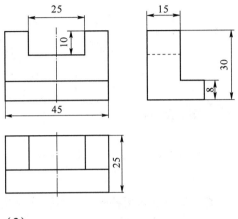

（2）

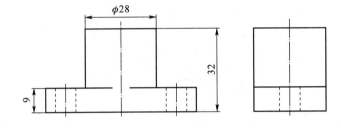

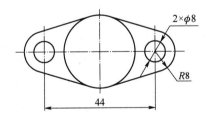

图 3-4-4 拓展练习题图

班级： 姓名： 学号：

项目四 机件的基本表示法

任务一 机件外部形状的表示法

【技能检测】

1. 如图 4-1-1 所示视图，根据主、俯、左三视图，参照轴测图补画右、后、仰三视图。

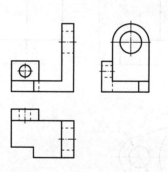

图 4-1-1 技能检测题 1 图

班级：　　　　　姓名：　　　　　学号：

2. 如图 4-1-2 所示，根据主视图和轴测图，补画一个斜视图和一个局部视图，将机件的形状表达清楚。

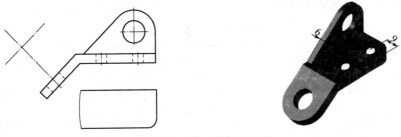

图 4-1-2 技能检测题 2 图

3. 如图 4-1-3 所示，根据机件的轴测图，将其结构形状表达清楚，并标注尺寸，绘图比例自定。

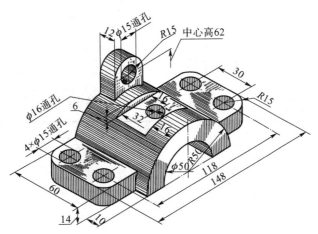

图 4-1-3 技能检测题 3 图

班级：   姓名：   学号：

【任务评价】

填写任务评价表，见表4-1-1。

表4-1-1 任务评价表

班级-组别		姓名		学号		成绩	
任务单	用A4图纸绘制平面立体三视图			参考学时		4学时	
序号	评价内容	分值	自评分	互评分		组长或教师评分	
1	课前预习	5					
2	检测练习	20					
3	图线	10					
4	标注	15					
5	图形表达	30					
6	图面质量	15					
7	出勤、纪律	5					
总分		100					
综合评价＝自评分×20%+互评分×40%+组长或教师评分×40%							
组长签字：				教师签字：			
个人学习总结 （难点及问题）							
				签字：　　　　　　日期：			

班级：　　　　　　姓名：　　　　　　学号：

【拓展练习】

如图 4-1-4 所示视图，已知主、俯视图，配置 C、D、E、F 四个投影方向的视图。

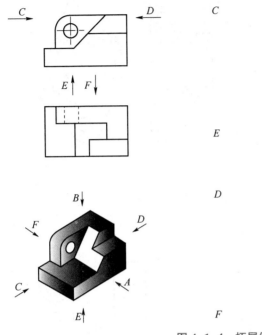

C

E

D

F

图 4-1-4 拓展练习题 1 图

任务二 机件内部形状的表示法

【技能检测】

1. 剖视图的概念（参照轴测图，将主视图画成剖视图，如图 4-2-1 所示）。

（1）   （2）

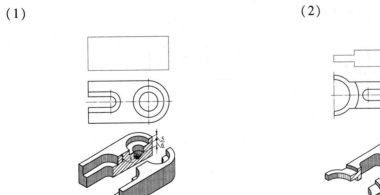

图 4-2-1 技能检测题 1 图

班级：   姓名：   学号：

2. 补画剖视图中所缺的图线，如图4-2-2所示。

（1）   （2）

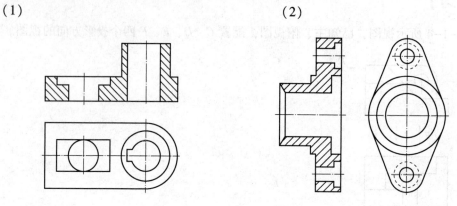

图 4-2-2　技能检测题 2 图

3. 将主视图改画成全剖视图，如图4-2-3所示。

（1）   （2）

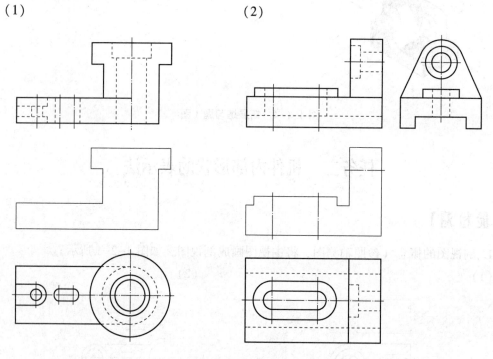

图 4-2-3　技能检测题 3 图

班级：　　　　　　姓名：　　　　　　学号：

4. 将主视图改画成半剖视图，如图 4-2-4 所示。

（1）　　　　　　　　　　　　　　　（2）

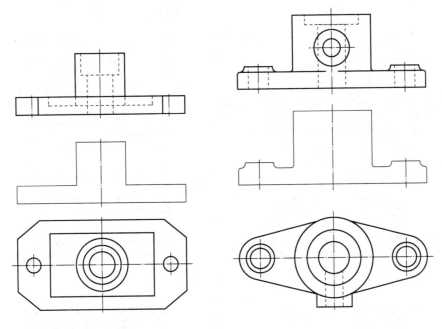

图 4-2-4　技能检测题 4 图

5. 分析视图，在适当部位作局部剖视，如图 4-2-5 所示。

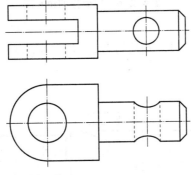

图 4-2-5　技能检测题 5 图

班级：　　　　　　姓名：　　　　　　学号：

6. 在视图下方的断面图中选出正确的断面图形，并将其画上"√"号，如图 4-2-6 所示。

（1）   （2）

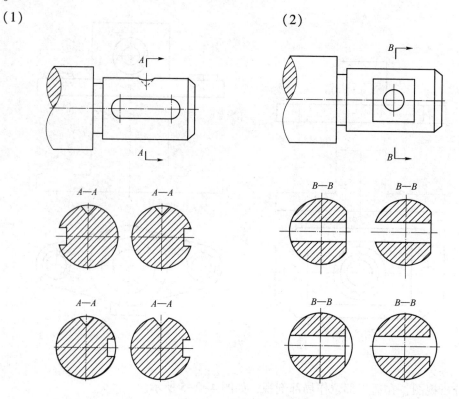

图 4-2-6　技能检测题 6 图

7. 按箭头所指位置画断面图，并进行标注（左键槽深 4 mm，右键槽深 3.5 mm），如图 4-2-7 所示。

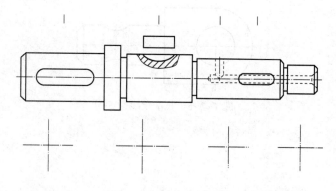

图 4-2-7　技能检测题 7 图

班级：　　　　　　姓名：　　　　　　学号：

【任务评价】

填写任务评价表，见表4-2-1。

表4-2-1　任务评价表

		姓名		学号		成绩	
任务单		用A4图纸绘制平面立体三视图		参考学时		6学时	
序号	评价内容	分值	自评分	互评分		组长或教师评分	
1	课前预习	5					
2	检测练习	30					
3	图线	10					
4	标注	15					
5	图形表达	20					
6	图面质量	15					
7	出勤、纪律	5					
总分		100					
综合评价=自评分×20%+互评分×40%+组长或教师评分×40%							
组长签字：				教师签字：			
个人学习总结（难点及问题）							
				签字：　　　　　日期：			

班级：　　　　　姓名：　　　　　学号：

【拓展练习】

1. 规定画法（在指定位置画出正确的剖视图，如图 4-2-8 所示）。

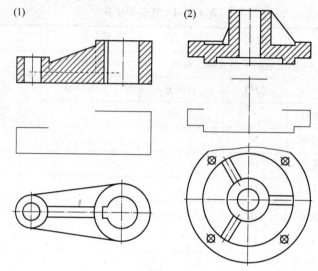

图 4-2-8　拓展练习题 1 图

2. 读懂视图，选择合适的图样表达方案，重新表达该机件，并标注尺寸（比例自定），如图 4-2-9 所示。

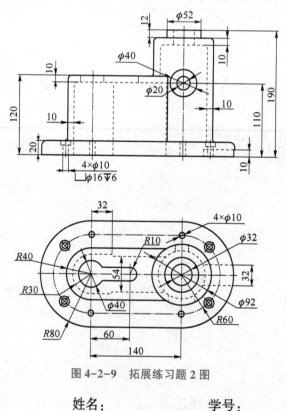

图 4-2-9　拓展练习题 2 图

班级：　　　　　　姓名：　　　　　　学号：

项目五　机件的特殊表示法

任务一　绘制螺栓连接图

【技能检测】

1. 指出图 5-1-1 所示中的错误，并在指定的位置上画出正确图形。

(1)　　　　　　　　　　　　　　(2)

(3)　　　　　　　　　　　　　　(4)

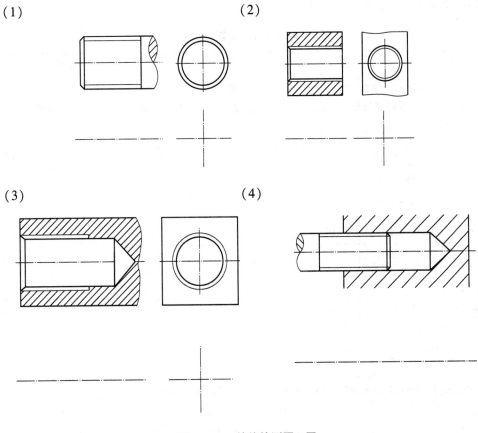

图 5-1-1　技能检测题 1 图

班级：　　　　　　姓名：　　　　　　学号：

2. 补全螺栓连接三视图中所缺的图线，如图 5-1-2 所示。

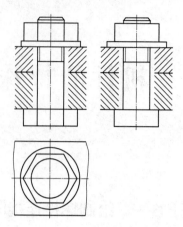

图 5-1-2 技能检测题 2 图

【任务评价】

填写任务评价表，见表 5-1-1。

表 5-1-1 任务评价表

班级-组别		姓名		学号		成绩	
任务单	用 A4 图纸绘制螺栓连接三视图（其中，左视图画外形，被连接的两工件厚度均为 20 mm，通孔直径为 ϕ22 mm）			参考学时		6 学时	
序号	评价内容	分值	自评分	互评分		组长或教师评分	
1	课前预习	5					
2	检测练习	20					
3	图线粗细分明	10					
4	标记注写	15					
5	图形绘制	30					
6	图面质量	15					
7	出勤、纪律	5					
总分		100					
综合评价=自评分×20%+互评分×40%+组长或教师评分×40%							
组长签字：				教师签字：			
个人学习总结（难点及问题）			签字：			日期：	

班级：　　　　　　　姓名：　　　　　　　学号：

【拓展练习】

1. 分析螺钉连接两视图中的错误，将正确的图形画在右边，如图5-1-3所示。

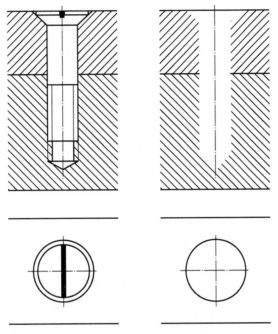

图5-1-3　拓展练习题1图

2. 试用简化画法补全双头螺柱连接图，如图5-1-4所示。

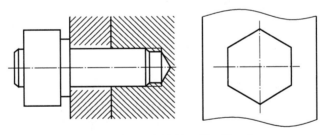

图5-1-4　拓展练习题2图

班级：　　　　　姓名：　　　　　学号：

任务二　绘制齿轮零件图

【技能检测】

1. 如图 5-2-1 所示，已知标准直齿圆柱齿轮 $m=3$ mm，$z=15$，齿宽 $b=20$ mm，计算轮齿各部分尺寸，补全齿轮的两个视图和所漏尺寸。

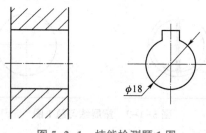

图 5-2-1　技能检测题 1 图

2. 如图 5-2-2 所示，已知轮孔径 $\phi20$ mm，轮毂长 28 mm，铸铁件，试查手册画平键槽图并标注尺寸。

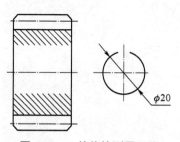

图 5-2-2　技能检测题 2 图

班级：　　　　　　姓名：　　　　　　学号：

3. 如图 5-2-3 所示，已知轴径 $\phi20$ mm，试根据题 1 齿轮的厚度，查手册画轴键槽图并标注尺寸。

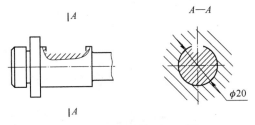

图 5-2-3　技能检测题 3 图

4. 如图 5-2-4 所示，根据题 2、题 3 题意，画出普通平键连接图，作 $B-B$ 断面图，并写出键的规定标记。

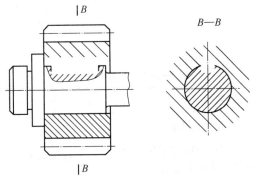

图 5-2-4　技能检测题 4 图

标记：＿＿＿＿＿＿＿＿＿＿＿＿＿

5. 如图 5-2-5 所示，轮与轴用圆柱销连接，销直径为 $\phi6$ mm，公差带代号为 m6，设计出长度，标准号为 GB/T 119.1—2000。完成圆柱销连接的剖视图，并写出销的规定标记。

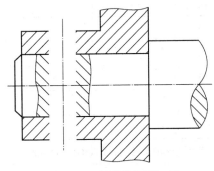

图 5-2-5　技能检测题 5 图

标记：＿＿＿＿＿＿＿＿＿＿＿＿＿

班级：　　　　　　　姓名：　　　　　　　学号：

6. 如图 5-2-6 所示，试用规定画法画出 6206 轴承（右端面紧靠轴肩）。

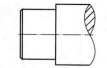

图 5-2-6　技能检测题 6 图

7. 已知圆柱螺旋压缩弹簧簧丝直径 $\phi6$ mm，弹簧外径 $\phi56$ mm，节距 10 mm，弹簧自由高度为 90 mm，支承圈数 $n_0 = 2.5$，右旋。试画出弹簧的全剖视图，并标注尺寸（比例 1 : 1）。

【任务评价】

填写任务评价表，见表 5-2-1。

表 5-2-1　任务评价表

班级-组别		姓名		学号		成绩	
任务单	用 A4 图纸绘制直齿圆柱齿轮（副板式无减轻孔齿轮），$m = 2$ mm，$z = 30$，齿宽 $b = 25$ mm，轴孔直径为 $\phi26$ mm，并标注尺寸			参考学时		6 学时	
序号	评价内容	分值	自评分	互评分		组长或教师评分	
1	课前预习	5					
2	检测练习	20					
3	图线	10					
4	尺寸标注	15					
5	图形表达	30					
6	图面质量	15					
7	出勤、纪律	5					
总分		100					
综合评价 = 自评分×20%+互评分×40%+组长或教师评分×40%							
组长签字：				教师签字：			
个人学习总结（难点及问题）			签字：			日期：	

班级：　　　　　　姓名：　　　　　　学号：

【拓展练习】

如图 5-2-7 所示，补全标准直齿圆柱齿轮啮合的主视图和左视图。

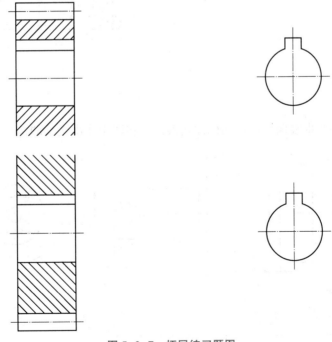

图 5-2-7　拓展练习题图

班级：　　　　　　姓名：　　　　　　学号：

项目六　零件图的识读与绘制

任务一　识读与绘制轴套类零件图

【技能检测】

1. 零件的表达方案（指出图6-1-1所示零件表达方法上的不合理之处，提出较佳的表达方案）。

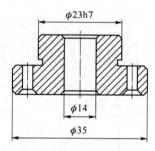

图6-1-1　技能检测题1图

2. 圈出图6-1-2中表面粗糙度的标注错误，并在图中作出正确的标注。

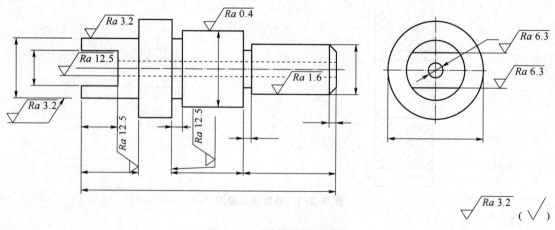

图6-1-2　技能检测题2图

3. 根据装配图中的标注，在图 6-1-3 所示相应的零件图上注出其公称尺寸和公差代号，并填空。

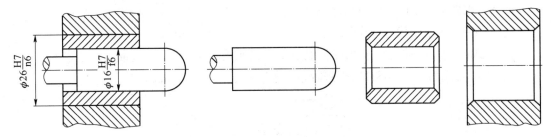

图 6-1-3　技能检测题 3 图

（1）说明配合尺寸 ϕ20H7/n6 的含义。

1）ϕ26 表示＿＿＿＿＿＿＿＿＿＿＿。

2）n 表示＿＿＿＿＿＿＿＿＿＿＿。

3）6、7 表示＿＿＿＿＿＿＿＿＿＿＿。

4）此配合是＿＿＿＿＿＿制的＿＿＿＿＿＿配合。

（2）解释配合尺寸 ϕ16H7/f6 的含义。

1）H7 表示＿＿＿＿＿＿＿＿＿＿＿。

2）f6 表示＿＿＿＿＿＿＿＿＿＿＿。

3）孔的下偏差为＿＿＿＿＿＿＿＿＿＿＿。

4）此配合是＿＿＿＿＿＿制的＿＿＿＿＿＿配合。

4. 根据已知条件标注下列机件的表面结构代号。

（1）如图 6-1-4 所示机件：

1）ϕ15 孔两端面及倒角锥面 Ra 的上限值为 12.5 μm。

2）ϕ15 孔内表面 Ra 的上限值为 3.2 μm。

3）底面 Ra 的上限值为 6.3 μm。

4）其余均为毛坯面。

（2）如图 6-1-5 所示机件：

1）孔 ϕ30H7 内表面 Ra 的上限值为 1.6 μm。

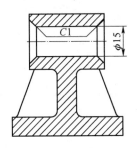
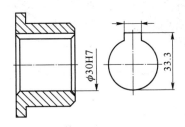

图 6-1-4　技能检测题 4 图（一）　　　　图 6-1-5　技能检测题 4 图（二）

班级：　　　　　　姓名：　　　　　　学号：

2）键槽两侧面 Ra 的上限值为 3.2 μm。

3）键槽顶面 Ra 的上限值为 6.3 μm。

4）其余表面 Ra 的上限值为 12.5 μm。

5. 在图 6-1-6 上用代号标出：

（1）$\phi25h6$ 圆柱的轴线对 $\phi18H7$ 圆孔轴线的同轴度公差为 $\phi0.02$ mm。

（2）零件右端面对孔 $\phi18H7$ 圆柱轴线的垂直度公差为 0.04 mm。

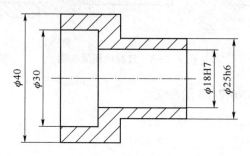

图 6-1-6　技能检测题 5 图

6. 绘制如图 6-1-7 所示轴类零件图，表达方案自定，要求正确、完整、清晰、合理地表达出该零件的结构尺寸和技术要求，材料为 45 钢，键槽宽为 8 mm，深为 4 mm，并按照给定的表面粗糙度的数值进行标注。

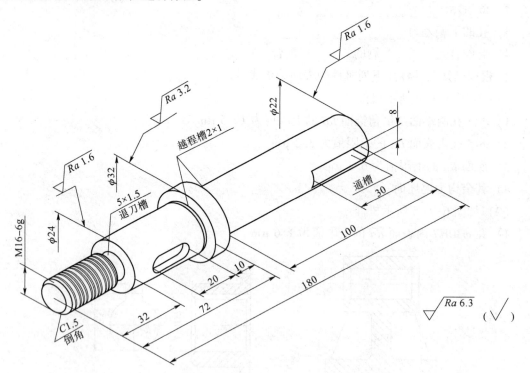

图 6-1-7　技能检测题 6 图

班级：　　　　　　姓名：　　　　　　学号：

【任务评价】

填写任务评价表，见表6-1-1。

表6-1-1 任务评价表

班级-组别		姓名		学号		成绩	
任务单		绘制轴零件图		参考学时		4学时	
序号	评价内容	分值	自评分	互评分		组长或教师评分	
1	课前预习	5					
2	检测练习	15					
3	布图、尺寸	20					
4	技术要求	10					
5	表达方案	30					
6	图面质量	15					
7	出勤、纪律	5					
总分		100					
综合评价=自评分×20%+互评分×40%+组长或教师评分×40%							
组长签字：				教师签字：			
个人学习总结 （难点及问题）			签字： 日期：				

【拓展练习】

1. 零件图的尺寸标注（根据尺寸标注的要求，选择恰当的尺寸基准标注尺寸，尺寸数值按1：1从图中量取，如图6-1-8所示）。

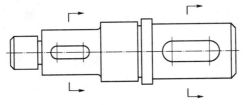

图6-1-8 拓展练习题1图

班级： 姓名： 学号：

2. 读懂如图 6-1-9 所示顶杆零件图，回答下列问题。

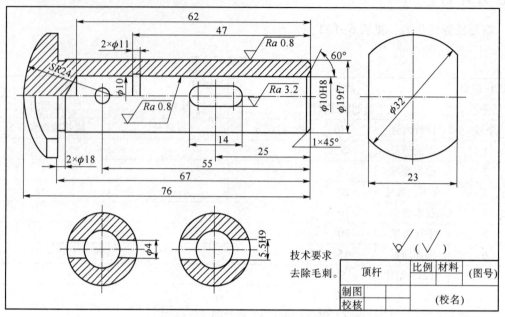

图 6-1-9　拓展练习题 2 图

（1）顶杆的定位尺寸有哪些？

（2）顶杆零件最光滑的是什么表面？

（3）指出两个方向尺寸的主要基准。

3. 看懂如图 6-1-10 所示传动轴零件图，并回答下列问题：

（1）该零件的名称是_____，材料为_____。

（2）该零件主视图下方采用了个 3 个_____图，分别表示_____、_____、_____的结构。

（3）说明 ⊟ | 0.03 | A | B | 的含义：符号⊟表示_____，数字 0.03 是_____，A、B 是_____。

（4）说明 ∕ | 0.02 | A | B | 的含义：符号∕表示_____，数字 0.02 是_____，A、B 是_____。

（5）指出图中的工艺结构：它有_____处越程槽，其尺寸均为_____，有_____处退刀槽，其尺寸为_____。

（6）此零件上表面质量要求最高的表面是_____，为_____。

（7）说明 M24×1.5-6g 的含义。

班级：　　　　　　姓名：　　　　　　学号：

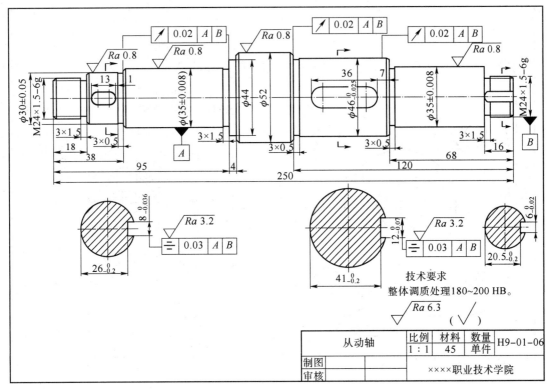

图 6-1-10　拓展练习题 3 图

任务二　识读与绘制轮盘类零件图

【技能检测】

1. 读懂如图 6-2-1 所示端盖零件图，回答下列问题。

（1）端盖的定形、定位尺寸分别有哪些？

（2）端盖零件三个方向的主要尺寸基准在哪？

（3）表面最光滑的是什么表面？

2. 绘制如图 6-2-2 所示透盖的零件图，表达方案自定，要求正确、完整、清晰、合理地表达出该零件的结构尺寸和技术要求，表面粗糙度的数值自定。

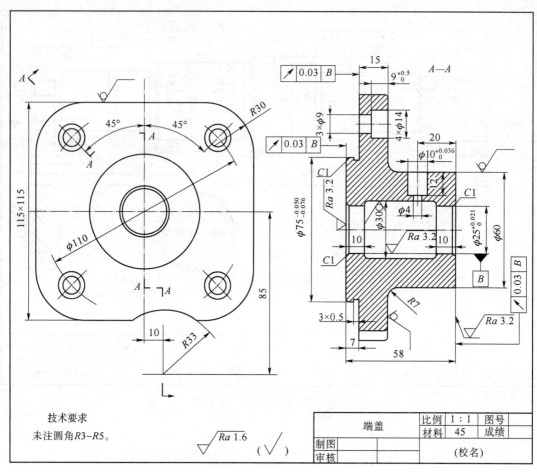

图 6-2-1 技能检测题 1 图

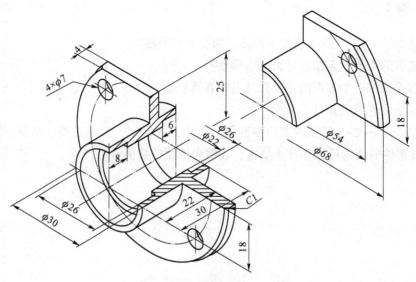

图 6-2-2 技能检测题 2 图

班级:　　　　　　姓名:　　　　　　学号:

【任务评价】

填写任务评价表，见表6-2-1。

表 6-2-1 任务评价表

班级-组别		姓名		学号		成绩	
任务单		绘制端盖零件图		参考学时		4学时	
序号	评价内容	分值	自评分	互评分		组长或教师评分	
1	课前预习	5					
2	检测练习	10					
3	布图、尺寸	20					
4	技术要求	15					
5	表达方案	30					
6	图面质量	15					
7	出勤、纪律	5					
总分		100					
综合评价=自评分×20%+互评分×40%+组长或教师评分×40%							
组长签字：				教师签字：			
个人学习总结（难点及问题）					签字：	日期：	

【拓展练习】

根据图 6-2-3 回答下列问题：

(1) B—B 剖视图采用_____剖切方法。

(2) 找出所有定位尺寸：_____。

(3) 说明 Rc1/4 的含义：_____。

(4) 解释 3×M5-7H ▽10 孔▽12；6×ϕ7 ⊔ ϕ11 ▽5 的含义：_____、

_____。

(5) ϕ16H7 与 ϕ55g6 的表面粗糙度为_____。

(6) 在指定位置画出油缸端盖的右视图（外形图）。

班级：_____ 姓名：_____ 学号：_____

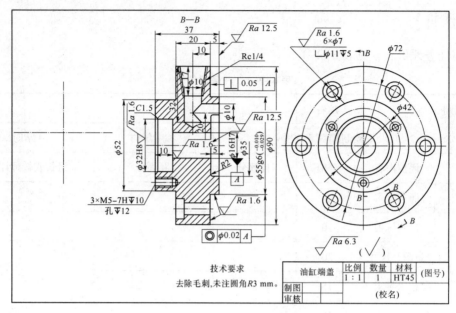

图 6-2-3　拓展练习题图

任务三　识读与绘制叉架类零件图

【技能检测】

绘制如图 6-3-1 所示支架的零件图，表达方案自定，要求正确、完整、清晰、合理地表达出该零件的结构尺寸和技术要求，表面粗糙度的数值自定。

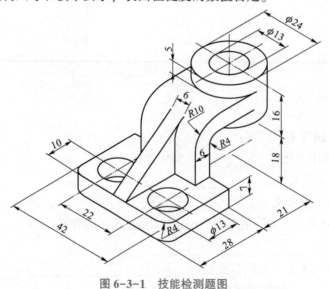

图 6-3-1　技能检测题图

班级：　　　　　　　姓名：　　　　　　学号：

【任务评价】

填写任务评价表，见表6-3-1。

表6-3-1 任务评价表

班级-组别		姓名		学号		成绩	
任务单		绘制支架零件图		参考学时		4学时	
序号	评价内容	分值	自评分	互评分		组长或教师评分	
1	课前预习	5					
2	检测练习	10					
3	布图、尺寸	20					
4	技术要求	15					
5	表达方案	30					
6	图面质量	15					
7	出勤、纪律	5					
总分		100					
综合评价＝自评分×20%＋互评分×40%＋组长或教师评分×40%							
组长签字：				教师签字：			
个人学习总结 （难点及问题）							
				签字：		日期：	

【拓展练习】

读懂如图6-3-2所示拨叉零件图，回答下列问题。

(1) 在图中标出拨叉的工作部分、支承部分和连接部分，其定形、定位尺寸分别有哪些?

(2) 拨叉零件三个方向的主要尺寸基准在哪?

(3) 有配合要求的表面是哪些? 表面最光滑的是什么表面?

班级： 姓名： 学号：

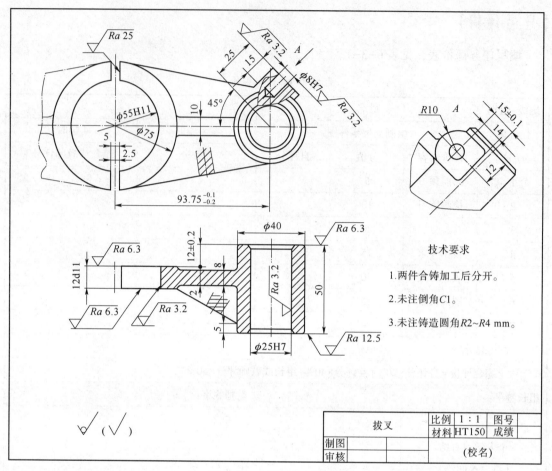

图 6-3-2　拓展练习题图

任务四　识读与绘制箱体类零件图

【技能检测】

　　绘制如图 6-4-1 所示箱体类零件图，表达方案自定，要求正确、完整、清晰、合理地表达出该零件的结构尺寸和技术要求，表面粗糙度的数值自定。

班级：　　　　　　姓名：　　　　　　学号：

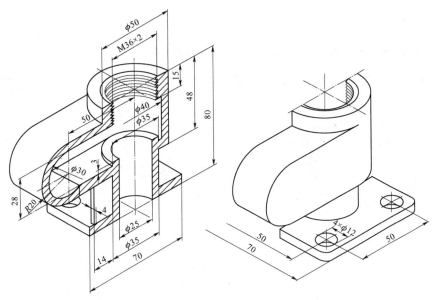

图 6-4-1　技能检测题图

【任务评价】

填写任务评价表，见表 6-4-1。

表 6-4-1　任务评价表

班级-组别			姓名		学号		成绩	
任务单			绘制箱体类零件图		参考学时		8 学时	
序号	评价内容	分值	自评分		互评分		组长或教师评分	
1	课前预习	5						
2	检测练习	10						
3	布图、尺寸	20						
4	技术要求	15						
5	表达方案	30						
6	图面质量	15						
7	出勤、纪律	5						
总分		100						
综合评价＝自评分×20%＋互评分×40%＋组长或教师评分×40%								
组长签字：				教师签字：				
个人学习总结（难点及问题）					签字：　　　　　日期：			

班级：　　　　　　　姓名：　　　　　　　学号：

【拓展练习】

读懂如图 6-4-2 所示箱盖零件图，回答下列问题。

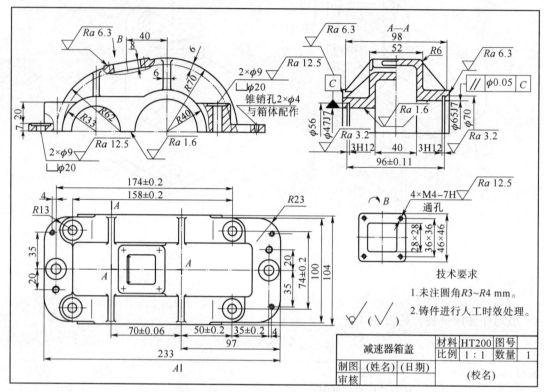

图 6-4-2　拓展练习题图

（1）指出箱盖三个方向尺寸的主要基准在哪里？

（2）箱盖的定形、定位尺寸分别有哪些？

（3）有配合要求的表面是哪些？表面最光滑的应该是什么表面？

项目七 装配图的识读与绘制

任务一 读齿轮油泵装配图

【技能检测】

如图 7-1-1 所示，识读滑动轴承装配图并填空。

1. 该装配体的名称是_____，由_____种、共_____个零件组成，其中有_____种标准件。

2. 该装配体共用了_____个图形来表达，其中主视图采取了_____剖，左视图采取了_____剖，俯视图采取了_____画法。

3. 装配图中，尺寸 90H9/f9、ϕ60H8/k6 是_____尺寸，尺寸 70 是_____尺寸，尺寸 180 是_____尺寸，尺寸 240、80、160 是_____尺寸。

4. 尺寸 ϕ10H9/s8 中，ϕ10 是_____尺寸，H9 是_____，s8 是_____，它们属于_____制的_____配合。

5. 件 5、7 上下衬套的材料是_____，它们在滑动轴承中起_____作用。

班级：　　　　　姓名：　　　　　学号：

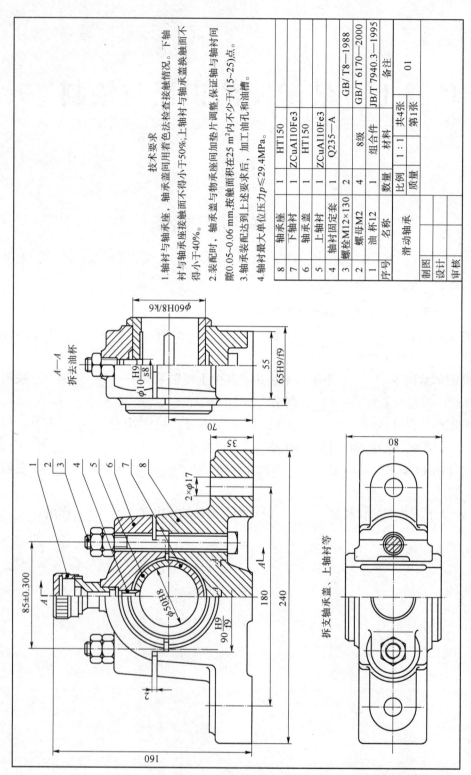

图 7-1-1 技能检测题图

序号	名称	数量	材料	备注
8	轴承座	1	HT150	
7	下轴衬	1	ZCuAl10Fe3	
6	轴承盖	1	HT150	
5	上轴衬	1	ZCuAl10Fe3	
4	轴衬固定套	1	Q235—A	
3	螺栓M12×130	2		GB/T 8—1988
2	螺母M2	4	8级	GB/T 6170—2000
1	油杯12	2	组合件	JB/T 7940.3—1995

	滑动轴承		比例	1:1		共4张
制图			质量			第1张
设计						01
审核						

技术要求

1. 轴衬与轴承座，轴承盖用着色法检查接触情况。下轴衬与轴承座接触面不得小于50%；上轴衬与轴承盖接触面不得小于40%。

2. 装配时，轴承盖与物承座同加垫片调整，保证轴与轴衬间隙0.05~0.06 mm,按触面积在25 m²内不少于(15~25)点。

3. 轴承装配达到上述要求后，加工油孔和油槽。

4. 轴衬最大单位压力$p \leqslant 29.4MPa$。

拆去油杯

$A—A$

$\phi 60H8/k6$

$\phi 10\dfrac{H9}{s8}$

$\dfrac{H9}{f9}$

55

65H9/f9

70

1 2 3 4 5 6 7 8

85±0.300

$\phi 50H8$

$90\dfrac{H9}{f9}$

2

A

A

35

2×$\phi 17$

180

240

160

拆支轴承盖、上轴衬等

80

【任务评价】

填写任务评价表，见表7-1-1。

表7-1-1　任务评价表

		姓名		学号		成绩	
任务单		识读滑动轴承装配图		参考学时		4学时	
序号	评价内容	分值	自评分	互评分		组长或教师评分	
1	课前预习	5					
2	检测练习	18					
3	叙述工作原理、连接关系	20					
4	视图分析	20					
5	尺寸分析	20					
6	零件用途	12					
7	出勤、纪律	5					
	总分	100					
综合评价＝自评分×20%＋互评分×40%＋组长或教师评分×40%							
组长签字：				教师签字：			
个人学习总结（难点及问题）				签字：		日期：	

任务二　绘制四通阀装配图

【技能检测】

1. 根据如图7-2-1所示低速滑轮装置的装配直观图，绘制其装配示意图。

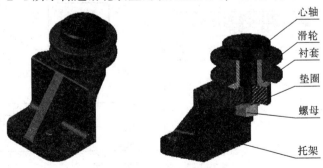

图7-2-1　技能检测题1图

班级：　　　　　　　姓名：　　　　　　　学号：

2. 根据如图 7-2-2 所示低速滑轮装置的零件图和图 7-2-1 所示装配直观图，绘制低速滑轮的装配图。

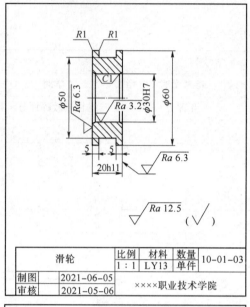

滑轮		比例	材料	数量	10-01-03
		1:1	LY13	单件	
制图	2021-06-05				××××职业技术学院
审核	2021-05-06				

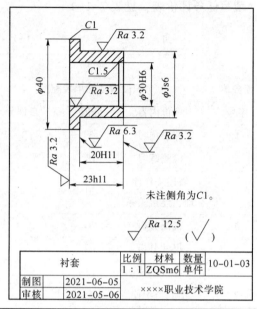

未注侧角为C1。

衬套		比例	材料	数量	10-01-03
		1:1	ZQSm6	单件	
制图	2021-06-05				××××职业技术学院
审核	2021-05-06				

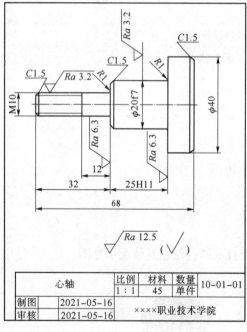

心轴		比例	材料	数量	10-01-01
		1:1	45	单件	
制图	2021-05-16				××××职业技术学院
审核	2021-05-16				

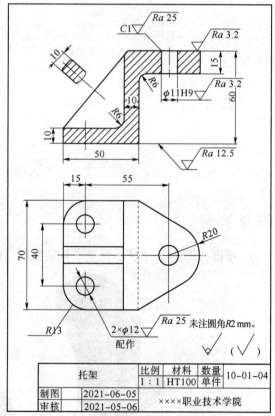

未注圆角R2 mm。

托架		比例	材料	数量	10-01-04
		1:1	HT100	单件	
制图	2021-06-05				××××职业技术学院
审核	2021-05-06				

图 7-2-2　技能检测题 2 图

班级：　　　　　　姓名：　　　　　　学号：

【任务评价】

填写任务评价表，见表 7-2-1。

表 7-2-1　任务评价表

		姓名			学号		成绩	
任务单		画装配图			参考学时		4 学时	
序号	评价内容	分值	自评分		互评分		组长或教师评分	
1	课前预习	5						
2	装配示意图	10						
3	布图、尺寸	20						
4	技术要求	10						
5	表达方案	30						
6	图面质量	20						
7	出勤、纪律	5						
总分		100						
综合评价＝自评分×20%＋互评分×40%＋组长或教师评分×40%								
组长签字：					教师签字：			
个人学习总结 （难点及问题）								
						签字：　　　　　　日期：		

任务三　由装配图拆画零件图

【技能检测】

如图 7-1-1 所示，识读滑动轴承装配图，并拆画件 8 零件图。

班级：　　　　　　姓名：　　　　　　学号：

【任务评价】

填写任务评价表，见表 7-3-1。

表 7-3-1　任务评价表

		姓名		学号		成绩	
任务单		由装配图拆画零件图		参考学时		4 学时	
序号	评价内容	分值	自评分	互评分		组长或教师评分	
1	课前预习	5					
2	检测练习	15					
3	布图尺寸	20					
4	技术要求	10					
5	表达方案	30					
6	图面质量	15					
7	出勤、纪律	5					
总分		100					
综合评价＝自评分×20%＋互评分×40%＋组长或教师评分×40%							
组长签字：				教师签字：			
个人学习总结 （难点及问题）							
						签字：　　　　　日期：	

班级：　　　　　　姓名：　　　　　　学号：

项目八　部件测绘

任务　测绘实例——齿轮油泵测绘

【技能检测】

1. 指出如图 8-1-1 所示常用测量工具的名称。

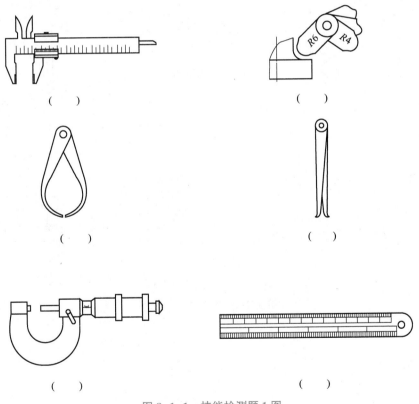

（　　）　　　　　　　　　　　　　　（　　）

（　　）　　　　　　　　　　　　　　（　　）

（　　）　　　　　　　　　　　　　　（　　）

图 3-1-1　技能检测题 1 图

班级：　　　　　　　姓名：　　　　　　　学号：

2. 指出如图 8-1-2 所示测量曲线、曲面的方法。

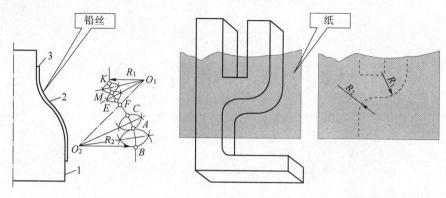

图 8-1-2　技能检测题 2 图

3. 在括号中写出图 8-1-3（a）～图 8-1-3（c）所示的壁厚、图 8-1-3（d）所示的中心高，以及图 8-1-3（e）、图 8-1-3（f）测量的是什么？

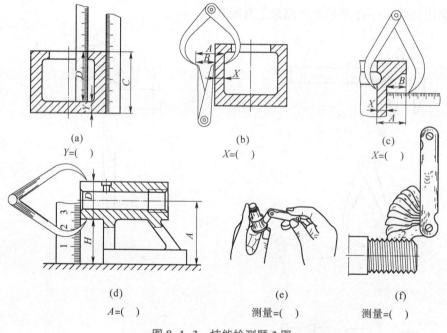

图 8-1-3　技能检测题 3 图

4. 如图 8-1-4 所示，看懂安全阀结构直观图、装配示意图和分解图，试述其工作原理及拆装顺序。

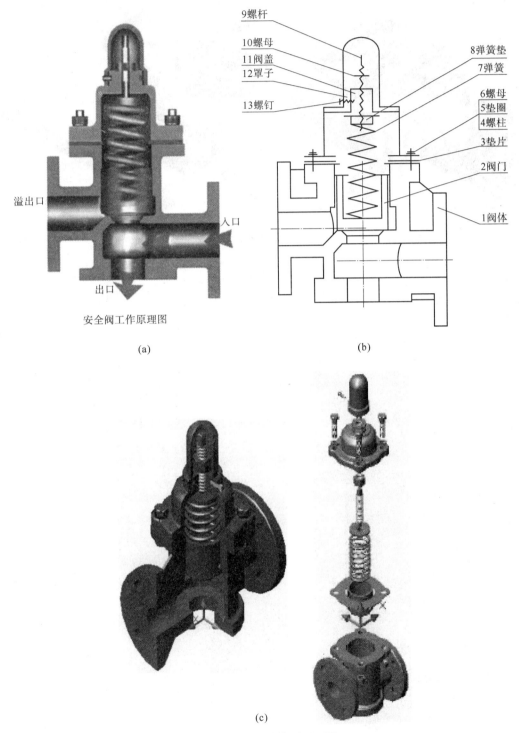

安全阀工作原理图

(a)

(b)

(c)

图 8-1-4 技能检测题 4 图

班级： 姓名： 学号：

5. 如图 8-1-5 所示，看懂机用虎钳的直观图和分解图，再徒手绘制其装配示意图并说明工作原理。

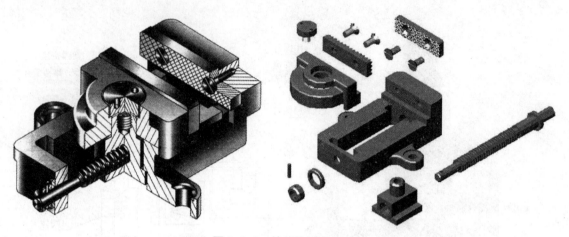

图 8-1-5 技能检测题 5 图

【任务评价】

填写任务评价表，见表8-1-1。

表8-1-1 任务评价表

班级-组别		姓名		学号		成绩	
任务单		绘制装配示意图并说明工作原理		参考学时		20学时	
序号	评价内容	分值	自评分	互评分		组长或教师评分	
1	课前预习	5					
2	检测练习	20					
3	工作原理	10					
4	引线标注	15					
5	示意图	30					
6	图面质量	15					
7	出勤、纪律	5					
总分		100					
综合评价=自评分×20%+互评分×40%+组长或教师评分×40%							

组长签字： 教师签字：

个人学习总结
（难点及问题）

签字： 日期：

班级： 姓名： 学号：